PDASC 香蜜湖智库丛书
深圳市建设中国特色社会主义
先 行 示 范 区 研 究 中 心

深圳碳达峰与碳中和
先行示范研究

樊纲　胡振宇　刘宇　丁骋伟　蔡冰洁　等著

中国社会科学出版社

图书在版编目（CIP）数据

深圳碳达峰与碳中和先行示范研究 / 樊刚等著.
北京：中国社会科学出版社，2025.4. -- （香蜜湖智库丛书）. -- ISBN 978-7-5227-4672-2

Ⅰ．X511

中国国家版本馆 CIP 数据核字第 2025CX8337 号

出 版 人	赵剑英
责任编辑	黄　晗
责任校对	闫　萃
责任印制	张雪娇

出　　版	中国社会科学出版社
社　　址	北京鼓楼西大街甲 158 号
邮　　编	100720
网　　址	http://www.csspw.cn
发 行 部	010-84083685
门 市 部	010-84029450
经　　销	新华书店及其他书店
印　　刷	北京明恒达印务有限公司
装　　订	廊坊市广阳区广增装订厂
版　　次	2025 年 4 月第 1 版
印　　次	2025 年 4 月第 1 次印刷
开　　本	710×1000　1/16
印　　张	15.5
插　　页	2
字　　数	241 千字
定　　价	98.00 元

凡购买中国社会科学出版社图书，如有质量问题请与本社营销中心联系调换
电话：010-84083683
版权所有　侵权必究

"香蜜湖智库"丛书编委会

主　任：程步一
副主任：齐志清　李　会　陶卫平　丁有波
　　　　　谢志岿
成　员（以姓氏笔画为序）：
　　　　　王定毅　陈少雷　李伟舜　宋晓东
　　　　　范绍庆　周笑冰　黄伟群　龚建华
　　　　　彭芳梅　彭　姝　熊哲文

目 录

第一章　深圳碳达峰与碳中和的宏观背景与现实基础 …………… （1）
　第一节　全球应对气候变化新趋势 ………………………………… （1）
　第二节　中国开启应对气候变化新征程 …………………………… （7）
　第三节　深圳在全国低碳城市建设中走在前列 …………………… （14）
　第四节　深圳低碳城市建设不足 …………………………………… （21）

第二章　"双碳"目标下深圳的碳达峰路径选择 ………………… （23）
　第一节　城市碳排放研究概述 ……………………………………… （23）
　第二节　深圳能源消费与碳排放现状 ……………………………… （29）
　第三节　基于LEAP模型的深圳碳达峰情景分析 ………………… （48）
　第四节　深圳碳达峰的战略选择与实施路径 ……………………… （65）

第三章　深圳碳达峰碳中和先行示范的思路 …………………… （76）
　第一节　国家战略导向 ……………………………………………… （76）
　第二节　国内外先进城市经验借鉴 ………………………………… （81）
　第三节　深圳"双碳"政策与制度创新的总体思路 ……………… （94）

第四章　打造国际领先的"双碳"科技产业创新中心 …………… （98）
　第一节　全球"双碳"科技创新趋势 ……………………………… （98）
　第二节　深圳"双碳"科技创新的重大意义 ……………………… （106）
　第三节　深圳"双碳"科技创新的重点领域选择 ………………… （112）
　第四节　深圳"双碳"科技关键技术示范 ………………………… （132）

第五章　建设具有国际影响力的绿色金融创新中心 （145）
- 第一节　国内外绿色金融发展形势 （145）
- 第二节　深圳绿色金融发展的重要意义 （154）
- 第三节　深圳绿色金融发展的现状、优势与不足 （159）
- 第四节　深圳绿色金融创新的突破方向 （167）
- 第五节　深圳绿色金融发展的对策建议 （172）

第六章　率先构建现代化"双碳"治理体系 （181）
- 第一节　碳治理体系的概念与内涵 （181）
- 第二节　构建具有引领性的"双碳"治理体系 （182）
- 第三节　着力推动"双碳"政策与制度创新 （203）

第七章　创新推进六大"双碳"示范工程 （217）
- 第一节　能源低碳转型示范工程 （217）
- 第二节　新能源汽车示范工程 （221）
- 第三节　港口绿色化示范工程 （224）
- 第四节　绿色建筑示范工程 （228）
- 第五节　近零碳智慧园区示范工程 （232）
- 第六节　大湾区蓝色碳汇示范工程 （233）

参考文献 （235）

后　记 （241）

第一章

深圳碳达峰与碳中和的宏观背景与现实基础

第一节 全球应对气候变化新趋势

气候变化是全人类的共同挑战,如何应对气候变化关乎人类前途命运。目前,各国对积极应对气候变化已基本达成共识,全球100多个国家共同签署了气候变化协议,占世界经济总量70%和全球二氧化碳排放总量65%的国家已承诺实现净零排放,全球进入了全面应对气候变化的新征程。近年来,大量科学研究进一步证实了1.5℃温控目标的必要性和紧迫性,国际社会纷纷展开更加积极的自主减排行动,掀起了新一轮全球气候治理热潮。

一 全球温控目标趋紧的共识不断提升

2015年12月,在联合国气候变化框架公约第21次缔约方大会(COP21)上通过的《巴黎协定》,是继《京都议定书》后第二份有法律约束力的全球性气候协议。《巴黎协定》确定了"把全球平均气温上升幅度控制在工业化前水平以上2℃之内,并努力控制在1.5℃之内"的温控目标,并建立了"国家自主贡献"(Nationally Determined Contribution,NDC)执行机制,由此形成了"核心协定+缔约方大会+国家自主减排"这一全球气候治理的基本框架。但是,受到种种原因的影响,全球应对气候变化的进展和效果并不理想。近年来,随着极端天气频发、全球气候变暖等现象日渐加剧,国际社会越来越重视1.5℃温控目标的必要性和紧迫性。2018年10月，联合国政府间气候变化委员会（Intergovernmental Panel on Climate Change，IPCC）发布报告，警告必须将全球气温升幅限制在1.5℃。2021年9月，《联合国气候变化框架公约》秘书处发布《国家自主贡献综合报告》，通过综合分析各缔约方提交或更新的国家自主贡献目标，发现各缔约国NDC目标之和与全球实现温控目标存在巨大差距，按目前趋势，预计2030年全球温室气体排放量较2010年将增加约16%，如不及时增加减排力度，可能导致21世纪末全球气温上升约2.7℃。2021年11月，《联合国气候变化框架公约》第26次缔约方大会（COP26）达成的《格拉斯哥气候公约》决议文件，重申了《巴黎协定》的温度目标，认识到将全球变暖限制在1.5℃需要快速、深入和持续地减少全球温室气体排放，包括到2030年将全球二氧化碳排放量相对于2010年的水平减少45%，并在21世纪中叶前后达到净零，以及作为其他温室气体的大幅减少。COP27将于2022年11月6—18日在埃及沙姆沙伊赫召开，将进一步就如何落实全球适应目标展开谈判。当前全球气候治理面临多重挑战和不确定性，欧洲部分国家气候政策出现"回摆"，尽管全球温控目标的共识在提升，但是在具体责任落实上仍面临不小的压力和挑战。

二 国际气候治理格局加速迈向多极化、多元化

全球气候治理因涉及不同主体之间的利益博弈和协调，注定是一个复杂、多边和长期的系统工程。近年来，随着全球气候变化的严重性逐渐成为国际共识，气候治理已上升为全球治理的核心议程。同时，由于国际力量对比的深刻变化，全球气候治理格局也正在发生着重大变革，突出表现为领导力量的多极化和参与主体的多元化。美国及欧盟等发达国家和地区的领导力在明显下降，以中国为代表的发展中大国的担当和贡献越来越突出。哥本哈根气候大会后，欧盟受自身经济发展不景气和内部分化等多种因素影响，扮演全球气候治理领导者的意愿和能力大幅下降。紧接着，美国特朗普政府退出《巴黎协定》的风波，不仅直接影响了各国参与国际气候治理合作的信心，也使其自身在全球气候治理中领导者的角色大打折扣。尽管拜登政府一上台便宣布美国重返《巴黎协定》，但其对全球气候治理进程造成的负面影响已不可挽回，其重返气候

治"全球领导者"地位的意图也难以"服众"。与此形成鲜明对比的是，中国作为世界第二大经济体和第一大发展中国家，在应对气候变化、参与全球气候治理过程中，展现了积极负责的共治理念与包容合作的大国态度，为全球气候治理的新模式不断提出中国方案、贡献中国智慧，已经成为全球气候治理重要的新兴领导力量。近年来，中国已相继与英国、印度、巴西、欧盟、美国、法国等国家和地区发布了双边气候变化联合声明，更是三次与美国就气候变化议题发布联合声明，同时开展了大量工作，极大地推动了《巴黎协定》的签署和生效。目前，中国在全球气候治理进程中扮演的角色已发生显著变化，尽管"发展中国家"的身份没有变，但正被推到全球气候治理的中心位置，正实现从参与者到贡献者、引领者角色的转变，这既是全球气候治理基本格局转变的一个重要标志和信号，更是彰显出中国致力于生态文明建设、打造人类命运共同体的决心和意志。长远来看，应对全球气候变化绝非凭借单一大国一己之力可以完成，全球气候治理亟须建立大国协调机制。

此外，从参与主体来看，长期以来，主权国家和政府一直都是全球气候治理多边机制的谈判、履约主体，城市及地方政府、企业、研究机构、社会团体、公民等非国家行为体在全球气候治理中的作用并未引起足够重视。近年来，越来越多的城市、社会组织、跨国企业等非国家行为体都开始以更为积极主动的态度，参与应对全球气候变化的实践中，给全球气候治理增添了新的动力。

三 碳中和、零碳城市掀起全球气候治理新热潮

基于对全球气候治理紧迫性的认同，碳中和、零碳城市成为当下国际社会最关注的热点之一。据统计，截至2021年年底，全球共有136个国家和地区提出了零碳或碳中和的气候承诺，[①] 越来越多的国家提出了明确的碳中和目标（见表1-1）。与此同时，越来越多的城市也提出了建设"零碳城市"的目标。目前，全球已有包括伦敦、纽约、巴黎、东京、悉尼、墨尔本、维也纳、温哥华等知名城市在内的超过100个城市承诺在2030—2050年实现净零碳排放。

---

① 陈迎：《碳中和概念再辨析》，《中国人口·资源与环境》2022年第4期。

表1-1　承诺实现碳中和（净零排放）的国家和地区

进展情况	国家和地区（承诺年）
已立法	瑞典（2045）、英国（2050）、法国（2050）、丹麦（2050）、新西兰（2050）、匈牙利（2050）
立法中	欧盟（2050）、西班牙（2050）、智利（2050）、斐济（2050）
政策宣示	芬兰（2035）、奥地利（2040）、冰岛（2040）、德国（2050）、瑞士（2050）、挪威（2050）、爱尔兰（2050）、葡萄牙（2050）、哥斯达黎加（2050）、斯洛文尼亚（2050）、马绍尔群岛（2050）、南非（2050）、韩国（2050）、中国（2060）、日本（2050）

资料来源：笔者自制。

欧盟是应对全球气候变化领域的引领者，早在2018年就提出到2050年实现碳中和的目标的零碳愿景。2019年，欧盟发布《欧洲绿色协议》，提出到2050年实现整个欧洲地区的碳中和，并制定了详细的路线图和政策框架。2020年5月，欧盟通过《欧洲气候法》提案，提出2030年温室气体较1990年减排55%的目标。2021年7月，欧盟又发布了"Fit for 55"计划。"Fit for 55"是欧盟委员会落实"欧盟绿色新政"的最新核心政策，其中包括扩大欧盟碳交易市场、停止销售燃油车、征收航空燃油税、扩大可再生能源占比、设立碳边境税等多项具体行动方案，以此确保2050年实现碳中和目标。

2021年，拜登就任美国总统后立即宣布重返《巴黎协定》，并提出了2050年实现碳中和的目标。同年11月，美国正式发布《迈向2050年净零排放长期战略》，该战略基于国家自主贡献2030年目标，系统阐述了美国实现2050净零排放的中长期目标和技术路径，包括：2030年国家自主贡献较2005年减少50%—52%，涵盖所有行业和所有温室气体；到2035年实现100%零碳电力的目标；不迟于2050年实现整个社会经济系统的净零排放，包括国际航空、海运等。

英国是西方国家最早实现碳达峰的国家。2008年，英国颁布了《气候变化法》，成为全球首个就减排目标立法的国家。2019年，英国颁布了修订后的《气候变化法》，正式确立2050年实现温室气体"净零排放"的目标，明确了气候治理路线图，设立了基于公民的信用碳排放账户。

作为世界上最大的温室气体排放国，中国加快完善实现碳达峰碳中和目标的战略部署与政策体系，为维护全球气候安全注入了重要动力。2020年9月，习近平主席在第七十五届联合国大会上提出"中国要于2030年前实现碳达峰，努力争取2060年前实现碳中和"，正式提出了碳达峰碳中和目标（以下简称"双碳"目标）。2021年10月，中国向联合国气候变化框架公约秘书处提交了《中国落实国家自主贡献成效和新目标新举措》和《中国本世纪中叶长期温室气体低排放发展战略》，这是中国履行《巴黎协定》的具体举措，体现了中国应对气候变化的责任担当和最新贡献。

四　加速能源转型和确保能源安全成为各国气候治理的重要遵循

从发达国家的经验来看，调整优化能源结构，削减甚至淘汰煤炭和石油的使用，增加碳排放强度较低的天然气能源，同时大力发展可再生能源、水电、核电等，并最终建立以清洁能源为主导的能源体系，是实现"双碳"目标的基本路线。随着全球温控目标的升级，各国均把加速能源转型作为气候治理的核心途径。

欧盟在《欧洲绿色协议》及"Fit for 55"计划框架下，采取了一系列措施，如：将2030年可再生能源在总能源供应中的占比目标从原来的40%提高到45%，针对化石燃料锅炉的补贴终止计划从2027年提前至2025年等。受乌克兰危机影响，欧洲遭遇了空前的能源危机。为此，2022年5月，欧盟委员会出台了最新的《欧洲廉价、安全、可持续能源联合行动方案》。该方案计划在2030年前投资3000亿欧元，通过加快可再生能源产能部署、能源供应多样化和提高能效三大核心举措，以摆脱对俄罗斯化石燃料的依赖，并加速欧盟整体的绿色转型。2022年9月，欧盟议会以418票赞成、109票反对和111票弃权一读通过了《可再生能源发展法案》，并且将2030年目标定为45%的高值，说明应对气候变化在欧盟国家内部仍是核心共识，发展可再生能源的计划不会因为暂时的困难而搁浅。

德国作为实施能源转型最积极的国家，在2019年1月就已经设计了退煤路线图，计划到2022年关闭1/4的煤电厂，到2038年全面退出燃煤发电。2020年7月，德国通过退煤法案，确定到2038年退出煤炭市场，就煤电退出时间表给出详细的规划,并有望在2035年提前结束使用煤电。同时,德国倡导大力发展可再生能源发电技术,实现交通、供暖、工业等部门的广泛电气化,计划到2030年和2050年,可再生能源发电量占比分别达到65%和80%,可再生能源消费占终端能源消费的比例分别达到30%和60%。尽管受"断气"影响,德国不得不重启燃煤电厂,但同时也进一步刺激了可再生能源的扩张。最新修订的《可再生能源法》赋予了可再生能源最高的优先权,要求到2030年实现80%的可再生能源供电,比之前65%的目标更为激进。乌克兰危机短期内确实是影响了德国的能源发展计划,但最终将加速德国绿色能源转型。

日本于2020年发布了《革新环境技术创新战略》,提出通过五大创新技术来推动日本能源转型,实现"脱碳化"目标。2021年6月18日,日本经济产业省(METI)宣布将其在2020年12月25日发布的《绿色增长战略》更新为《2050年碳中和绿色增长战略》,进一步加快能源和工业部门的结构转型。

发展中国家也纷纷加大资金和政策投入,力争实现能源结构的跨越式发展。中国《2030年前碳达峰行动方案》明确提出到2025年,非化石能源消费比重达到20%左右,到2030年,非化石能源消费比重达到25%左右。阿联酋发布《国家能源战略(2050)》,强调提升清洁能源比例,将发电过程中碳排放减少70%、能源使用效率提升40%。沙特启动"绿色沙特倡议",发起"绿色中东倡议",旨在加强沙特和中东地区自然环境保护工作。南非、摩洛哥等国已尝试发行绿色主权债券,推动绿色投资。南非政府还提出,在2030年前将煤电占比减少到48%。尼日利亚近期正式实施了"太阳能家用系统"计划,预计将有约2500万人从清洁电力中受益。

必须清醒地看到,诚然能源低碳转型发展趋势不可逆转,但极端天气、地缘冲突给能源安全乃至经济造成的严重冲击也必须引起高度重视。把握好能源转型节奏,确保化石能源"去旧"的速度与清洁能源"建新"的速度相协调也是保障能源安全的重要内容。

第二节　中国开启应对气候变化新征程

作为一个负责任的发展中大国，中国高度重视应对气候变化。党的十八大以来，在习近平生态文明思想指引下，中国贯彻新发展理念，将应对气候变化摆在国家治理更加突出的位置，不断提高碳排放强度削减幅度，不断强化自主贡献目标，以最大努力提高应对气候变化力度，推动经济社会发展全面绿色转型，在应对气候变化方面取得了积极成效。但与诸多发达国家经济社会发展已经实现与碳排放脱钩不同的是，中国作为世界上最大的发展中国家，同时是碳排放总量最大且尚未达峰的国家，当前在碳减排的过程中也面临诸多阶段性、结构性的问题与挑战。

一　取得成绩

在过去的十多年中，中国密切结合自身国情国力，持续不断地优化提升自身的减碳路径和战略目标，积极探索开展自主减排，建立起较为完善的低碳发展制度和政策体系，并取得显著成效，为"双碳"目标的实现积累了丰富的经验。

（一）碳排放权交易和配额分配制度逐步完善

中国早在2011年就启动了地方碳交易试点工作，试点城市在分配排放配额、建立交易系统和规则、建立市场监管体系等方面的探索，为总量控制制度的建立提供了有益的实践经验。2017年全国碳排放交易体系正式启动，发展至今发布了24个行业温室气体排放核算方法与报告指南和13项碳排放核算国家标准，奠定了碳排放权交易和配额分配制度的技术基础。2020年《碳排放权交易管理办法（试行）》发布，确立了碳配额总量、分配、发放、清缴及惩罚措施，标志着全国碳市场第一个履约周期正式启动。目前，《2021、2022年度全国碳排放权交易配额总量设定与分配实施方案（发电行业）》《发电行业配额分配技术指南》和重点排放单位温室气体排放报告管理办法、核查管理办法、交易机构管理办法等碳排放权交易及相关配套管理文件陆续修订完善并印发；全国碳排放权注册登记系统（武汉）和交易系统（上海）已组织完成建设；《碳排放权交易管理暂行条例》立法进程正积极推进，中国碳排放权交易和配额分配制度正逐步走向成熟，为未来更好发挥市场化手段推动碳减排积累了丰富的研究基础和实践经验。

（二）高碳行业减碳路径探索取得显著成效

中国正积极研究制订高碳行业碳达峰行动方案，谋划绿色低碳科技攻关、碳汇能力巩固提升等重点行动，碳达峰碳中和以及减碳行动的"施工图"日渐清晰，减碳进程加速。其中，钢铁行业碳达峰及减碳行动方案已成型，将按照碳排放达峰、稳步下降、较大幅度下降、深度脱碳四个阶段逐步推进，预计2025年实现碳排放达峰，2060年实现深度脱碳，各地钢铁企业已纷纷制定相应碳达峰路线。发展较为成熟的有色金属、电力与能源等行业正在抓紧编制2030年前碳达峰行动方案和路线图。同时，工业低碳行动与绿色制造工程正着力推进，建筑领域节能标准提升、近零能耗建筑国家标准正式实施，交通领域运输结构调整步伐加快，工业、建筑、交通等主要终端能耗行业也即将迎来针对性的碳达峰、碳中和的时间表与路线图。各重点行业在减碳路径方面做出的探索实践为"双碳"目标的实现提供了宝贵的经验。

（三）区域碳治理能力建设取得积极进展

2020年，中央经济工作会议中提出要抓紧制定2030年前碳排放达峰行动方案，支持有条件的地方率先达峰。目前，已有上海、江苏、广东等省市提出了具体的碳排放达峰时间，多个省市提出争取率先、提前实现碳达峰的要求，部分地区甚至已经完成碳达峰目标。其中，上海率先推出碳达峰时间表，达峰时间提前全国五年，未来将以减碳作为促进经济社会全面绿色转型的总抓手，重点推动能源、工业、交通和农业四大结构调整。江苏构建"1+1+6+9+13+3"碳达峰行动体系，并加强重点领域碳达峰工作。浙江初步构建全省绿色低碳技术创新体系，将以大幅提升全省绿色低碳前沿技术原始创新能力、显著提高减污减碳关键核心技术攻关能力为减碳抓手，抢占碳达峰碳中和技术制高点。广东提出全省碳排放达峰要走在全国前列，协同推进减污减碳工作，推进碳达峰工作与环统、环评等传统业务工作在技术、标准和制度等层面的深度融合衔接，努力在"十四五"时期实现率先达峰。各地积极探索符合本地实际的碳达峰路径，以及在碳排放峰值和总量控制方面做出的地方实践，将为"双碳"目标阶段碳排放总量控制目标的设定、分解及落实提供更好的基础支撑。

(四) 国家顶层政策体系正加快建立完善

目前，中国碳达峰碳中和"1+N"政策体系正在陆续制定出台过程中，"双碳"目标时间表和路线图逐步清晰，也将为碳排放总量控制制度体系的构建提供更好的顶层政策支撑。2021年9月，中共中央、国务院下发《关于完整准确全面贯彻新发展理念做好碳达峰碳中和工作的意见》，贯穿碳达峰碳中和两个阶段的顶层设计，对各地区、各行业推动碳达峰碳中和工作进行了系统谋划与总体部署，形成了实现碳达峰目标与碳中和愿景的指导性文件。次月，国务院印发《2030年前碳达峰行动方案》，聚焦2030年前碳达峰目标提出"碳达峰十大行动"，对碳达峰路径进行了系统安排。同时，《完善能源消费强度和总量双控制度方案》等制度性文件依次出台；科技支撑、财政金融、碳汇能力、统计核算和督查考核等支撑政策正加快构建；能源、工业、城乡建设、交通运输、农业农村等重点领域和钢铁、石化化工、有色金属、建材、电力、石油天然气等重点行业实施方案逐步落地，中国实现"双碳"目标的顶层政策体系正加速完善。

(五) 经济发展和生态环境矛盾得到改善

作为发展中国家，中国长期以"高能耗、高污染"为代价获取经济发展。随着生态文明建设上升为国家发展战略，城市和区域可以依托良好的生态环境，促进生产方式转变，提高生产要素质量，发展生态密集型产业，从而在相同要素投入水平下扩大产出规模，提高经济效率，实现生态环境优势向经济优势的转化。

从影响机制看，首先，生态环境质量影响劳动力的生产效率和分布。一方面，雾霾污染以及全球气候变化等各类生态环境恶化问题，会从生理和心理两个层面改变劳动者的工作时间和生产效率，从而影响经济系统运行效率；另一方面，由于健康成本的增加，生态环境恶化地区面临更高的劳动力流失风险，相比之下，受教育水平更高的人群对生态环境质量更为敏感，这间接影响到区域人力资本积累和整体技术水平。其次，生态环境质量对旅游业等生态密集型行业发展具有显著影响。一方面，生态环境质量影响居民出游意愿，恶劣的生态环境导致的游客数量减少直接冲击旅游市场，给整个旅游经济的规模和结构都带来严重负面影响；

另一方面，雾霾等环境污染对旅游交通与旅游资源的影响增加了旅游业的运营成本，从而削减了产业收益。而良好的生态环境不但可以带动休闲康养等高附加值旅游产业的发展，还能提升游客满意度，从而刺激游客旅游消费与再次出游的意愿，进而提高旅游经济质量，促进经济发展。

二 面临挑战

（一）碳达峰前的上行压力仍然较大

"双碳"目标的提出，客观规定了中国从世界上最大的碳排放国过渡到净零排放国的目标期限仅为30年，将远远短于欧美发达国家50—70年的时长。这就意味着，中国面临着比发达国家时间更紧、幅度更大、任务更重的减排要求。从总量控制的角度来说，中国在碳达峰时的碳排放总量越低对中国实现碳中和目标越有利，反之，压力则越大。从现实来看，作为世界第一大碳排放国，中国碳排放总量基数大，且仍处于"双上升"阶段，碳达峰前仍将面临较大的上行压力。

从碳排放发展阶段来看，尽管中国已经成为世界第一大碳排放国，但与欧盟、美国等典型的"双达峰""双下降"模式不同的是，中国仍处在能源消费、碳排放的"双上升"阶段。2019年中国能源消费、碳排放比2006年分别提高了69.7%和47.2%。同时，中国单位GDP的碳排放强度也远超世界平均水平，进一步下降的空间比较有限。因此，在2030年前碳达峰的过程中，中国碳排放量仍有较大的上行空间。从经济社会发展来看，发达国家在碳达峰阶段人均GDP普遍位于2.5万—4.5万美元，城镇化发展水平达到70%以上，工业增加值占GDP的比重基本下降到了30%以下。中国作为世界上最大的发展中国家，在工业化城镇化发展阶段、人均GDP、产业结构等主要指标领域与欧盟、美国等发达国家和地区碳达峰时相比仍存在巨大差距。2020年中国人均GDP刚突破1万美元，与自然达峰的经济发展水平有1.5万—3.5万美元的差距，城镇化发展水平至少仍有9个百分点的差距，工业增加值占GDP的比重也有至少8个百分点的差距，这也意味着中国的碳达峰目标是在比发达国家综合发展水平低得多的情况下实现的，这就使中国在处理减碳与经济社会发展的矛盾时面临更大的压力。同时，中国是碳排放出口大国，约有14%的碳排放被出口到国外，这也将使中国面临非常大的外部压力。

（二）减碳进程深受能源结构制约

碳减排的关键在于能源系统的重构，实现"双碳"目标的过程即从化石能源主导的能源系统向非化石能源主导的能源系统过渡的过程，最终实现经济社会发展与碳排放"脱钩"。中国在过去十多年提出包括能源强度、能源效率、可再生能源消费比例、煤炭总量控制、能源消费总量等一系列约束性和引导性目标，以提高能源效率、改善能源结构，并于2018年超越美国成为全球最大的可再生能源消费国。2020年部分国家一次能源消费结构见表1-2。然而，总体上中国以高碳模式为主要特征的能源结构没有根本改变，近十年来，中国的能源生产、消费集中在化石燃料上，2022年中国一次能源消费量的56.2%仍来自煤炭，呈现"一煤独大"局面。相比之下，美、英、法等发达国家的一次能源结构中煤炭仅占2%—15%，中国能源体系升级道阻且长。同时，中国仍处于工业化中后期阶段，经济结构中第二产业比重较高且以钢铁、建材、石化、化工、有色金属、电力等高耗能的重化工业为主，其产生的碳排放量约占整个工业部门的80%，第三产业增加值占GDP的比重为54.5%，远低于65%的世界平均水平，中国以重化工为主的产业结构没有根本改变。在以化石能源为主的能源利用模式和技术系统基础上建立起来的高碳经济体系，将在其全生命发展周期内继续增加碳排放，形成长期的"碳锁定"效应，对中国碳减排目标的实现形成严重制约。

表1-2　　　　2020年部分国家一次能源消费结构　　　　单位：%

国家	煤炭	石油	天然气	核能	水能	太阳能和风能
美国	10.4	36.9	33.9	8.9	2.9	7.0
英国	2.8	34.6	37.8	6.5	0.9	17.4
法国	2.2	30.8	16.8	36.1	6.2	7.8
德国	15.2	34.7	25.7	4.7	1.4	18.2
加拿大	3.7	31.2	29.7	6.4	25.1	4.0
墨西哥	3.2	38.0	48.0	1.5	3.7	5.6
日本	26.9	38.1	22.1	2.2	4.1	6.6
中国	56.7	19.5	8.2	2.2	8.0	5.3

资料来源：国家统计局能源统计司编：《中国能源统计年鉴2021》，中国统计出版社2021年版，第34页。

(三) 减碳与发展协调面临新挑战

减碳的本质既是环境问题，也是发展问题。纵观世界范围内的低碳发展之路，发达国家碳达峰完成于后工业化阶段，是在第二产业向国外转移、国内产业向第三产业转型的背景下逐步完成的自然达峰。中国仍处于工业化和城市化中后期，传统"双高"产业（如钢铁、有色、化工等）以及价值链中低端产品仍占有较高比例，经济发展与碳排放仍存在强耦合关系，能源电力需求仍将持续攀升。因此，在减排指标压力下，传统"双高"产业在零碳转型中将受到巨大冲击，短时间内在不牺牲经济增长的前提下减排减碳任务艰巨。同时，正在快速崛起的数字基础设施作为新"两高"领域，也开始因为碳指标的问题，让诸多地方政府头疼。根据国际环境保护组织绿色和平与工业和信息化部电子第五研究所计量检测中心联合发布的《中国数字基建的脱碳之路：数据中心与5G减碳潜力与挑战（2020—2035）》报告预测，2035年中国数据中心和5G的碳排放总量将达2.3亿—3.1亿吨，占中国碳排放量的2%—4%，相当于目前两个北京市的碳排放量。其中，数据中心的碳排放将比2020年增长最高达103%，5G的碳排放将增长最高达321%。未来十年，将是中国数字基础设施建设的高峰期，如不尽早建立相应的管理机制，其高碳锁定效应有可能成为地方项目立项的重要障碍，持续扩散蔓延，将会对中国数字经济、智能经济的发展造成不可挽回的损失。

(四) 减碳科技能力储备仍然滞后

"双碳"目标绝非单纯意义上的环保竞赛，更是一场孕育一系列重大颠覆性技术创新的科技革命，是一轮全新的科技创新竞赛、绿色创新竞赛。无论是传统产业脱碳，还是光伏、风能等新能源的发展，以及碳监测、负碳技术、零碳排放技术等革新技术的开发，都迫切需要更高水平的科技创新能力支撑。在全球主要发达国家和地区碳中和行动计划中，均提出加大对氢能、储能、先进核能及碳捕集、封存与利用（CCUS）等低碳关键技术的研发力度，下一代气候模型、碳循环、电化学储能、低碳供热制冷、氢和氨载体、气候恢复力与适应性等前沿突破性技术地位日益突出。中国虽在发展低碳技术方面已有良好开端，但更多关注技术细节和已有技术改进推广，低碳、零碳、负碳等领域的很多关键核心技术［如绿色氢能、CCUS、生物质能碳捕集与封存（BECCS）等］依然受制于国外。如中国 CCUS 技术整体处于小规模的工业示范阶段，捕集能力仅 300 万吨/年，而根据国内外研究成果，碳中和目标下，中国 CCUS 的减排需求为 2030 年 0.2 亿—4.08 亿吨、2060 年 6 亿—14.5 亿吨，百万吨级的捕集能力距碳减排目标仍有数量级的差距。同时，新能源领域变流器、控制系统等风力发电核心零部件的生产技术难关迟迟未能攻克；多晶硅太阳能电池的硅材料制备技术与美、日、德、意、挪威等国仍存在较大差距，平均能耗为世界先进水平的 1.5—2 倍；节能 LED（发光二极管）芯片大部分依赖进口，国产芯片品质与国外相比至少有 5 年的差距。在这场零碳技术赛道中，中国科技能力储备已明显滞后。

（五）现有减碳制度存在明显不足

中国减碳制度的发展大致经历了三个发展阶段，第一阶段为"十一五"时期，首次明确提出了节能减排约束性指标；第二阶段为"十二五""十三五"时期，先后提出了碳强度控制制度和"能耗双控"政策；第三阶段为"十四五"时期，"十四五"规划明确指出，"完善能源消费总量和强度双控制度，重点控制化石能源消费。实施以碳强度控制为主、碳排放总量控制为辅的制度，支持有条件的地方率先达到碳排放峰值"。同时，2021 年政府工作报告明确要求，今年单位国内生产总值能耗降低 3% 左右。从官方口径不难看出，相较于对碳排放进行"总量控制"，目前制度设计层面依然更侧重"强度控制"，而碳排放总量控制尚未有明确的量化指标，减碳机制也是通过碳强度控制的方式来实现的。综合当前情况来看，现有以碳强度控制为核心的减碳制度存在以下两个方面的不足。

一是碳强度控制不能满足碳达峰总量控制的目标任务需求。"碳达峰"概念本身与绝对值的"峰值"设定有关。碳峰值目标的制定和落实是碳排放总量控制的基础，而当前关于碳排放的管理目标并不能满足碳峰值总量控制的需求。强度降低不代表碳排放总量不增长。"十二五"时期以来，中国建立了碳排放强度控制制度。从考核结果看，很多地区碳强度下降目标完成较好的原因在于作为分母的 GDP 增速较快，而不是作为分子的碳排放量下降。事实也证明，尽管中国碳排放强度指标在持续下降，但并没有扭转碳排放总量持续增长的趋势，这也间接反映出碳排放强度控制制度的不足。此外，碳排放强度控制制度与中国正在试运行的碳排放交易体系中的"配额分配—配额履约—配额交易"

逻辑不尽匹配。碳市场是建立在碳排放总量控制基础上的交易机制，只有建立碳排放总量控制制度，有了清晰透明的总量目标，才能体现碳配额的资源属性和市场价值，从而为碳排放消减量有效定价，增强市场化减排动力。

二是能耗"双控"政策存在一定的失灵和误导隐患。由于能源消费是中国碳排放的核心领域，因此，能耗"双控"成了"十三五"时期以来中国减碳政策的重要着力点。但是，能耗"双控"政策存在一定的失灵和误导隐患，难以真正满足碳排放总量控制的需求。能源是经济社会发展的最基本物质保障，尤其是城市化的深入推进和数字化转型的深化将进一步加速以电力为主的能源消费增长，能源消费总量控制可能会对经济社会发展所必需的能源需求增长造成压力，并且过于强调需求侧的节能可能让碳排放控制陷入误区，如由于强调要加强节能工作、严控高耗能项目，导致了大范围的"拉闸限电"。同时，随着风电、光伏、水电等零碳可再生能源占比日益上升，能源消费总量的增长并不意味着碳排放总量的同步增长，不加区分地控制能源消费总量，既不利于能源供给侧可再生能源发展，更不利于需要能源电力作为支撑的经济社会持续健康发展。

第三节　深圳在全国低碳城市建设中走在前列

深圳作为全国首批低碳城市试点，在全国低碳城市建设中走在前列。"十三五"时期深圳单位 GDP 能耗持续下降，经济增长与碳排放的关联程度逐步脱钩，2020 年单位 GDP 能耗约为全国平均水平的 1/3，全省的 1/2，单位 GDP 碳排放约为全国平均水平的 1/5、全省的 1/3，均达到国内领先、国际先进水平，低碳综合指数全国排名第一。[①] 深圳低碳建设取得耀眼"成绩单"的背后是能源结构、产业结构、科技创新、城市治理等方面的多维提升。

---

① 谢伏瞻、刘雅鸣主编：《应对气候变化报告（2018）：聚首卡托维兹》，社会科学文献出版社 2018 年版，第 206 页。

一 能源结构进一步优化

深圳持续强化节能减排治理力度,稳妥压减高碳能源消费,加快调整能源结构,全面构建清洁低碳安全高效的能源体系,推动能源消费低碳转型。目前,深圳基本形成了以核电、气电为主,新能源发电为辅、煤电为备的多元化能源生产结构。截至2020年年底,全市核电、气电等清洁电源装机占全市电源总装机容量的比重达77%,高出全国平均水平约25个百分点。从一次能源消费结构来看,深圳清洁能源消费占比达60.2%,高于全国平均水平36.4个百分点。得益于领先的能源结构低碳化进展,深圳碳排放强度持续下降,达到国内领先水平。深圳能源消费结构也在能源去碳化过程中不断优化。2010—2020年,深圳一次能源消费结构中,煤炭从12.5%下降至11.4%,石油从32.4%下降至28.4%,天然气从10.2%上升至12.7%,其他能源从44.9%上升至47.5%,见表1-3。"十三五"时期,深圳能耗年均增速为2.5%,比同期GDP增速低约5个百分点,比同期人口增速低约2.5个百分点。

表1-3　　　　　　　　深圳一次能源消费结构　　　　　　　　单位:%

		煤炭	石油	天然气	其他能源
深圳	2010年	12.5	32.4	10.2	44.9
	2015年	6.4	31.7	12.7	49.2
	2020年	11.4	28.4	12.7	47.5
全国	2020年	56.7	19.5	8.2	15.6

资料来源:《深圳市能源发展"十三五"规划》《深圳市能源发展"十四五"规划》及公开数据。

二 市场化减碳机制初步建立

2013年,深圳在7个试点省市之中率先在全国启动碳市场试点,八年来,在法律制度框架构建、碳金融产品创新、境外投资者引进等方面积极探索,通过市场机制取得显著碳减排成效,为全国碳市场建设提供深圳方案。在法律制度方面,深圳于2012年率先颁布全国首部碳交易地方性法规《深圳经济特区碳排放管理若干规定》,后续出台多项配套管理性文件,初步建立起包括地方性法规、政府规章制度、地方标准化指导性技术文件、交易所规则文件等在内的"1+1+N"制度体系,形成"条例+规章+文件"的较为完善的管理制度体系,2022年发布的《深圳市碳排放权交易管理办法》进一步完善了管理体制机制,建立与全国碳交易市场的衔接机制,建立碳排放配额固定总量控制制度,扩大碳市场覆盖范围,规范了交易活动和监督管理流程。在碳金融领域,深圳碳市场在全国首发碳债券、碳基金、绿色结构性存款、配额托管、纯配额碳质押、跨境碳资产回购交易等系列碳金融产品及服务,碳金融创新获全国"七项第一",累计为全市企业实现12亿元碳资产保值增值。截至2022年8月31日,深圳碳市场管控企业750家,位居全国第二,经多次扩增,当前涵盖计算机、通信及电子设备、机械制造业等33个行业。

表1-4　　中国碳交易市场各试点碳交易情况(截至2022年8月31日)

碳市场试点	累计配额量 (吨)	累计配额金额 (亿元)	碳交易成交 总量占比(%)	碳交易成交金额 总量占比(%)
深圳	6929.4	16.28	13.1	11.9
上海	4540.5	10.67	8.6	7.8
北京	4827.3	21.63	9.2	15.8
天津	3066.5	7.44	5.8	5.4
广东	21052.6	53.51	39.9	39.2
重庆	2488.2	4.34	4.7	3.2
湖北	9797.9	22.79	18.6	16.7
试点总计	52702.4	136.66	100	100

资料来源:中国碳交易网:《碳行情分析》,http://k.tanjiaoyi.com/。

自启动以来,深圳碳市场流动率连续八年位居全国第一、成交量位居全国第三、成交额位居全国第四,全国二级市场配额现货成交额率先突破1亿元和10亿元两个大关,履约率持续保持在98%以上,已接近或等同于国际成熟碳市场水平。以全国试点碳市场2.5%的配额规模,实现了16%的交易量和17%的交易额,为进一步探索利用市场机制促进碳减排积累了丰富的实践经验。截至2022年8月底,深圳碳配额累计成交量

6929万吨，累计成交金额16.28亿元，实现碳减排市场创新。

三 重点领域减碳进程全国领先

当前深圳已进入后工业化发展阶段，交通、建筑和制造业三大领域成为深圳碳排放的主要来源，合计排放占比超过95%。为加速推进城市气候治理，深圳率先在这三大领域探索减碳路径，为全国城市经济社会全面绿色低碳转型创建了示范样板。

交通领域是深圳市石油消费占比最大的领域，大力推广新能源汽车是实现石油消费替代的最重要措施。自2009年大力推广应用新能源汽车之后，深圳次第推广纯电动车、纯电动巡游出租车、纯电动物流车、纯电动网约车与环卫车，发布首份国际性纯电动出租车标准文件，基本形成各类新能源汽车产品矩阵，在一座近2000万人口的超大城市率先实现了公交车、巡游出租车、网约车100%纯电动化。截至2022年年底，深圳市新能源汽车保有量为74万辆，已连续5年成为全球新能源电动汽车保有量最大的城市。除公共交通纯电动化外，深圳持续推动非营运类轻型柴油货车置换为纯电动货车，推广新能源物流车9.6万辆，获评全国首批"绿色货运配送示范城市"。在普及新能源汽车的同时，深圳大力建设绿色低碳交通网络，已形成"轨道—公交—慢行"的绿色交通网络结构。2022年，深圳轨道交通里程数达到546.85千米。公交专用车道、自行车道均超过1000千米，互联网租赁自行车活跃车辆约53万辆，日均骑行量约150万人次，城市交通绿色出行分担率达77.4%。

在建筑领域，深圳绿色建筑已走过10多年的探索创新之路，深圳早在2006年就颁布了全国首部建筑节能法规——《深圳经济特区建筑节能条例》。10多年来，深圳坚定不移地推动绿色建筑发展，建筑节能与绿色建筑的发展居全国领先水平。截至2022年，深圳绿色建筑标识项目累计已超过1500个，标识数量和面积位居国内首位，总面积超过1.6亿平方米，新建民用建筑100%执行建筑节能和绿色建筑标准，高星级绿色建筑占比近40%，绿色建筑密度约6.4%，高于纽约（3.7%）和旧金山（2.6%）的LEED（能源与环境设计先锋认证）绿色建筑密度，是国内绿色建筑建设规模和密度最大的城市之一，在千万级人口的国际大都市中处于领先地位。2021年中国绿色建筑低碳成就指数十强城市见图1-1。

推进装配式示范城市建设方面,深圳装配式建筑总规模位居全国前列,24家企业被认定为广东省装配式建筑产业基地,11个项目被认定为广东省装配式建筑示范项目,均超过全省总数的40%,数量位居全省第一。在提升公共建筑用能水平方面,深圳率先制定《深圳市公共建筑能耗标准》,全面推行合同能源管理,引入社会资金参与既有建筑的节能改造。

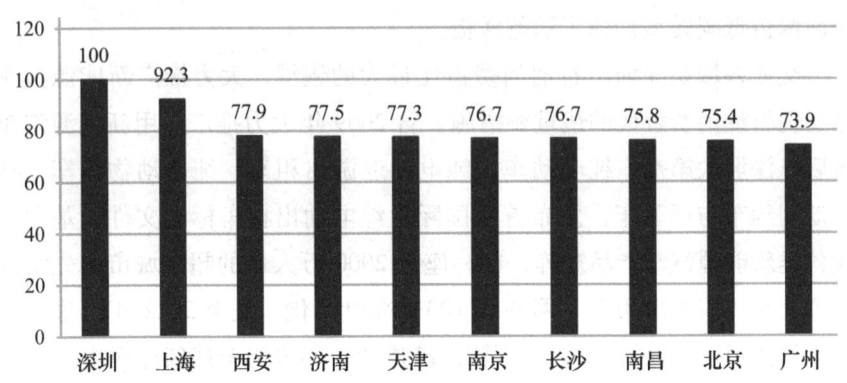

图1-1 2021年绿色建筑低碳成就指数十强城市

资料来源:搜狐城市联合中国城市科学研究会、北京清华同衡规划设计研究院:《2021中国城市绿色建筑发展竞争力指数报告》,https://www.thepaper.cn/newsDetail_forward_15961375。

在产业领域,深圳高度重视制造业节能潜力,持续推进工业领域能效对标工作,"十三五"时期累计完成能效对标78家,2020年在全国率先采用"节能+互联网"模式,加大针对电机能效提升的扶持力度,近年来共扶持电机能效提升项目10批次426个项目,通过电机能效提升计划,实现年节电量约2.1亿度电;积极开展重点用能单位"百千万"行动,推动重点用能企业能源管理体系和能源管理中心建设,2019年已完成全市55家重点用能单位和3家数据中心节能监察。此外,深圳持续推进产业结构调整升级,绿色低碳产业增加值达1386.8亿元,5G等电子信息产业的迅速发展将数字化技术引入制造业生产工序,持续赋能制造业领域深度减排;现代服务业规模发展迅速,2010—2020年,现代服务业占地区增加值的比重从36.5%上升到49.2%,提高了12.7个百分点,碳排放占比从9.8%上升至12.1%,经济增长与碳排放脱钩趋势初显。

在公众参与方面,深圳市人民政府办公厅于2021年11月印发《深圳碳普惠体系建设工作方案》，提出打造国内首个"双联通·四驱动"①普惠体系，搭建碳普惠统一平台，逐步实现碳积分、碳普惠减排量与碳交易市场的联通、兑换和交易，不久推出了"低碳星球"小程序，开通和运营个人碳账户，实现了碳普惠体系的市场化和可持续运营，通过变现激发公众参与碳减排的主动性和积极性，撬动2000多万实际管理人口的碳减排"长尾效应"。此外，为全面深化各类低碳试点示范，2021年深圳在全市启动近零碳排放区试点工作，通过选取减排潜力较大或低碳基础较好的区域、园区、社区、校园、建筑及企业，总结形成可复制可推广的经验，以点带面，多领域多层次有序推进近零碳、零碳发展，在全社会形成示范带动效应。

四　低碳科技创新能力全国领先

深圳深入实施创新驱动发展战略，充分发挥"双区"驱动"双区"叠加效应，利用科技创新优势，在支持科技创新方面持续发力，全社会研发投入占GDP比重高达5.46%，PCT国际专利申请量连续18年稳居全国首位，是全国科技创新改革的先锋。在绿色低碳科技领域，深圳布局早、发展快，已形成以企业为主体的新能源科技创新体系，将新能源、安全节能环保等战略性新兴产业纳入"20+8"产业集群，建立"六个一"②工作保障体系。在新能源应用技术研发方面，深圳聚焦氢能、储能、核能、动力电池等重点领域，搭建56个创新载体，精准高效支撑低碳技术创新和低碳产业发展。目前，深圳部分前沿技术已达到国内外先进水平，智能光伏逆变器、锂离子储能等技术全球领跑，质子交换膜燃料电池单堆额定功率全国领先。在储能电池技术方面，2021年比亚迪国内动力锂电池装机量占比超过15%，在全球动力电池市场中占有率达8.8%，深圳储能电池市场竞争力处于世界领先地位。在核电技术方面，深圳岭澳一期1号机组实现连续安全运行5153天，在全球64台同类型机

---

①　"双联通"即低碳行为数据平台与碳交易市场平台互联互通，"四驱动"即商业奖励、政策鼓励、公益支持和交易赋值。

②　"六个一"即坚持一个产业集群对应一份龙头企业和"隐形冠军"企业清单、一份招商引资清单、一份重点投资项目清单、一套科技创新体系、一个政策工具包、一家战略咨询支撑机构。

组中排名第一,安全业绩已达到世界先进水平,自主品牌"华龙一号"三代核电技术和安全性能指标国际领先。在先进试点应用上,华润电力建成世界第三个、亚洲第一个多线程碳捕集测试平台,初步实现碳捕集利用与封存商业化应用。

五 绿色低碳法规体系建设全国领先

深圳充分发挥经济特区立法权优势,着力推进绿色低碳领域立法,初步形成以综合性法规为统领、专项法规为主干、政府规章为延伸的制度体系,不断健全城市法规治理体系。具体来看,深圳先后制定了20余部生态环保法规。在综合性法规方面,深圳出台全国首个生态环境保护全链条立法——《深圳经济特区生态环境保护条例》,设置"应对气候变化"专章,明确将"双碳"工作纳入生态文明建设整体布局,提出科学编制城市碳达峰碳中和行动方案及碳中和路线图,制定重点行业碳排放强度标准,并将碳排放强度超标的建设项目纳入行业准入负面清单等诸多款项。在专项法规方面,深圳出台全国首部绿色金融条例——《深圳经济特区绿色金融条例》,将应对气候变化项目作为绿色金融首要支持领域,压实金融机构绿色评估和绿色信息披露责任,为建立更加有利于新兴绿色产业发展和传统产业绿色化的金融生态环境和法治营商环境提供保障;出台全国首部将工业建筑和民用建筑一并纳入立法调整范围的绿色建筑法规——《深圳经济特区绿色建筑条例》,聚焦绿色建筑全寿命期管理过程,全面提升绿色建筑建设和运行标准。

六 推进深圳各区特色化双碳工作

福田区充分发挥金融强区优势,积极探索"金融+低碳"绿色发展新路子,打造国家气候投融资试点,全力推动"双碳"建设先试先行,引领粤港澳大湾区绿色投融资。设立"碳中和"专业投资基金,为撬动资本投向"双碳"做出贡献。充分发挥人才高地优势,推动中国环境监测总站深圳研究创新中心、西门子能源创新中心等项目落地,推动经济社会发展全面绿色转型,为携手全球高端人才突破减碳关键技术搭建平台。

罗湖区以项目为依托,重点打造近零碳排放试点项目和知汇广场近零碳排放建筑项目,不断完善低碳发展相关技术、产品、监管等多要素保障,促进政企深入合作,全面助力罗湖区建设社会主义现代化可持续发展低碳先锋城区,开启罗湖区高质量发展的新篇章,为"万象罗湖"增色添彩,绘就人与自然和谐共生的美丽画卷。

南山区作为"绿水青山就是金山银山"实践创新基地和国家生态文明建设示范区,聚焦能源结构调整和产业领域减污降碳两大重点任务,重点推动能源、产业、建筑、交通、碳汇、公共参与、低碳政策与市场体系等重点领域的碳达峰行动,基于多领域试点创新,打造多元化低碳场景,引导低碳生产生活方式的形成。此外,南山区发挥科技及智力优势,汇聚各行业、各领域有关绿色、低碳、节能、循环经济、气候变化、可持续发展方面的专家,构建南山区低碳专家智库,积极提供"双碳"咨询服务。

宝安区积极推动"双碳"优势资源互通共享,率先搭建了宝安区"双碳""政—企—校—社"联盟,以主动服务政府部门、企业、学校、社会(社区)"双碳"工作为核心构建交流平台,提供"双碳"一站式管家服务。

第四节 深圳低碳城市建设不足

一 缺少专项资金保障

深圳低碳政策缺少专项资金支持。随着节能技术和管理水平的提高,节能技术改造成本逐渐增高。尽管部分城市从财政资金中设立了低碳发展基金,但地方政府对于如何运用最少的资金撬动最多的社会资本并没有很明确的切入点,也缺少支持产业、投资、金融、技术、消费等方面的配套政策。从节能角度来说,在国家配套政策和扶持基金的支持下,企业出于自身利益有较高积极性参与节能减排;但是从低碳角度来说,企业缺乏对低碳理念的认知和对相关政策的了解,比如企业碳盘查、碳认证等,企业管理中对这些内容涉及较少。因此,深圳企业难以判定低碳为自身带来的是否是机遇,造成了发展路径与先进理念的脱节。

二 政策目标缺少约束性和科学性

城市层面的碳排放控制目标和地方承担的经济发展等目标相比,处于弱势地位,约束性不强。约束性不强主要体现在并没有制定针对任务的奖惩机制及对应的退出机制。另外,深圳减排目标依托于国民经济发展规划、空间规划和土地规划等,与可再生能源规划、产业规划之间的关联性较弱。此外,深圳约束性减排目标的制定大部分是参考城市过去经济发展的经验,其科学性难以保障。减排目标的制定缺少城市层面温室气体核算的统计基础、统一的标准或者方法论。

第二章

"双碳"目标下深圳的碳达峰路径选择

第一节 城市碳排放研究概述

城市具有高人口密度、高经济密度和高能源消耗强度等特征，是人类能源消费和碳排放的主要聚集地。研究表明，中国大约85%的二氧化碳排放是由城市能源消费产生的。[①] 作为中国碳排放的重要贡献者，城市碳减排对中国实现"双碳"目标具有重要意义。

一 城市碳排放研究方法

（一）城市碳排放核算内容及方法

目前，已有许多学者从不同角度对中国城市碳排放进行了研究。黄金碧和黄贤金（2012）核算了1995—2007年江苏省的城市碳排放，并研究了其减排潜力。[②] 丛建辉等（2014）论述了城市能源消费二氧化碳排放核算的5种方法（标准煤数据法、消费实物量数据法、分燃料品种数据法、分部门数据法、投入产出表数据法），并以河南省济源市为案例对各种方法进行了比较分析。[③] 张梅等（2019）从能源消费、工业生产过程和废弃物排放等多个方面对中国城市碳排放进行了估算和分析，并通过空

[①] Cai et al., "Carbon Dioxide Emissions from Cities in China Based on High Resolution Emission Gridded Data", *Chinese Journal of Population Resources and Environment*, Vol. 1, No. 15, 2017.

[②] 黄金碧、黄贤金：《江苏省城市碳排放核算及减排潜力分析》，《生态经济》2012年第1期。

[③] 丛建辉、朱婧、陈楠、刘学敏：《中国城市能源消费碳排放核算方法比较及案例分析——基于"排放因子"与"活动水平数据"选取的视角》，《城市问题》2014年第3期。

间计量模型对其影响因素进行了研究。① 还有一些学者尝试建立中国城市碳排放数据库。蔡博峰等（2018）基于中国高空间分辨率网格数据、城市层面的统计数据以及大量现场调研和走访，率先建立了2005年中国城市二氧化碳排放数据集。② 王兴民等（2020）基于城市层面的20种能源消费数据，运用碳排放系数法重新估算了2016年中国198个地州市的二氧化碳排放，并对其空间格局和尺度特征进行分析。③

总的来说，关于中国城市碳排放的研究仍相对较少，存在数据核算边界不同、口径不一、部门分类不同等问题。在核算内容和核算方法等方面尚未形成一致、可比的体系，不利于识别重点减排领域以及评估协同减排潜力。目前，国家、各省份关于城市碳排放总量的核算方法仍未确定（尤其是航空领域碳排放是否扣除、省内各市之间调度电碳排放的核算方法等），对城市碳排放趋势及达峰目标的研判造成较大影响。

（二）城市碳排放情景分析模型概述

城市低碳发展是一项复杂的系统工程，城市碳排放情景分析所运用的模型大致可以分为三类：自上而下模型、自下而上模型和混合模型（见表2-1）。

表2-1　　　　　　　　城市碳排放情景分析模型分类

模型分类	典型模型
自上而下模型	CGE、GEM、3Es、HPIMO、MACRO 等
自下而上模型	MARKAL、TIMES、LEAP、AIM、EFOM、MEDEE、MESSAGE、EPPA 等
混合模型	MARCAL-MACRO、IPAC、NEMS、POLES、MIDAS、PRIMES、ReMIND 等

---

① 张梅、黄贤金、揣小伟：《中国城市碳排放核算及影响因素研究》，《生态经济》2019年第9期。
② 蔡博峰、刘晓曼、陆军、王金南、刘红光：《2005年中国城市CO_2排放数据集》，《中国人口·资源与环境》2018年第4期。
③ 王兴民、吴静、王铮、贾晓婷、白冰：《中国城市CO_2排放核算及其特征分析》，《城市与环境研究》2020年第1期。

自上而下模型主要是从宏观经济角度，研究相关因素变动所导致的能源供需变动，如 GDP、人口、价格弹性等因素变化带来的能源供需变化，典型模型有 CGE、GEM 模型等。其中，应用 CGE 模型[①]的研究文献主要集中于如何利用碳税、碳关税和碳交易市场等环境经济政策工具。中国—全球能源模型（C-GEM）[②]的低碳技术表达和政策模拟功能成熟，适合能源经济系统转型路径及所需政策力度的评估工作。

自下而上模型是通过对具体的工业、技术、经济发展等参数等进行建模，从而对能源供给、需求及转换技术进行分析。按照研发机构以及研究目的，自下而上模型又包括较多类型，如国际能源署开发的 MARKAL 模型、瑞典斯德哥尔摩环境研究所开发的 LEAP 模型、法国能源政策和经济研究所开发的 MEDEE 模型、国际应用分析研究所开发的 MESSAGE 模型、美国马萨诸塞技术研究所开发的 EPPA 模型、欧盟开发的 EFOM 模型、日本开发的 AIM 模型等。在中国，LEAP 模型和 MARKAL 模型在碳减排领域的研究中应用较多。其中，MARKAL 模型是基于单目标线性规划方法，在满足既定能源需求量和污染物排放量的限制条件下，确定使能源系统成本最小化的供应结构和技术结构。

混合模型既强调技术因素，也注重经济指标的反应，因此能够充分地利用自上而下模型和自下而上模型的优势对能源系统进行分析。NEMS 模型[③]是典型的混合模型，该模型较为强调技术因素，但该模型与典型的自下而上模型不同，对部门技术选择的模拟主要是基于实证分析中所估算出的行为参数。除此之外，NEMS 模型也注重一般均衡分析，模型中碳减排政策的模拟一方面平衡了能源供给和需求之间的关系，另一方面平衡了能源供需与宏观经济体系之间的关系。其他类型的混合模型则是基于不同的理论基础，对能源和碳排放进行综合考量，如 MIDAS 模型、PLOES 模型、PRIMES 模型等。

---

① 张晓、张希栋：《CGE 模型在资源环境经济学中的应用》，《城市与环境研究》2015 年第 2 期。

② 张希良、黄晓丹、张达、耿涌、田立新、范英、陈文颖：《碳中和目标下的能源经济转型路径与政策研究》，《管理世界》2022 年第 1 期。

③ 张彩虹、臧良震、张兰、高德健：《能源政策模型在碳减排应用中的差异和 CIMS 模型的发展》，《世界林业研究》2014 年第 3 期。

二 城市碳排放计算方法

（一）IPCC 方法简介

国际上一般以政府间气候变化专门委员会（IPCC）提出的指南为参考基准，统计和估算二氧化碳与其他温室气体的排放。

指南历经 IPCC 及国际能源署（IEA）专家数次讨论，于 1996 年公布修订方法，即《1996 年 IPCC 国家温室气体清单指南修订本》。在 1996 年版的基础上，IPCC 结合最新的研究成果和认识水平，推出了 2006 年的修订版本，即《2006 年 IPCC 国家温室气体清单指南》。该指南提出的排放源包括五大类：能源，工业生产与产品使用，农业、森林及其他土地利用，废弃物处置，其他。2019 年，IPCC 通过的《2006 年 IPCC 国家温室气体清单指南 2019 修订版》对部分内容进行了更新和补充，为相关研究提供了最新的方法学。

（二）城市碳排放核算标准或指南简介

2011 年，国家发展改革委应对气候变化司组织国家发展改革委能源研究所、清华大学、中科院大气所、中国农科院环发所、中国林科院生态所、中国环科院气候影响中心等单位编写了《省级温室气体清单编制指南（试行）》。

2014 年，世界资源研究所（WRI）、C40 城市气候领袖群（C40）和国际地方环境行动理事会（ICLEI）在《联合国气候变化框架公约》第二十次缔约方大会（COP20）上发布了首个城市温室气体排放核算和报告通用标准——《城市温室气体核算国际标准》（GPC）。

目前，中国尚无针对城市温室气体核算的统一标准、指南或核算工具。世界资源研究所等机构于 2013 年 9 月发布了"城市温室气体核算工具（测试版 1.0）"，于 2015 年 4 月发布了"城市温室气体核算工具 2.0"，旨在探索城市温室气体核算的科学方法，帮助城市提高温室气体核算能力，并为城市的低碳发展提供决策依据。该工具可用于中国城市温室气体排放的核算。

以上二者对比见表 2-2。

表 2-2　　　　　　　城市温室气体核算标准或指南对比

	《省级温室气体清单编制指南（试行）》	《城市温室气体核算国际标准》（GPC）	"城市温室气体核算工具"
适用对象	中国省份	全球城市	全球城市
领域	能源活动 工业生产过程和产品使用 农业活动 土地利用变化和林业 废弃物处理	固定能源 移动能源 工业生产过程和产品使用 废弃物处理 农业、林业和其他土地利用	全面覆盖城市排放源： 能源活动 工业生产过程 农业活动 土地利用变化和林业 废弃物处理 额外关注重点排放领域： 工业部门排放 交通部门排放 建筑部门排放 废弃物处理
对电力、热力排放的要求	报告净调入/调出电力相关的排放	报告电力、热力等二次能源总消费相关的排放	报告电力、热力等二次能源总消费相关的排放

（三）深圳碳排放计算方法

温室气体排放清单所遵循的一般思路是：第一，确定计算边界，即明确研究对象是一个国家、地区、企业、某一个生产流程或整个产品的生命周期，或者某个人的温室气体排放清单。第二，通过调查和统计，分析和确定温室气体的排放源。第三，明确每个排放源的具体排放活动，获得该活动的详细数据。第四，获取排放因子，一般采用 IPCC 的推荐值。第五，计算每一排放源每种活动所排放的温室气体，并汇总得到当年研究对象每种温室气体的排放总量。[①]

能源消费是最重要的碳排放源，本研究聚焦在深圳能源消费碳排放的核算及碳达峰路径的预测。根据深圳的用能特点，本研究将碳排放源划分为能源、工业、交通、建筑及其他五个终端部门。能源部门仅考虑

---

① 刘宇：《广东温室气体排放核算、驱动力研究及情景分析》，中国科学院广州地球化学研究所，2008 年。

深圳电力、热力的生产和供应业自用及输配电损耗产生的碳排放,电力、热力生产和供应业中间用能的碳排放计入工业、交通、建筑和其他终端部门的碳排放,即这些部门的碳排放包括化石能源消费的直接碳排放和电力消费的间接碳排放。文中所涉及的碳排放量均为二氧化碳排放量。

参考 IPCC 计算方法,能源利用导致的温室气体的排放量由能源消耗量及其排放因子决定,其计算如公式(2-1)所示:

$$E_{fuel} = FS_{fuel} \times EF_{fuel} \times SE_{fuel} \qquad (2-1)$$

其中,E_{fuel} 为某种化石燃料所排放的二氧化碳量;FS_{fuel} 为某种化石燃料的消耗量;EF_{fuel} 为某种化石燃料使用时的二氧化碳排放系数;SE_{fuel} 为某种化石燃料利用的效率。

三 深圳碳减排路径研究综述

此前,一些机构已经针对深圳碳排放以及碳达峰路径开展了相关研究。

中国科学院深圳先进技术研究院从深圳社会经济发展实际与碳排放特征出发,利用 LEAP 模型对深圳 2010—2020 年能源消费与碳排放进行分情景预测,分析在不同调控手段下,深圳能源消费与碳排放的变化趋势。结果表明:产业结构调整的节能减排贡献最大,其次为节能减排技术;由于深圳产业的碳排放强度已经较低,产业内部结构调整的节能减排空间相对有限;在以电力消费为主的能源消费结构下,开发利用清洁能源、优化能源生产结构将在节能减排中发挥重要作用。[①]

绿色低碳发展基金会以 2012 年为基准年,基于重点企业的调研数据分析了深圳碳排放现状,利用 LMDI 法分析了深圳碳排放的主要影响因素,包括结构因素(产业、行业结构和能源结构)以及技术因素。并从结构调整和减排技术应用两方面设定情景参数,利用 LEAP 框架分析了深圳的碳排放峰值路径。结果表明:深圳在实施低碳发展优超路径的情景下,即大力调整产业结构、推广具有重大减排潜力的节能技术,有可能

---

① 中国科学院先进技术研究院、深圳嘉德瑞碳资产投资咨询有限公司:《深圳碳排放现状及应对策略研究》,2012 年。

于2022年实现碳达峰。①

哈尔滨工业大学（深圳）等基于2015年数据，利用EKC实证检验和LMDI分解确定了交通、电力、制造业是协同治理的关键领域。并基于LEAP和CMAQ数值模拟分析，提出在协同治理情景下深圳将于2020年实现碳排放达峰，到2030年城市产业升级、能源和交通结构优化、气候变化和大气污染协同治理取得显著效果。②

总体来看，深圳碳减排路径的相关研究显示，产业结构调整、能源结构优化、节能技术推广等是尽早实现碳达峰的重要条件。但是，关于深圳何时达峰、峰值多高、如何达峰还没有形成一致的结论。并且，现有研究所使用数据相对较早，最新的基期数据为2015年，即"十二五"期末数据，现实情况已经发生了较大变化。因此，本研究基于2020年最新的能源消费和终端部门排放数据进行分析，利用LEAP模型模拟和预测2020—2030年深圳碳排放路径，为科学制定碳达峰目标和碳减排政策提供参考。

第二节 深圳能源消费与碳排放现状

一 能源消费现状

尽管深圳能耗强度和碳排放水平均达到了国内领先水平，但作为尚未达峰的超大城市，在碳减排的过程中仍面临诸多阶段性、结构性的问题与挑战，突出表现在以下三个方面。

（一）能源消费与能耗强度同步进入平台期

从能源消费来看（如图2-1所示），2010—2020年，深圳能源终端消费整体上呈现平稳上升趋势，能源终端消费量从2010年的3268.9万吨标准煤增长到2019年的4534.1万吨标准煤，年均复合增速为3.05%；

---

① 绿色低碳发展基金会、北京大学深圳研究生院：《深圳碳减排路径研究》，https://www.efchina.org/Reports-zh/report-20170710-2-zh/。

② 哈尔滨工业大学（深圳）、深圳市城市发展研究中心、深圳市环境科学研究院、北京大学深圳研究生院、深圳市建筑科学研究院股份有限公司、深圳市都市交通规划设计研究院有限公司、劳伦斯伯克利国家实验室中国能源组编：《深圳市碳排放达峰、空气质量达标、经济高质量增长协同"三达"研究报告》，https://www.docin.com/p-2306419321.html。

2020年，受疫情等影响，能源终端消费量开始出现小幅下降。从能耗强度看，深圳已进入攻坚期。以2010年可比价计算，2020年深圳单位GDP能耗为0.20吨标准煤/万元，比2010年下降了37.5%。其中，2010—2015年年均降幅为5.59%，2016—2020年年均降幅为3.58%，降幅呈现放缓趋势。

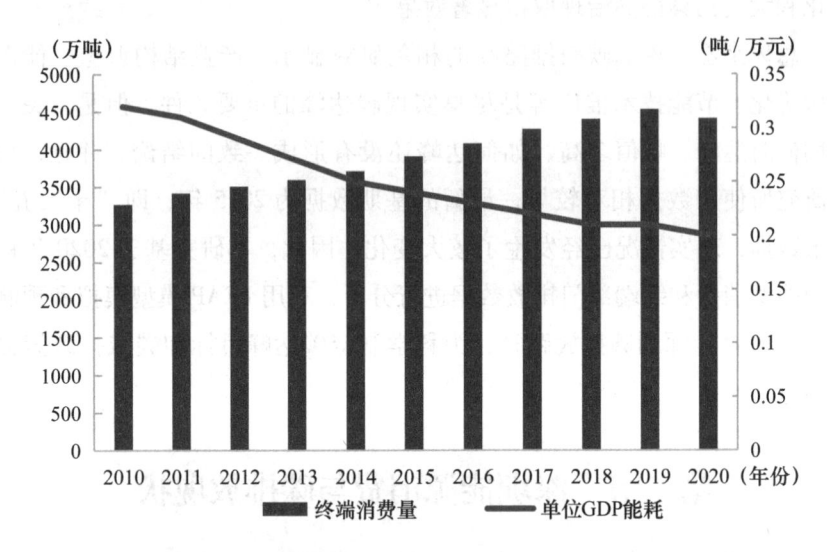

图2-1　深圳能源终端消费量及单位GDP能耗（2010年可比价）变化趋势
资料来源：深圳市统计年鉴。

（二）能源消费与经济社会发展逐渐脱钩

近几年来，深圳能耗增速均低于GDP及人口增速（如图2-2所示），2014—2020年能耗年均增速2.5%，比同期GDP增速低5.1个百分点，比同期人口增速低2.5个百分点，能源发展效益逐步提升。能源消费弹性系数是指能源消费增长率与GDP增长率之比，是反映能源消费增长速度与国民经济增长速度之间比例关系的指标，能够反映经济增长对能源的依赖程度。如图2-3所示，2005—2020年深圳平均能源消费弹性系数为0.73，经济发展对能源消费的依赖程度较高；2011—2019年，深圳平均能源消费弹性系数下降至0.37，能源利用效率提高，经济社会发展对能源消费增长的依赖程度明显降低。

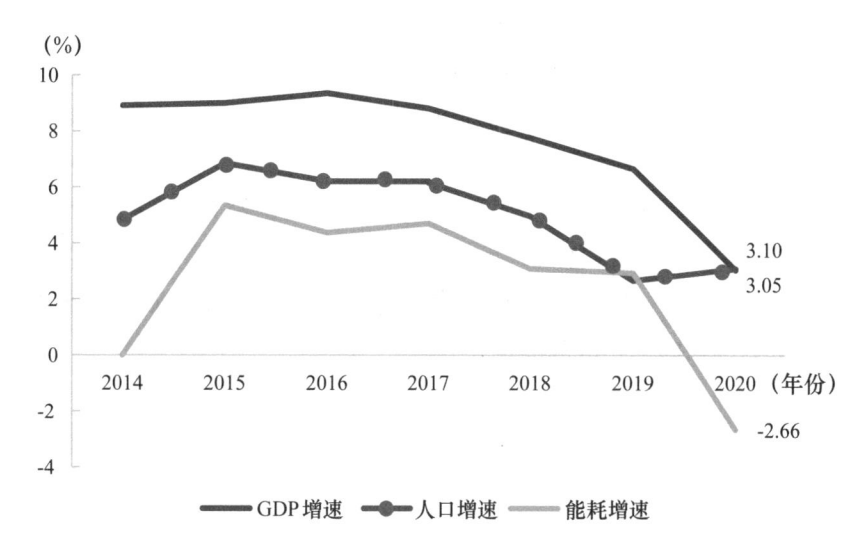

图 2-2　2014—2020 年深圳 GDP、人口、能耗增速变化

资料来源：深圳统计年鉴。

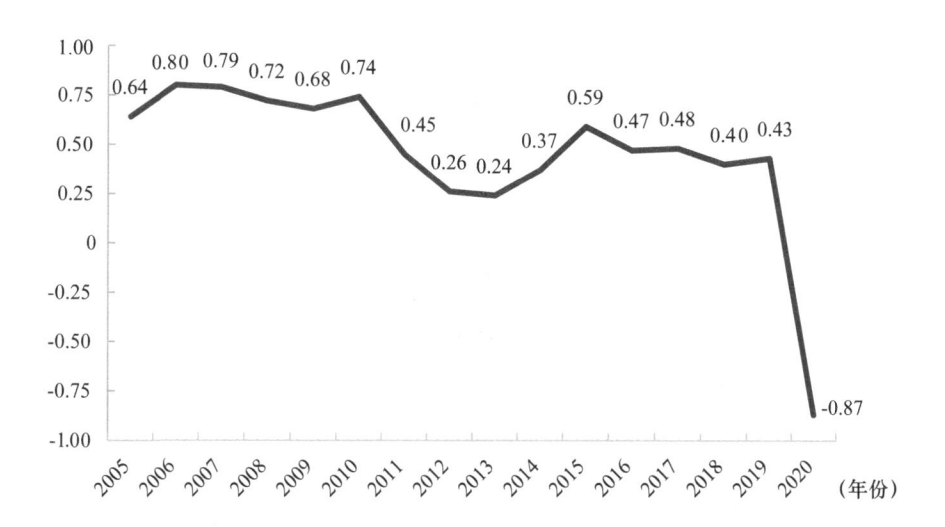

图 2-3　2005—2020 年深圳的能源消费弹性系数变化

资料来源：深圳统计年鉴。

（三）能源安全保障仍然面临不小压力

深圳能源消费总量基数大，且本地能源资源匮乏，尽管深圳形成了以气电、核电为主的多元化能源结构，但核电属于广东电力生产范畴，且七成供应香港，三成输送南方电网，深圳仍大量依赖省外供电。2014—2019 年深圳每年至少从外省调入约 3500 万吨标准煤，约占能源终端消费量的 88% 以上。此外，深圳电网属典型受端电网，仅 2019 年，通过西电东送通道接收外来清洁能源电量达 717 亿度，占全年供电量的 75% 以上。除省外输入电力外，深圳仍有部分能源缺口需靠进口解决，2015 年起进口能源量超过 400 万吨标准煤，占能源消费量的比重稳定在 10% 左右（如图 2-4 所示）。面对复杂的外部能源环境，深圳需做好应对一系列新的风险和挑战的准备。

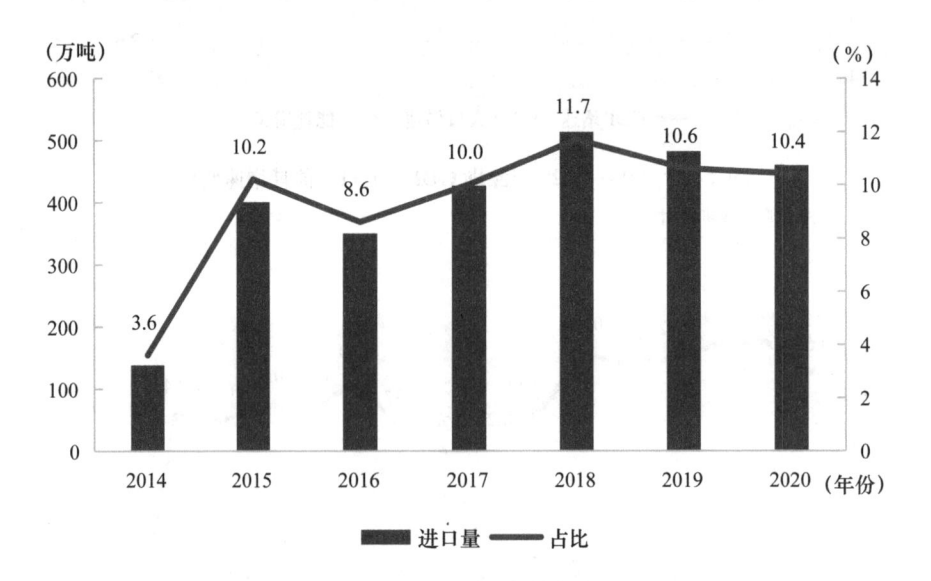

图 2-4　2014—2020 年深圳市进口能源量及占比

资料来源：深圳市统计年鉴。

二　电力发展现状

深圳积极推进电源清洁低碳转型，电力消费总量仍保持增长态势，电力消费结构持续优化。

（一）电源装机实现清洁低碳转型

深圳发电端低碳转型成效显著，基本形成了以气电、核电为主，新能源发电为辅、煤电为备的电源装机结构。根据深圳市生态环境局数据，截至 2020 年深圳核电、气电等电源装机容量占全市总装机容量的 77%，高出全国平均水平约25个百分点。

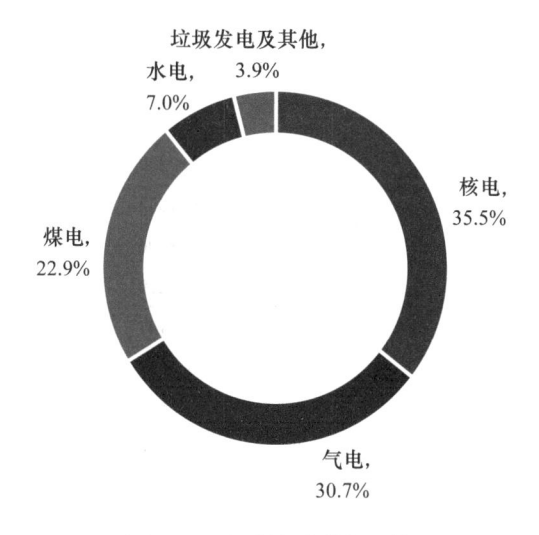

图2-5 深圳电力装机结构

垃圾发电及其他，3.9%
水电，7.0%
煤电，22.9%
核电，35.5%
气电，30.7%

资料来源：深圳市生态环境局。

深圳本地清洁能源建设及燃煤电厂改造成果丰硕。妈湾电厂拥有6台30万千瓦级引进型燃煤发电机组，经过增容提效技术改造，现总装机196万千瓦。深圳抽水蓄能电站直接接入深圳城市电网，电站总装机容量为120万千瓦。大亚湾核电基地总装机容量约612万千瓦，其中大亚湾核电站所生产的电力80%输往香港，岭澳核电站所生产的电力全部输往南方电网。生活垃圾焚烧发电厂总发电装机容量达540兆瓦、分布式光伏发电总装机为20.82万千瓦。

（二）外调电力碳排放水平较低

深圳电网属于典型受端电网，本地电源不能满足电力需求，外来电量（购省网电量）大约占70%。广东主要通过西电东送调入云南等省份的水电，其碳排放水平很低。根据生态环境部的电网平均二氧化碳排放因子，2020年广东电网平均二氧化碳排放因子为0.4512 $kgCO_2/kWh$，与其他省份相比，处于较低水平（见表2-3）。

表2-3　　　　　　　省级电网平均二氧化碳排放因子　　　　单位：kgCO$_2$/kWh

省份	排放因子
北京	0.6168
天津	0.8119
河北	0.9029
山西	0.7399
内蒙古	0.7533
山东	0.8606
辽宁	0.7219
吉林	0.6147
黑龙江	0.6634
上海	0.5641
江苏	0.6829
浙江	0.5246
安徽	0.7759
福建	0.3910
河南	0.7906
湖北	0.3574
湖南	0.4987
重庆	0.4405
四川	0.1031
广东	0.4512
广西	0.3938
贵州	0.4275
云南	0.0921
海南	0.5147
陕西	0.7673
甘肃	0.4912
青海	0.2602
宁夏	0.6195
新疆	0.6220

资料来源：《生态环境部关于商请提供2018年度省级人民政府控制温室气体排放目标责任落实情况自评估报告的函》，http://www.ncsc.org.cn/SY/tjkhybg/202003/t20200323_770098.shtml。

(三) 电力消费总量持续增长

深圳用电量增速虽有所放缓，但仍保持高速增长态势。2010—2015年，深圳用电量从663.5亿千瓦时增至815.5千瓦时，年均增长率为4.21%。2016—2020年，用电量从851.1亿千瓦时增至983.3亿千瓦时，年均增长率为3.81%。

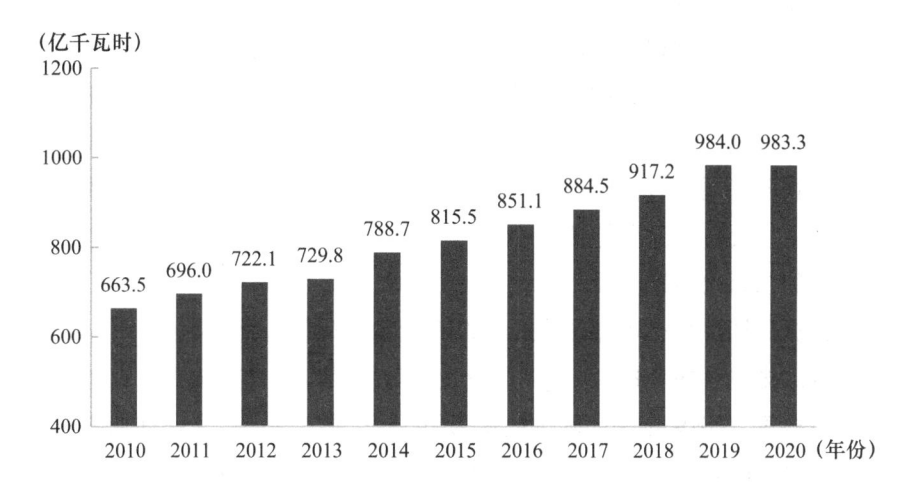

图2-6 2010—2020年深圳用电量变化趋势

资料来源：深圳市统计年鉴。

(四) 电力消费结构日趋合理

深圳用电结构日趋合理，支柱产业用电量增幅显著，居民用电比例持续提升。

2020年，第一产业、第二产业、第三产业、居民生活用电量比重分别为0.07%、51.63%、32.59%、15.71%。在第二产业用电量中，仪器仪表制造业、光伏设备及元器件制造业、计算机制造业、通信设备制造业、建筑业增幅最高。在第三产业中，信息传输、软件和信息技术服务业大类用电量增幅显著。

从行业用电量变化来看，深圳产业转型升级趋势更加显著。以信息传输、软件和信息技术服务业为例，该行业用电量由2017年的14.06亿千瓦时快速增长至2019年的19.62亿千瓦时，年均增长率达到18%。深圳积极推进5G、数据中心等新型基础设施建设，2021年5G用电量达

2.72亿千瓦时,同比大幅增长100.39%。深圳电动汽车保有量和充电桩密度均居全国前列,2021年充电桩用电量达32亿千瓦时,占全社会用电量的3%。

三 碳排放现状

碳排放核算可以从生产侧和消费侧两个角度开展。生产侧核算针对的是区域内生产过程能源消费形成的碳排放,消费侧核算是针对区域内终端部门能源消费形成的碳排放。能源的生产与消费活动普遍存在跨区域匹配的问题,从而导致生产侧与消费侧碳排放核算普遍存在差异。由于未能获取深圳市域内产品生产过程中的能耗数据,本研究基于数据可获取性,主要核算深圳能源、工业、交通、建筑及其他终端部门能源消费产生的二氧化碳排放量。

根据深圳市生态环境局数据,2019年深圳碳排放量约为5300万吨[①],占全省碳排放量的9%。深圳高质量发展与新结构研究院按照国家考核省的口径核算,2019年深圳碳排放量为7475万吨,其中包含深圳从南方电网调入电力的碳排放量2108万吨和深汕特别合作区的碳排放量352万吨。

根据课题组核算,2020年深圳碳排放量为6801.25万吨。导致数据存在差异的原因可能是核算口径不一致,本研究主要核算能源消费相关的碳排放量(其中电力间接碳排放按照广东电网平均二氧化碳排放因子0.4512 $kgCO_2/kWh$ 计算),碳排放总量是各终端用能部门的碳排放量之和。

从碳排放结构来看(如图2-7所示),交通部门是深圳最主要的碳排放部门,碳排放量约为2683.3万吨,占比达到39.5%,其中道路交通占部门排放的60%左右;建筑部门碳排放占比34.7%,其中主要是电力消费间接排放;制造业排放仅占19.7%,表明制造业低碳转型取得了显著进展。

---

① 包含深汕合作区碳排放量,但未说明是否包括南方电网调入电力产生的碳排放。

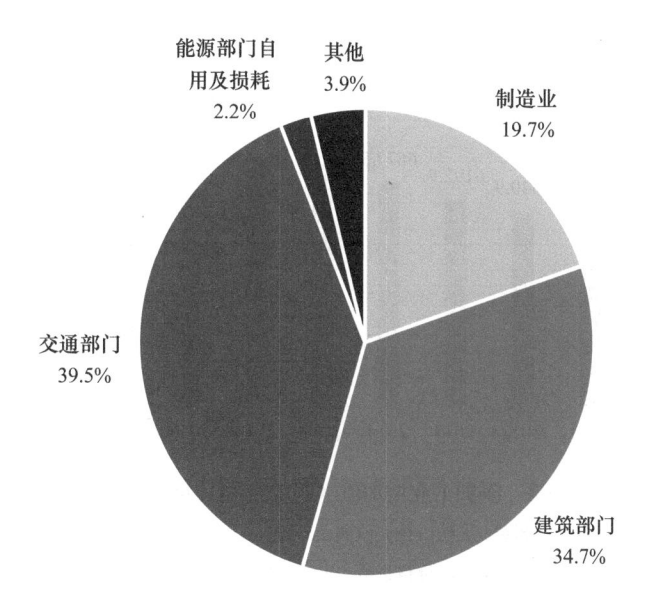

图 2-7 2020 年深圳碳排放结构

注：能源部门仅考虑电力、热力的生产和供应业自用及输配电损耗产生的碳排放。其他终端部门的碳排放包括化石能源消费直接碳排放及电力消费间接碳排放。

资料来源：笔者自制。

(一) 工业部门

近年来，深圳工业增加值持续增长，制造业发展质量不断提升，碳排放总量开始下降，2020 年碳排放量为 1339.6 万吨。

1. 工业部门发展概况

2010—2020 年，深圳工业增加值不断跃上新台阶，2016 年突破 7000 亿元，2017 年突破 8000 亿元，2018 年突破 9000 亿元，2020 年达到 9587.94 亿元。按 2010 年可比价计算，深圳工业增加值由 2010 年的 4523.4 亿元增长至 2020 年的 9219.4 亿元，增长 103.82%，年均增长率达到 7.38%，见图 2-8。

先进制造业发展迅猛。在工业 41 个行业大类中，除煤炭开采和洗选业、黑色金属矿采业两个行业外，深圳已经覆盖其中的 39 个行业。营业收入超百亿元的行业大类有 27 个。其中，计算机、通信和其他电子设备制造业，电气机械和器材制造业，专用设备制造业，文教工美体育和娱

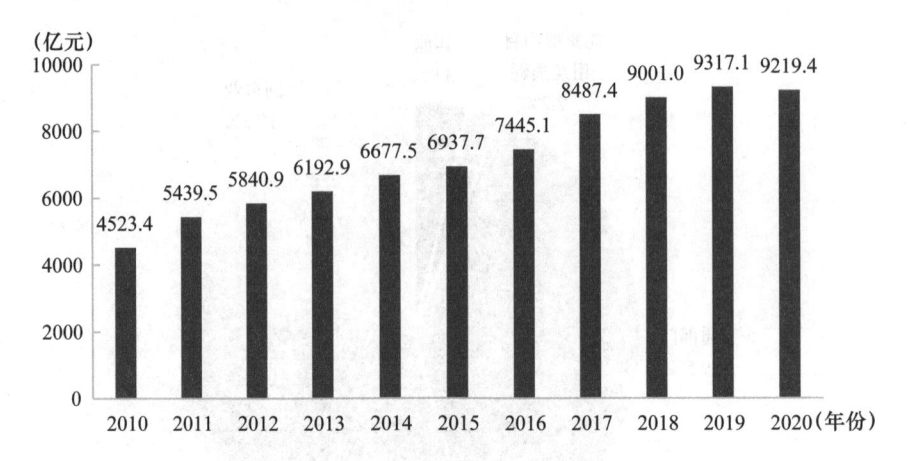

图 2-8 深圳工业增加值（2010 年可比价）变化趋势

注：根据深圳市统计局的统计口径，收集了 2010—2020 年深圳工业增加值数据，为了消除通货膨胀的影响，运用工业生产价格指数（PPI）将现价增加值数据调整为以 2010 年为基期的可比价数据。

资料来源：深圳市统计年鉴。

乐用品制造业，橡胶和塑料制品业，通用设备制造业 6 大行业营业收入超千亿元。高技术制造业和先进制造业增加值占规模以上工业增加值的比重分别达到 66.1% 和 72.5%。

2. 工业部门碳排放核算

本研究仅考虑工业部门中制造业碳排放量（包括化石能源消费的直接碳排放和电力消费的间接碳排放）①。碳排放核算公式如下：

$$E_{manufacturing} = \sum_i FS_i \times EF_i \quad (2-2)$$

其中，$E_{manufacturing}$ 为深圳制造业碳排放量，i 代表能源品种，FS_i 为某种能源的实物消耗量，EF_i 为某种能源排放因子。碳排放系数参考深圳市标准化指导性技术文件《组织的温室气体排放量化和报告指南》，见表 2-4。

---

① 深圳工业行业中采掘业、燃气和水的供应业能源消耗、碳排放量较小，将其归入其他部门。电力供应业碳排放分别纳入各终端部门间接碳排放和能源部门自用。

表2-4 不同能源的二氧化碳排放系数　　　　单位：tCO_2/t燃料

能源种类	碳排放因子
原煤	1.97
原油	3.02
汽油	2.92
煤油	3.03
柴油	3.10
燃料油	3.17
液化石油气	3.10
天然气	0.0022
电力	0.4512

注：天然气碳排放因子系数单位为tCO_2/m^3燃料，电力碳排放因子系数为$kgCO_2/kWh$。

根据核算结果，2017—2019年深圳制造业碳排放总量呈增长趋势，年均增长率为3.73%；2020年降至1339.6万吨，降幅为6.45%，基本达到2017年碳排放水平（如图2-9所示）。

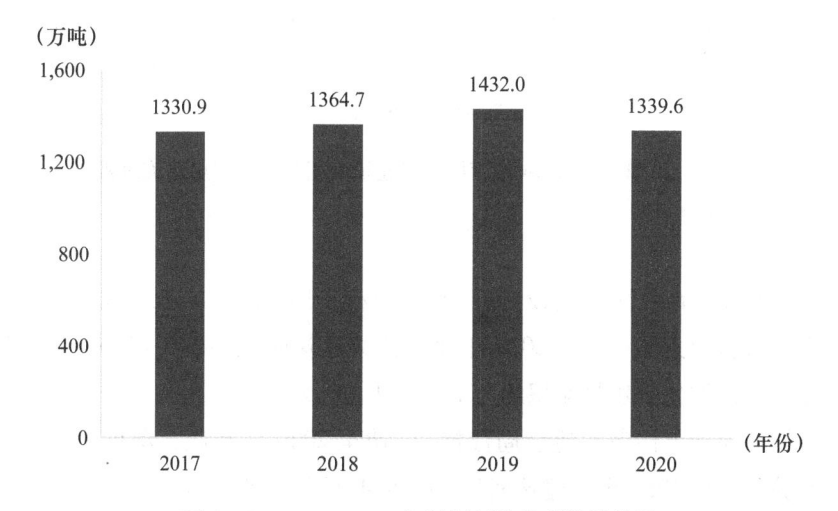

图2-9　2017—2020年深圳制造业碳排放总量

资料来源：根据深圳市统计年鉴计算。

(二) 建筑部门

深圳建筑部门始终坚持绿色发展,建筑能耗得到了较好的控制。2020年,深圳建筑部门碳排放量为2363.1万吨。

1. 建筑部门发展概况

建筑面积包括住房建筑面积和公共建筑面积两部分。

根据深圳市统计局数据,2020年深圳人均住房建筑面积约为22.58平方米,据此计算深圳民用建筑面积约为4.0亿平方米。2016—2020年,深圳住房建筑面积和人均住房建筑面积均保持增长态势,年均涨幅分别为7.96%和3.60%,如图2-10所示。

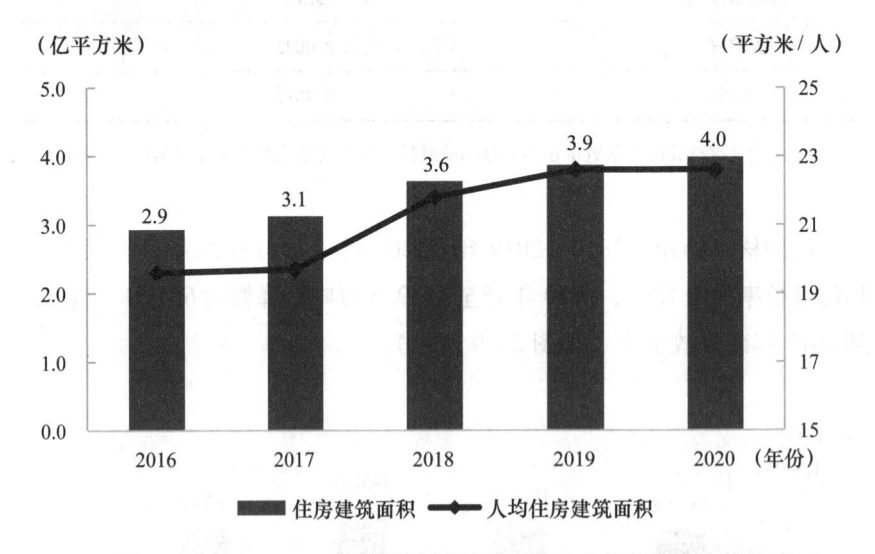

图2-10 2016—2020年深圳住房建筑面积及人均住房建筑面积

资料来源:深圳市统计年鉴。

按照深圳市住房和建设局发布的《深圳市既有公共建筑绿色改造技术规程(征求意见稿)》,2020年深圳公共建筑面积突破2亿平方米。据此计算,人均公共建筑面积约为11.34平方米/人。

根据深圳市住房和建设局数据,[①] 截至2020年年底,深圳累计完成节能验收项目3984个,建筑面积17555.4万平方米,实现节能量222.04

---

① 杨阳腾:《这里的大楼会"呼吸"》,《经济日报》2021年10月13日。

万吨标煤、二氧化碳减排 536.53 万吨；累计完成改造项目 464 个，面积 1950.05 万平方米，实现节能量 14.97 万吨标煤、二氧化碳减排 36.17 万吨。

2. 建筑部门碳排放核算

建筑部门碳排放主要指建筑运营阶段的温室气体排放，包括化石能源消费直接碳排放和电力消费间接碳排放。

建筑碳排放主要受总建筑面积（含存量建筑与增量建筑）、运行模式（含住宅与公共建筑）、建筑能耗强度（综合考虑指炊事、照明、空调、采暖、电器等微观因素）等参数的影响。建筑部门碳排放核算公式如下所示：

$$E_{building} = \sum_{i} A_i \times f_i \qquad (2-3)$$

其中，$E_{building}$ 代表建筑部门碳排放核算，i 代表建筑类型，A_i 为建筑面积，f_i 为第 i 种建筑类型的单位面积碳排放因子。

根据中国城市规划设计研究院深圳分院的研究报告《绿色低碳的存量规划》，在不考虑未来电网碳排放因子降低的情况下，按照 50 年的寿命计算，住房建筑全生命周期碳排放量为 2500—3000 千克/平方米。据此计算，住房建筑使用与运维阶段年碳排放量约为 37.5 千克/平方米。本研究以此作为深圳住房建筑的碳排放因子。

根据《深圳市大型公共建筑能耗监测情况报告（2020 年度）》，[1] 2020 年深圳全市监测公共建筑单位面积用电指标为 96.5 千瓦时/平方米。[2] 据此计算，深圳公共建筑使用与运维阶段年碳排放量约为 43.5 千克/平方米。本研究以此作为深圳公共建筑的碳排放因子。

根据核算结果，2020 年深圳住房建筑碳排放量为 1493.1 万吨，公共建筑碳排放量为 870.0 万吨，深圳建筑部门碳排放量为 2363.1 万吨。

（三）交通部门

交通部门是深圳重要的碳排放源，2020 年碳排放量为 2683.3 万吨。

---

[1] 深圳市住房和建设局、深圳市建设科技促进中心、深圳市建筑科学研究院股份有限公司：《深圳市大型公共建筑能耗监测情况报告（2020 年度）》，2021 年。
[2] 公共建筑年综合电耗的统计范围是统计对象在一年内实际消耗的一次能源（如煤炭、石油、天然气等）和二次能源（如蒸汽、电力、汽油、柴油、液化石油气等），所消耗的各种能源应按照供电煤耗法统一换算成电。

1. 交通部门发展概况

深圳经济特区成立40多年来,交通运输一直保持高速发展。目前,深圳已经构建起海陆空铁齐备的综合交通运输体系,深圳港成为世界级集装箱枢纽港,国际航空枢纽、国家公路铁路枢纽基本建成,公交都市建设国内领先。但是,港口集疏运体系仍以公路为主导,海铁联运、水水中转比例偏低,机动车中新能源比例仅为10%,公共交通出行分担率仍需进一步提升。"双碳"目标下,深圳亟待进一步加快推动交通运输绿色低碳转型发展。

总体来看,深圳交通部门根据运输类别可分为客运交通和货运交通,根据运输方式可分为公路、水路、铁路、航空等,如图2-11所示。

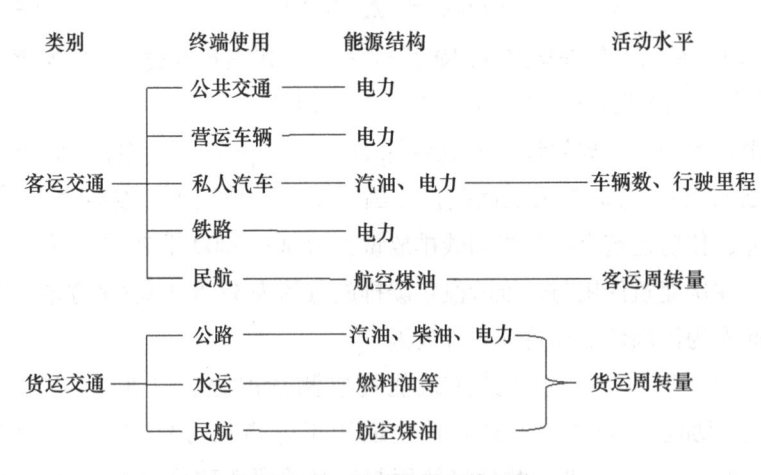

```
类别        终端使用      能源结构           活动水平
            ┌ 公共交通 ── 电力
            ├ 营运车辆 ── 电力
客运交通 ───┼ 私人汽车 ── 汽油、电力 ──── 车辆数、行驶里程
            ├ 铁路 ──── 电力
            └ 民航 ──── 航空煤油 ─────── 客运周转量

            ┌ 公路 ──── 汽油、柴油、电力 ┐
货运交通 ───┼ 水运 ──── 燃料油等        ├─ 货运周转量
            └ 民航 ──── 航空煤油        ┘
```

图 2-11 深圳交通运输结构

注:由于深圳铁路货运量和水运客运量极少,因此为简化计算,没有考虑这些因素。

深圳机动车保有量增速放缓,如图2-12所示。2020年全市机动车保有量为358.9万辆,同比增长2.6%。2015年深圳机动车保有量增速由19.7%大幅降至1.4%,随后保持缓慢增长态势。

深圳客运车电动化走在世界前列。2017年,深圳率先实现公交车100%纯电动化。截至2020年,深圳私家车电动化渗透率已达到25%左右,网约车全面实现电动化。根据深圳市城市交通研究院数据,2020年全市新能源机动车保有量为39.4万辆,占比达到11.0%。

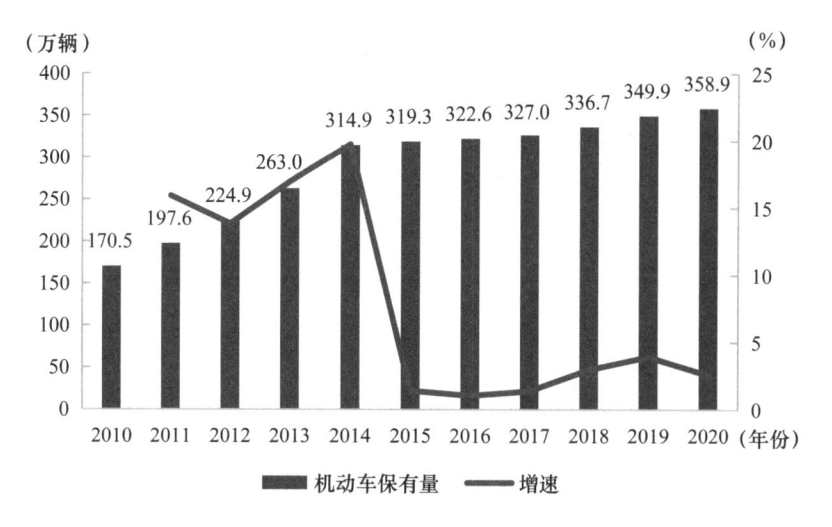

图 2 - 12　2010—2020 年深圳机动车保有量及增速

资料来源：根据深圳市统计年鉴计算。

在民航领域，2020 年深圳机场旅客吞吐量及货邮吞吐量均排名中国机场第三，分别为 3791.6 万人次和 140 万吨。近年来，深圳民航客运周转量呈逐年上升趋势，2016—2019 年年均增长率达到 9.66%，2020 年在疫情等外部因素的影响下有所回落。民航货运周转量也快速增长，2016—2019 年年均增长率达到 14.71%，如图 2 - 13 所示。

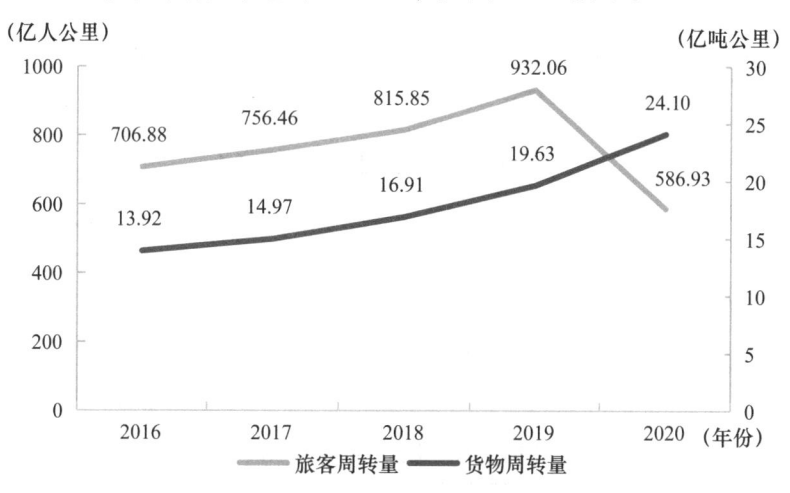

图 2 - 13　2016—2020 年深圳民航周转量变化趋势

资料来源：深圳市统计年鉴。

在货运交通领域，深圳货运周转量总体持平并略有下降。2020年，受疫情等因素影响，公路货运周转量为438.2亿吨公里，水运周转量为1550.5亿吨公里（如图2-14所示）。

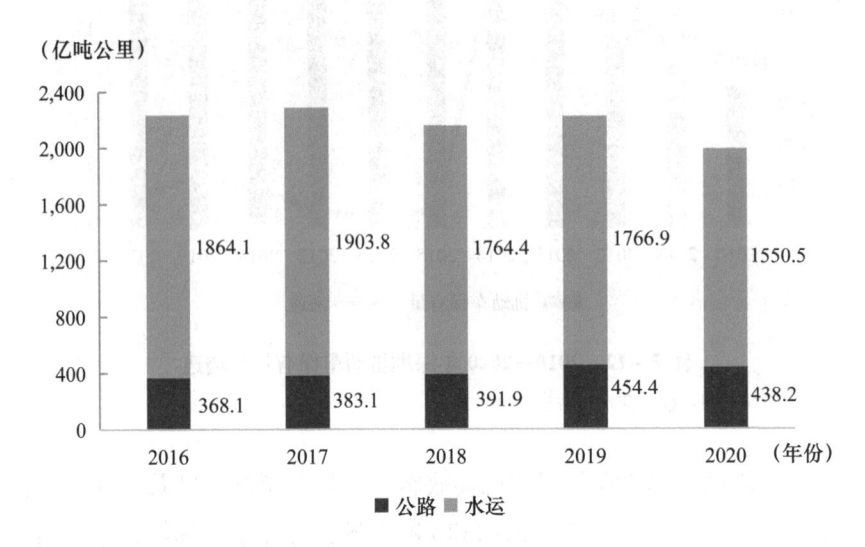

图2-14 2016—2020年深圳公路及水运货运周转量

资料来源：深圳市统计年鉴。

2. 交通部门碳排放核算

深圳交通部门碳排放包括化石能源消费直接碳排放和电力消费间接碳排放，核算公式如下所示：

$$E_{transportation} = \sum_i \sum_j T_j \times e_i \times f_i \qquad (2-4)$$

其中，$E_{transportation}$代表交通部门碳排放量，i代表能源品种，j代表运输类型，T为运输周转量（客运、货运），e_i为某交通部门第i种能源的单位运输量能耗，f_i为第i种能源的碳排放因子。

根据相关文件和参考文献，不同运输方式的碳排放因子，见表2-5。

表2-5 不同交通运输方式的碳排放因子

运输方式	碳排放因子
航空客运	0.0952（$kgCO_2/pkm$）

续表

运输方式	碳排放因子
航空货运	0.928（$kgCO_2$/吨公里）
汽车（汽油）	0.203（$kgCO_2$/km）
水路货运	3.150（$kgCO_2$/kg 燃料）
水路货运	0.045（tce/万吨公里）
中型货车	0.508（$kgCO_2$/km）

资料来源：参考《深圳市低碳公共出行碳普惠方法学（试行）》《"十四五"民用航空发展规划》、吕晨等（2021、2022）、邢辉（2016）和王波（2018）。

根据《2018中国乘用车实际道路行驶与油耗分析年度报告》，中国乘用车年均行驶里程约为19000公里。[①] 根据深圳交通运输局数据，2020年深圳燃油小汽车保有量为270.79万辆、货车保有量为47.26万辆。[②] 根据深圳市统计年鉴，2020年航空客运周转量为586.93亿人公里，航空货运量为24.1亿吨公里，水路货运周转量为1550.54亿吨公里，交通业用电量为399639万千瓦时。[③] 根据核算结果，2020年深圳交通部门碳排放量为2683.3万吨，见表2-6。

表2-6 2020年交通运输细分领域碳排放量 单位：万吨

交通细分领域	碳排放量
汽油小汽车	1044.5
货车运输	456.2
航空客运	558.8
航空货运	223.7
水路运输	219.8
用电产生碳排放	180.3
合计	2683.3

资料来源：笔者自制。

[①] 能源与交通创新中心：《2018中国乘用车实际道路行驶与油耗分析年度报告》，https://www.icet.org.cn/admin/upload/2019081537990401.pdf。

[②] 深圳市统计局、国家统计局深圳调查队编：《深圳市统计年鉴2021》，https://tjj.sz.gov.cn/attachment/1/1382/1382774/9491388.pdf。

[③] 深圳市统计局、国家统计局深圳调查队编：《深圳市统计年鉴2021》，https://tjj.sz.gov.cn/attachment/1/1382/1382774/9491388.pdf。

(四) 能源部门

能源消费是碳排放的最主要来源。能源部门的碳排放只核算该部门终端能源消费的碳排放,包括自用和损耗两部分。根据核算结果,2020年深圳能源部门碳排放量为151.9万吨。

能源部门碳排放核算如式(2-5)所示:

$$E_{energy} = \theta \times \sum_{i} FS_i \times EF_i \quad (2-5)$$

其中,E_{energy}代表能源部门碳排放量,θ代表使用效率,即厂用电率或输配电损失率;i代表能源品种;FS_i为某种化石燃料的消耗量;EF_i为某种化石燃料使用时的二氧化碳排放系数。

根据核算结果,2020年深圳电力、热力的生产和供应业碳排放总量为2209.8万吨,其中原煤产生的碳排放量为1483.8万吨,占比为67.15%(见表2-7)。根据国家能源局全国电力工业统计数据,全国发电累计厂用电率约为4.6%,据此估算,深圳能源部门自用电碳排放量约为101.7万吨。

表2-7　　2020年深圳电力、热力的生产和供应业碳排放量　　单位:万吨

能源种类	碳排放量
原煤	1483.8
汽油	0
柴油	0.3
天然气	535.8
电力	189.9
合计	2209.8

资料来源:深圳市统计年鉴。

从能源输配系统效率的角度看,2018年以来深圳输配电损失率逐年降低,2020年输配电损失占一次能源生产总量的2.3%(如图2-15所示)。据此估算,深圳电力线损碳排放量约50.2万吨。

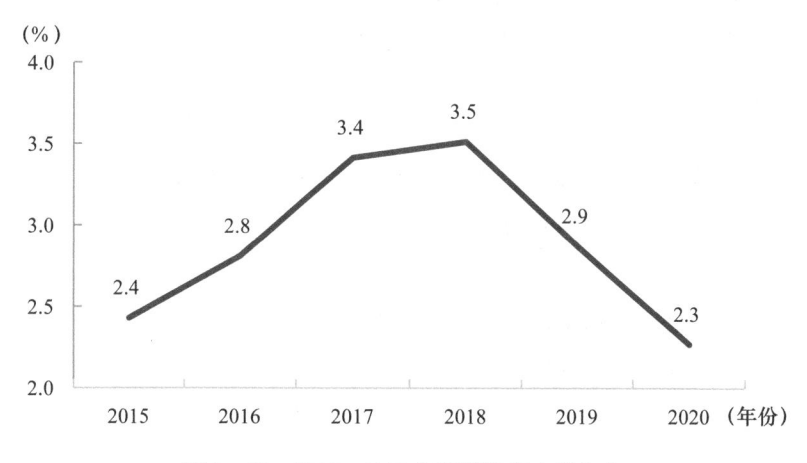

图 2-15　2015—2020 年深圳输配电损失率

资料来源：深圳市统计年鉴。

（五）其他部门

其他部门包括农林牧渔业、采掘业、建筑业、燃气和水的供应业。根据核算结果，2020 年深圳其他部门碳排放量为 263.6 万吨。

1. 农林牧渔业

深圳农林牧渔业能源需求主要源自渔业活动，占终端能源消费的比重仅为 0.26%，2020 年用电量约 1.69 亿千瓦时。2020 年深圳农林牧渔业碳排放量约为 7.6 万吨。

2. 采掘业

深圳采掘业能源需求主要源自海上石油和天然气开采，规模较为稳定，消耗的能源主要为电力、原油、汽油、柴油和天然气。2020 年深圳采掘业碳排放量约为 104.8 万吨。

3. 建筑业

深圳建筑业能源需求主要源自建筑施工，消耗的能源主要为电力，也包括少量烟煤、柴油、液化石油气和煤油。近几年，建筑业电力消费保持上升趋势，2020 年用电量为 16.39 亿千瓦时。2020 年深圳建筑业碳排放量约为 74.0 万吨。

4. 燃气和水的供应业

深圳燃气和水的供应业主要是满足居民生活、第三产业中涉及生活服务（如餐饮和住宿等）的能源需求，主要影响因素是常住人口数量。消耗的能源主要为电力和天然气，也包括少量的汽油、柴油。2020年深圳燃气和水的供应业碳排放量约为77.2万吨。

第三节 基于LEAP模型的深圳碳达峰情景分析

一 LEAP-Shenzhen模型及方法介绍

（一）LEAP模型介绍

由于能源涉及经济、环境、社会发展等多个领域，能源消费预测需要综合考虑多方面的因素。LEAP（Low Emissions Analysis Platform）模型即低排放分析平台，由瑞典斯德哥尔摩环境协会与美国波士顿大学于20世纪80年代共同开发，最初名为长期能源替代规划系统（Long-range Energy Alternatives Planning System），被用于预测各部门的长期能源需求、消费及环境影响。

LEAP模型基于终端部门的活动水平、能源强度、污染物排放因子等数据，对不同情境下的能源需求、能源消费、能源环境影响以及温室气体排放量等进行计算、评估与预测。LEAP模型允许研究者根据研究目的、数据可获取度、研究对象特点等灵活调整模型结构，被广泛应用于国家、区域、部门、行业的能源战略研究中。

国外学者应用LEAP模型开展了大量研究。例如，Ahanchian和Biona（2014）针对大马尼拉市交通行业的能源需求构建LEAP模型，并计算了2040年的碳排放量。[①] Phdungsilp（2010）基于LEAP模型，对泰国曼谷居住、发电、交通等行业设计不同能源需求情景，计算了2025年的碳排放量。[②]

国内很多学者也运用LEAP模型评估城市和区域的碳排放情况。徐成

[①] Ahanchian, M. and J. B. M. Biona, "Energy Demand, Emissions Forecasts and Mitigation Strategies Modeled over a Medium–Range Horizon: The Case of the Land Transportation Sector in Metro Manila", *Energy Policy*, Vol. 66, 2014.

[②] Phdungsilp, A., "Integrated Energy and Carbon Modeling with a Decision Support System: Policy Scenarios for Low–Carbon City Development in Bangkok", *Energy Policy*, Vol. 9, No. 38, 2010.

龙等（2014）运用 LEAP 模型结合 LMDI 分解方法研究了山东省 2030 年之前产业结构调整对碳排放的贡献，发现产业结构调整有助于减少碳排放。① 常征和潘克西（2014）运用 LEAP 模型预测了上海市 2009—2050 年的能源需求及碳排放情况，并分析了相关驱动因素的影响，结果显示，合理控制经济增速是长期节能碳减排的关键。② 吴唯等（2019）运用 LEAP 模型分析了不同情景下浙江省 2020—2050 年的能源需求和碳排放，结果表明，长期来看产业结构优化是降低能源需求总量的最有效路径，大力发展非化石能源是降低碳排放的有效选择。③

（二）LEAP-Shenzhen 碳排放情景分析框架

为了更准确地预测深圳的碳达峰路径，以 2020 年为基准年、2030 年为目标年构建 LEAP-Shenzhen 情景分析模型，分析深圳的节能减排潜力、碳达峰路径。

根据深圳终端用能的特点，设置三种情景：基准情景、强化政策情景和 2023 年碳达峰情景（见表 2-8）。每种情景下，社会经济的宏观参数设置一致，区别在于基准情景不再考虑新增的节能减排政策影响，强化政策情景将现有政策标准提高，而 2023 年碳达峰情景则是分析目标导向下的碳排放政策和措施需求。通过三种情景的分析，判断深圳各终端部门及整体的碳达峰潜力（如图 2-16 所示）。

表 2-8　　　　　　　　LEAP-Shenzhen 情景设定

情景名称	情景设定
基准情景	在实现既定社会经济发展目标的情况下，延续当前节能减排措施，不特别采取针对气候变化对策
强化政策情景	在现有政策下，进一步加强碳排放相关政策及措施的力度。在该情景下，节能减排技术等方面有了重大改变，能源结构进一步转变，终端的节能水平进一步提升

---

① 徐成龙、任建兰、巩灿娟：《产业结构调整对山东省碳排放的影响》，《自然资源学报》2014 年第 2 期。
② 常征、潘克西：《基于 LEAP 模型的上海长期能源消耗及碳排放分析》，《当代财经》2014 年第 1 期。
③ 吴唯、张庭婷、谢晓敏、黄震：《基于 LEAP 模型的区域低碳发展路径研究——以浙江省为例》，《生态经济》2019 年第 12 期。

续表

情景名称	情景设定
2023年碳达峰情景	在经济社会可持续发展的前提下，通过深入挖掘节能减排潜力，进一步加强针对气候变化的政策措施，强化技术进步，广泛普及绿色生活及出行方式，在2023年实现碳达峰

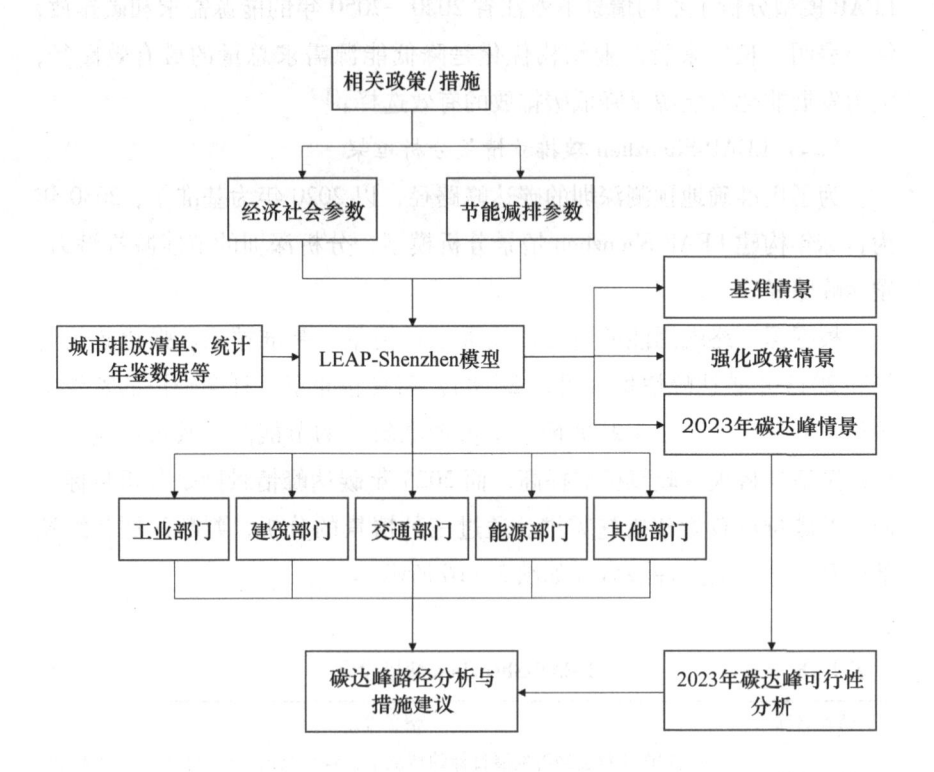

图 2–16　LEAP-Shenzhen 情景分析逻辑

二　深圳碳达峰情景分析

（一）工业部门碳排放预测

工业部门历来是碳减排的重点领域，其碳达峰将直接决定全市的"双碳"目标。近年来，深圳持续推进工业低碳转型，碳减排成效显著。制造业碳排放在2019年已经达峰，峰值为1432.0万吨。

1. 碳排放计算方法及情景设定

工业部门的碳排放仅仅考虑制造业。① 由于制造业增加值数据缺失，相关参数的设置参照工业增加值。

在不同情景下，工业部门碳排放计算公式如下：

$$E_{industry} = \sum_i G \times (e_i - \Delta e_i) \times f_i \qquad (2-6)$$

其中，$E_{industry}$ 为工业部门的碳排放，G 为工业增加值，e_i 为现有趋势下单位工业增加值对第 i 种能源的消费量，Δe_i 为基准情景、强化政策情景、2023 年碳达峰情景下节能技术导致单位工业增加值对第 i 种能源的节能量，f_i 为第 i 种能源的碳排放因子。

深圳工业增加值增长率与 GDP 增长率相关程度高，表现出同升同降的趋势。"十三五"时期深圳地区生产总值年均增长 7.1%，与工业增加值增长率基本一致。本研究假设 2020—2030 年工业增加值与 GDP 涨幅保持一致。根据深圳"十四五"经济社会发展调控指标体系，GDP 年均增长 6%。预计"十五五"时期 GDP 年均增长率将降低至 5%。据此估算 2020—2030 年深圳工业增加值，见表 2-9。

表 2-9　　2020—2030 年深圳工业增加值　　　　单位：亿元

年份	工业增加值
2020	9528.12
2021	10099.81
2022	10705.80
2023	11348.14
2024	12029.03
2025	12750.77
2026	13452.07
2027	14191.93
2028	14901.53
2029	15646.60
2030	16428.93

注：2022—2030 年数据为预测值。

资料来源：笔者自制。

---

① 深圳工业行业中采掘业、燃气和水的供应业能源消耗、碳排放量较小，将其归入其他部门。电力供应业碳排放分别纳入各终端部门间接碳排放和能源部门自用。

根据2010—2020年单位工业增加值对各类能源消费量的数据，按照历史趋势外推拟合主要能源品种的能耗强度，如图2-17所示。并估算单位工业增加值对各类能源的消费量，见表2-10。

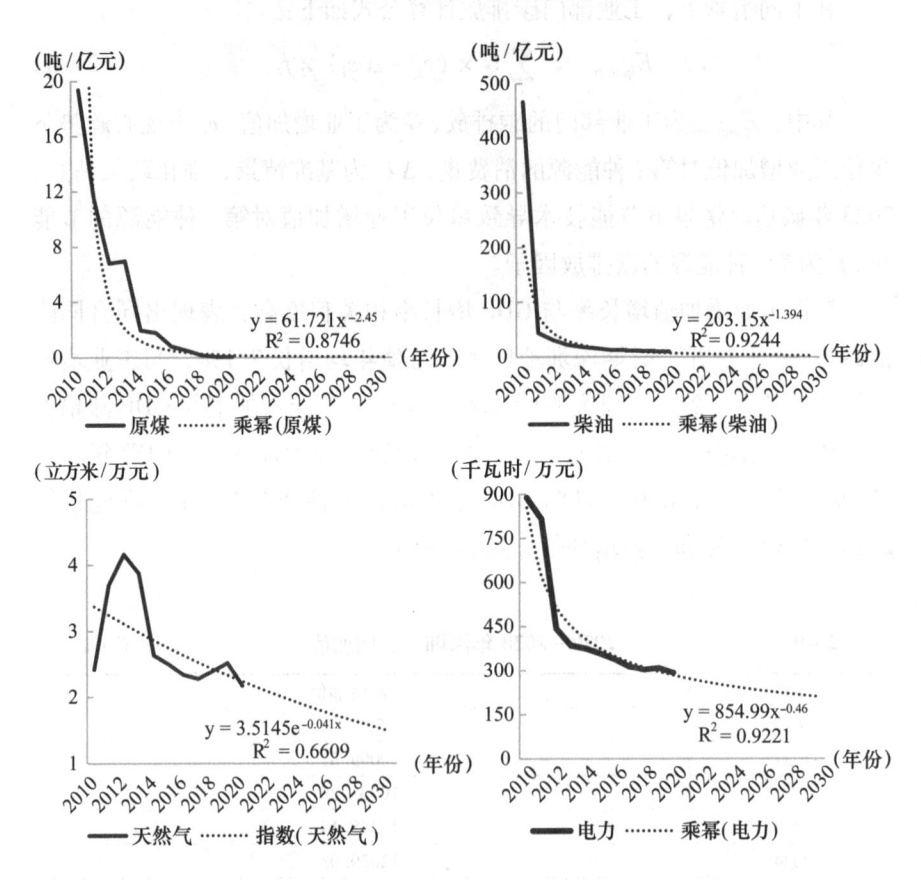

图 2-17　2010—2030 年深圳工业能耗强度拟合曲线

资料来源：笔者自制。

表 2-10　现有趋势下各类能源的单位增加值消费量

年份	原煤（吨/亿元）	汽油（吨/亿元）	柴油（吨/亿元）	液化石油气（立方米/万元）	天然气（立方米/万元）	电力（千瓦时/万元）
2020	0.063	3.821	7.785	0.523	2.172	292.734
2025	0.054	2.445	4.539	0.337	1.741	261.915
2030	0.049	1.956	3.433	0.169	1.573	224.910

资料来源：笔者自制。

《"十四五"现代能源体系规划》规定单位 GDP 能耗 5 年累计下降 13.5%，据此设定在基准情景下 2025 年单位增加值能源节约量为 13.5%，随后能耗下降率逐步提高。强化政策情景下能源节约量的参数提高至 15%。2023 年碳达峰情景下能源节约量的参数根据 2023 年深圳碳排放总量达峰的目标设定。具体参数见表 2–11。

表 2–11　　　　节能技术单位增加值能源节约量　　　　单位:%

年份	基准情景	强化政策情景	2023 年碳达峰情景
2020	0	0	0
2025	13.5	15.0	18.0
2030	28.0	31.0	35.2

资料来源：笔者自制。

2. 情景分析结果

根据深圳制造业碳排放数据，制造业碳排放在 2019 年已经达峰，峰值为 1432.0 万吨。基于相关参数，预测三种情景下深圳制造业碳排放量，结果如图 2–18 所示。

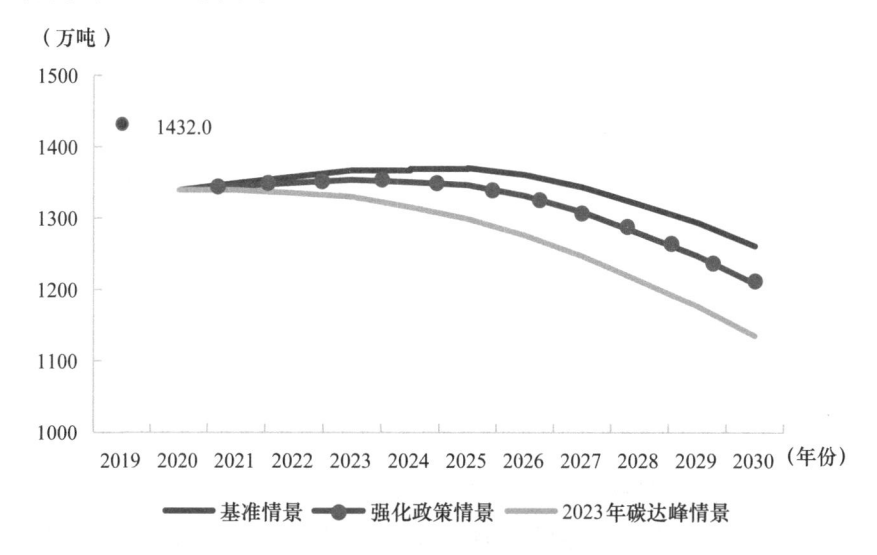

图 2–18　2019—2030 年深圳制造业碳排放情景分析结果

资料来源：笔者自制。

基准情景下，2025年和2030年深圳制造业碳排放量分别为1370.31万吨和1261.40万吨，较峰值分别减少碳排放61.69万吨和170.60万吨。

强化政策情景下，2025年和2030年深圳制造业碳排放量分别为1346.55万吨和1208.84万吨，较峰值分别减少85.45万吨和223.16万吨，2019—2030年碳排放量下降15.58%。

2023年碳达峰情景下，2025年和2030年深圳制造业碳排放分别为1299.03万吨和1135.26万吨，较峰值分别减少132.97万吨和296.74万吨，2019—2030年碳排放量下降20.72%。

（二）建筑部门碳排放预测

深圳作为一座建成度极高的超大型城市，建筑部门是重要的碳排放源。虽然深圳大力推进绿色建筑，但是在预测期内碳排放仍无法实现达峰。

1. 碳排放计算方法及情景设定

建筑部门分为居住建筑和公共建筑两大类。考虑深圳已迈入"存量更新"时代，既有建筑中65%以上仍为非节能建筑，且"以综合整治为主，拆除重建为辅"的城中村改造是未来城市更新的主要方式，而既有建筑和新建建筑的能耗标准存在较大差异。因此，本研究将居住建筑和公共建筑进一步细分为既有建筑和新建建筑，如图2-19所示。

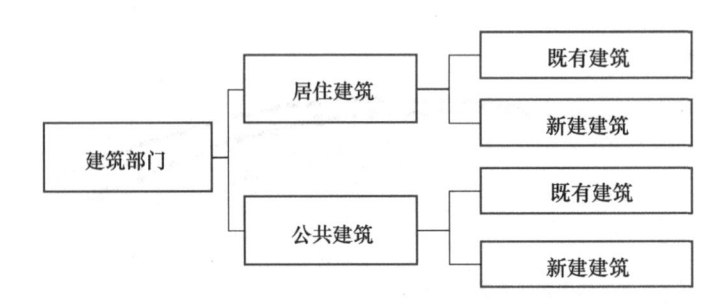

图2-19 深圳建筑部门分类

深圳建筑部门碳排放计算如式（2-3）所示。

根据《深圳市国土空间总体规划（2021—2035年）》，2035年深圳人口规划为常住人口1900万人，实际管理人口规模为2300万人，这意味着未来15年，深圳常住人口增长的余额仅剩100余万人，大约只有过去10

年增量的1/5。根据王勇等（2021）预测，2035年深圳的人口增长将超出政府规划红线，达到2028万人。① 本研究假设，深圳人口增幅逐步放缓，2030年常住人口数达到1968万人。

深圳市规划和自然资源局发布的《关于进一步加大居住用地供应的若干措施（征求意见稿）》指出，逐步提高居住和公共设施用地规模和比例，确保至2035年深圳全市常住人口人均住房面积达到40平方米以上，预测2030年深圳人均居住面积为32.90平方米。参考绿色低碳发展基金会（2016）②对深圳2012—2030年建筑面积发展情景的预测，公共建筑面积与居住建筑面积涨幅基本一致，估算出2030年人均公共建筑面积为16.52平方米。2020—2030年深圳各类型建筑面积变化情况见表2-12。

表2-12 2020—2030年深圳各类建筑面积变化情况

年份	人均居住面积（平方米）	人均公共建筑面积（平方米）	常住人口（万人）	居住面积（亿平方米）	公共建筑面积（亿平方米）
2020	22.58	11.34	1763	3.98	2.00
2021	23.48	11.79	1788	4.20	2.11
2022	24.42	12.27	1812	4.43	2.22
2023	25.39	12.75	1835	4.66	2.34
2024	26.39	13.25	1857	4.90	2.46
2025	27.23	13.68	1878	5.11	2.57
2026	28.30	14.21	1898	5.37	2.70
2027	29.39	14.76	1917	5.63	2.83
2028	30.53	15.33	1935	5.91	2.97
2029	31.70	15.92	1952	6.19	3.11
2030	32.90	16.52	1968	6.47	3.25

资料来源：笔者自制。

---

① 王勇、解延京、刘荣、张昊：《北上广深城市人口预测及其资源配置》，《地理学报》2021年第2期。
② 绿色低碳发展基金会、北京大学深圳研究生院：《深圳碳减排路径研究》，https://www.efchina.org/Reports-zh/report-20170710-2-zh/。

从既有建筑改造的角度，《深圳市绿色建筑高质量发展行动实施方案（2021—2025）（征求意见稿）》显示，2025年既有建筑节能改造面积目标值为1000万平方米。本研究据此估算，在基准情景下既有建筑能效水平提高约4%。强化政策情景下，既有建筑能效水平进一步提高，参数的设定做相应调整。2023年碳达峰情景的参数根据2023年深圳碳排放总量达峰的目标设定。

从新建建筑的角度，根据住房和城乡建设部发布的《"十四五"建筑节能与绿色建筑发展规划》，城镇新建居住建筑能效水平提升30%，城镇新建公共建筑能效水平提升20%。《深圳市绿色建筑高质量发展行动实施方案（2021—2025）（征求意见稿）》显示，到2025年，当年新建城镇建筑100%执行绿色建筑标准，其中高星级绿色建筑占比50%。本研究据此设定，基准情景下新建建筑排放因子。强化政策情景下新建建筑能效水平进一步提高，参数的设定做相应调整。2023年碳达峰情景的参数根据2023年深圳碳排放达峰的目标设定。

2025年各情景下各类建筑的碳排放因子见表2-13。

表2-13　　　2025年各情景下各类建筑的碳排放因子

不同情景		既有建筑（千克/平方米）	新建建筑（千克/平方米）
基准情景	居住建筑	36.0	26.3
	公共建筑	40.5	34.8
强化政策情景	居住建筑	33.0	23.7
	公共建筑	37.5	31.3
2023年碳达峰情景	居住建筑	31.0	21.0
	公共建筑	35.0	27.8

资料来源：笔者自制。

2. 情景分析结果

基于相关参数，预测三种情景下深圳建筑部门碳排放量，结果如图2-20所示。在预测期内，建筑部门在三种情景下均未出现碳排放峰值。

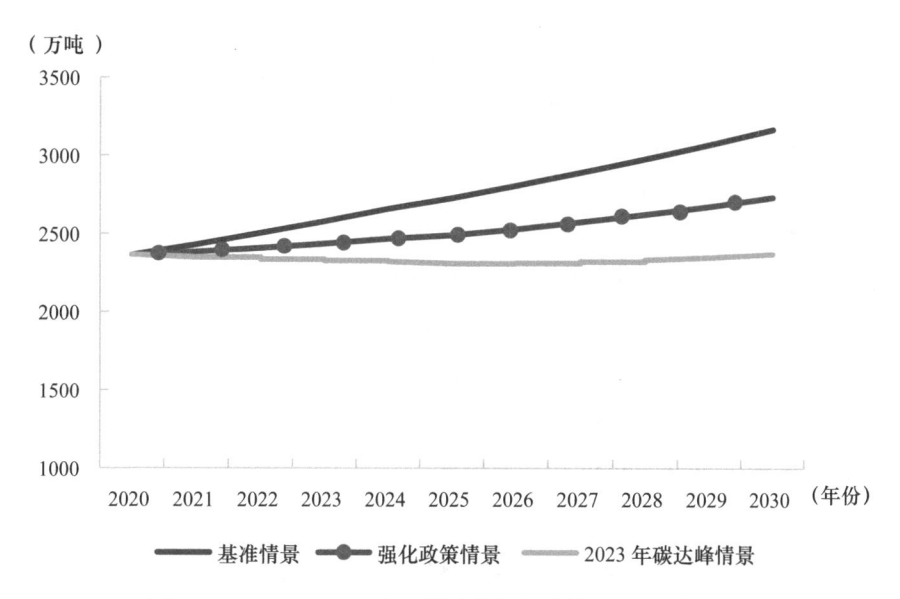

图 2-20　2020—2030 年深圳建筑部门碳排放情景分析结果

基准情景下，2025 年和 2030 年建筑部门碳排放量分别为 2725.64 万吨和 3165.09 万吨，相较于 2020 年分别增长了 15.35% 和 33.94%。

强化政策情景下，2025 年和 2030 年建筑部门碳排放量分别为 2488.90 万吨和 2732.36 万吨，较基准情景分别下降 8.69% 及 13.67%，减排量分别为 236.73 万吨和 437.73 万吨。

2023 年碳达峰情景下，建筑部门碳排放量基本维持在固定水平。2025 年和 2030 年碳排放量分别为 2306.52 万吨和 2370.10 万吨，较基准情景分别下降 15.38% 和 25.12%。2030 年碳排放量较 2020 年仅增加 7.10 万吨，主要来自新建建筑。

（三）交通部门碳排放预测

深圳交通运输仍处于能源结构、运输结构优化调整攻坚期，交通部门是碳减排重点之一。但是，根据情景分析，交通部门碳排放能够在预测期内实现达峰。

1. 碳排放计算方法及情景设定

深圳交通部门的碳排放核算对象主要涉及非新能源汽车和货车、民航客运、民航货运、水路货运等。深圳交通部门碳排放计算方法如式

(2-4) 所示。

在机动车保有量方面,深圳汽车保有量增速下降,乘用车逐步从增量市场向存量置换转变。《深圳市综合交通"十四五"规划》提出,2025年非新能源汽车保有量达到291.99万辆,见表2-14。

在绿色出行方面,《深圳市综合交通"十四五"规划》提出,绿色交通出行分担率从2019年的78%上升至2025年的81%,非机动车道里程从2020年的2059公里上升至2025年的3500公里。本研究据此设定,在基准情景下2025年乘用车年均行驶里程将下降15%。

在航路运输量方面,深圳机场和码头是全球重要的货运枢纽。民航和水路运输量将在疫情缓解后逐步回升到2019年前的水平,随后按照历史趋势外推出2020—2030年的周转量。

表2-14　　2020—2030年车辆保有量及运输量

运输方式	2020年	2025年	2030年
非新能源汽车保有量（万辆）	270.79	291.99	273.16
非新能源货车保有量（万辆）	47.26	51.66	45.74
民航客运（亿人公里）	586.93	860.56	1089.61
民航货运（亿吨公里）	24.10	44.44	74.74
水路货运（亿吨公里）	1550.54	1719.33	1729.67

资料来源：笔者自制。

从运输能耗的角度,根据《深圳市综合交通"十四五"规划》,将重点提升新能源货车比例,逐渐淘汰高能耗、高排放的老旧运输工具,鼓励远洋船舶应用LNG、电能替代燃料油。在电能替代燃料油和节能技术发展的影响下,本研究设定在基准情景、强化政策情景和2023年碳达峰情景下2025年货车能耗将分别下降15%、18%和20%。设定在基准情景下2025年民航和水运的能耗分别下降8%和12%;在强化政策情景下,能耗分别降低12%和15%;2023年碳达峰情景下,能耗分别下降14%和18%。

2. 情景分析结果

基于相关参数，预测三种情景下深圳交通部门碳排放量。根据预测结果，在预测期内基准情景、强化政策情景和2023年碳达峰情景下交通部门均实现达峰，如图2-21所示。

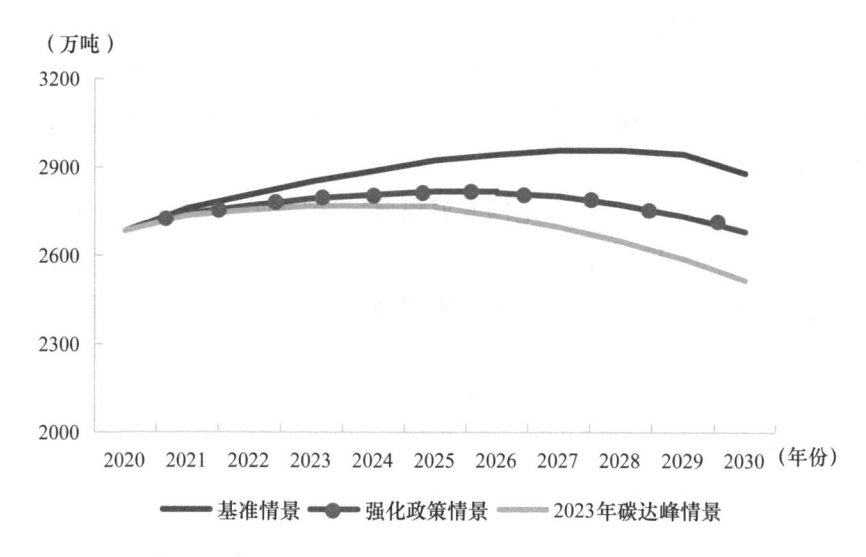

图2-21 2020—2030年深圳交通部门碳排放情景分析结果

基准情景下，交通部门碳排放量于2028年达峰，碳排放量为2958.66万吨。2030年交通部门碳排放量为2880.72万吨，较峰值降低77.94万吨，降幅2.63%。

强化政策情景下，交通部门碳排放量于2025年达峰，碳排放量为2818.74万吨。2030年交通部门碳排放量为2681.53万吨，较峰值降低137.21万吨，降幅4.87%。

2023年碳达峰目标情景下，碳排放峰值为2769.42万吨，2030年碳排放量为2516.27万吨，较峰值降低253.15万吨，降幅9.14%。

（四）能源及其他部门碳排放预测

要进行能源部门的碳排放预测，需先进行电源装机及电力需求预测。

1. 电源装机预测

在深圳大力发展清洁能源的背景下，妈湾电厂等现役煤电机组将逐步退役，东部电厂等燃气电厂将持续提供清洁能源，新能源发电装机将持续推进。安全有序发展核电，以先行示范标准有序推进岭澳核电三期项目，增加本地清洁电力供应。加大分布式光伏推广力度，根据深圳市发展改革委发布的《关于大力推进分布式光伏发电的若干措施（征求意见稿）》，力争"十四五"时期全市新增光伏装机容量达到150万千瓦。加快推进深汕海上风电项目开发建设，根据深汕特别合作区的相关规划，最多将建成260万千瓦的海上风电。在生物质能方面，共规划建设垃圾焚烧发电厂9座，生活垃圾焚烧能力达到1.8万吨/日，在全国率先实现生活垃圾全量焚烧。

根据《深圳"十四五"电网发展规划》，到2025年，深圳全市电源装机将达到2033万千瓦，其中清洁能源装机占比约90%，即1830万千瓦。根据《深圳市培育发展新能源产业集群行动计划（2022—2025年）》，到2025年，全市新能源发电装机占比达到83%，即1687万千瓦。按照2010—2025年的装机规模历史趋势，外推出2030年深圳市电源装机将达到约2570万千瓦。按照清洁能源装机占比90%、新能源发电装机占比83%计算，到2030年，深圳清洁能源装机容量为2313万千瓦、新能源装机容量为2133万千瓦。

2. 电力需求预测

随着社会经济的持续发展，深圳电力需求也会继续保持增长态势。一方面，深圳聚力建设的大科学装置、数据中心、5G等基础设施，以及新一代电子信息等战略性新兴产业能耗强度都很高，这意味着电力需求仍呈增长态势；另一方面，工业、建筑、交通等终端部门需加快电气化发展，以电力替代化石能源直接燃烧和利用，从而导致电力需求持续上升。

电力弹性系数是指一定时期内电力消费增速与GDP增速的比值。本研究将使用弹性系数法预测深圳基准情景和强化政策情景下的电力需求。

参考刘军伟等（2020）[①]基于深圳历史用电数据、经济增长、产业调整、行业发展以及气温变化等与用电量、用电增速变化规律的分析，初步判断2020—2030年深圳电力弹性系数。考虑弹性系数从高位趋于回落，

---

① 刘军伟、许峰、王若愚：《深圳市电力需求增长与弹性系数发展规律分析》，《中国能源报》2020年4月26日。

均值位于0.5—0.7区间,可参考作为基准情景;考虑先行示范区政策效应逐步显现以及深汕合作区的高速发展,电力弹性系数高位(0.7—0.9)运行,可参考作为强化政策情景。

根据深圳"十四五"经济社会发展调控指标体系,GDP年均增长6%。预计"十五五"时期GDP年均增长率将降低至5%。据此估算2020—2030年电力弹性系数及电力需求。

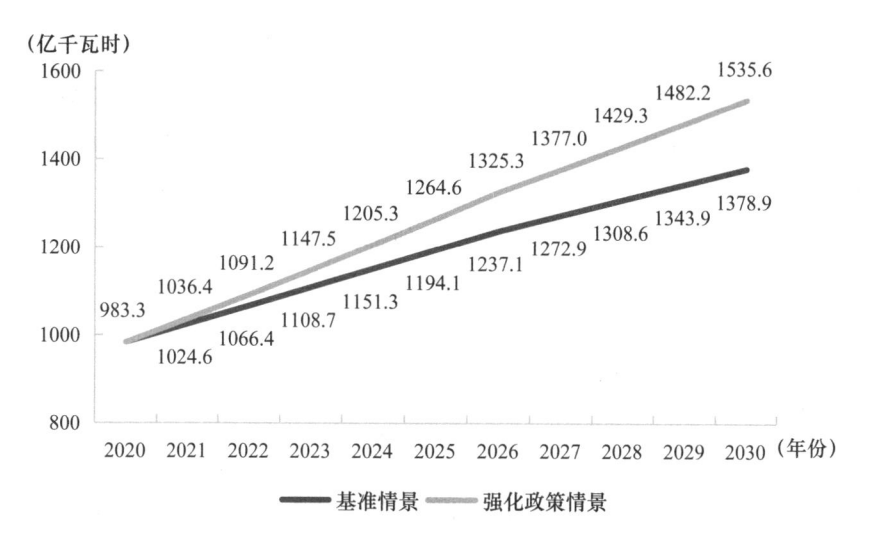

图2-22 2020—2030年深圳电力需求预测

基准情景下,深圳市2025年和2030年用电需求分别为1194.1亿千瓦时和1378.9亿千瓦时,较2020年年均增速分别为3.96%和3.44%。

强化政策情景下,深圳市2025年和2030年用电量将分别达到1264.6亿千瓦时和1535.6亿千瓦时,较2020年年均增速分别为5.16%和4.56%。

3. 碳排放预测

由于每种情景的宏观社会经济参数设置一致,对能源及其他部门碳排放不再作情景区分。

能源部门的碳排放只核算该部门自用和损耗两部分。根据深圳电源装机及电力需求预测,未来深圳电力生产和供应将持续增长,随着发电设施及输配线路升级,损耗率将下降。因此,假设2020—2030年深圳电厂输配电损耗保持2020年水平不变。能源部门自用电随着电源装机容量升高而增多，根据深圳电源装机情况预测2020—2030年深圳能源部门自用电变化情况。

其他部门中，农林牧渔业中近三年用电量均在1.6亿千瓦时左右，假设未来电力需求及碳排放量保持不变。采掘业的规模较为稳定，假设至2030年海上石油和天然气开采规模不会有较大变动，即能源需求与碳排放保持不变。

建筑业将随着未来新建建筑施工量的增多而保持上涨。燃气和水供应业碳排放量将随着常住人口数量的增多而上升。根据常住人口数量和建筑面积变化情况，估算出建筑业、燃气和水供应业的碳排放量变化情况。

根据预测结果，2030年能源及其他部门碳排放达到556.1万吨，较2020年上涨33.87%，年均增长2.96%，如图2-23所示。

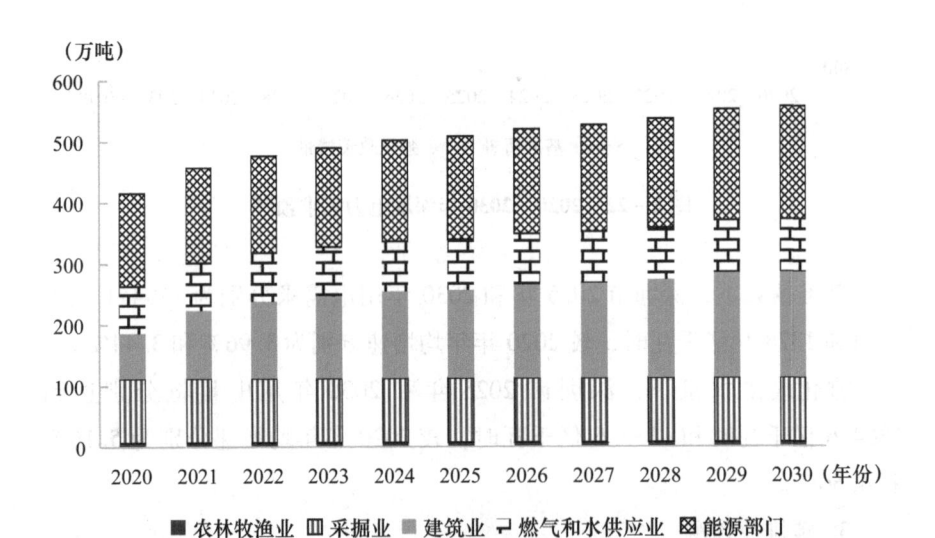

图2-23　2020—2030年深圳其他部门碳排放变化情况

资料来源：笔者自制。

三　深圳碳排放预测

基于相关参数，对三种情景下深圳碳排放量进行预测。根据预测结果，在基准情景、强化政策情景和2023年碳达峰情景下均出现了碳排放峰值。

(一) 基准情景

如图2-24所示，基准情景下，将在2029年实现碳达峰，碳排放量峰值为7860.04万吨。强化政策情景下，将在2027年实现碳达峰，碳排放量峰值为7212.08万吨。2023年碳达峰情景下，碳排放量峰值为6913.51万吨。

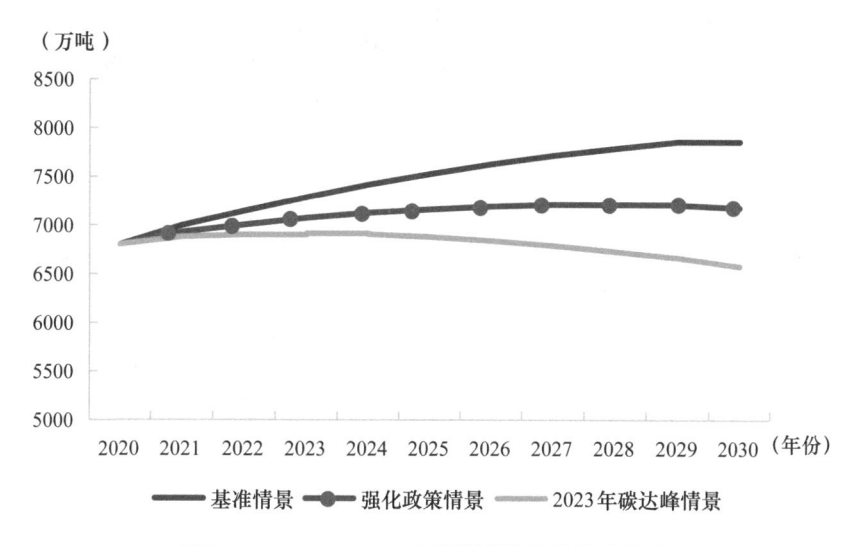

图2-24　2020—2030年深圳碳排放情景分析结果

(二) 强化政策情景

强化政策情景下，深圳2025年碳排放量为7162.19万吨（如图2-25所示）。其中，制造业、建筑部门和交通部门占比分别为18.80%、34.75%和39.36%。2030年，深圳碳排放量为7178.79万吨，相较于2020年增长了2.32%，建筑部门占碳排放总量的比重最大（38.06%），其次为交通部门（37.35%）和制造业（16.84%）。制造业和交通部门碳排放占比持续下降，主要原因在于减排措施力度的加大和技术手段在长期发挥减排效应。建筑部门的碳排放增量和占比增量维持稳定水平。

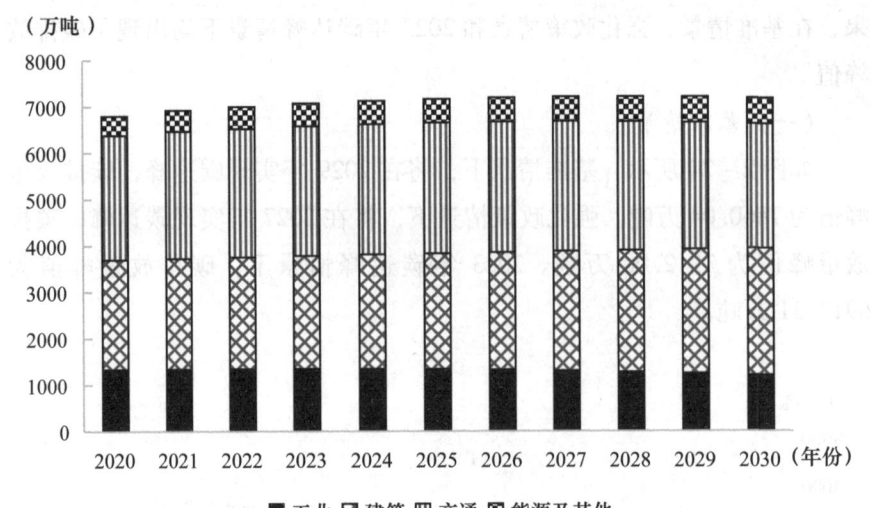

图 2-25　2020—2030 年强化政策情景下深圳碳排放结构

(三) 假设 2023 年达峰情景

2023 年达峰情景下，深圳现已处于碳达峰平台期，碳排放量峰值为 6913.51 万吨，制造业、建筑部门和交通部门碳排放量占比分别为

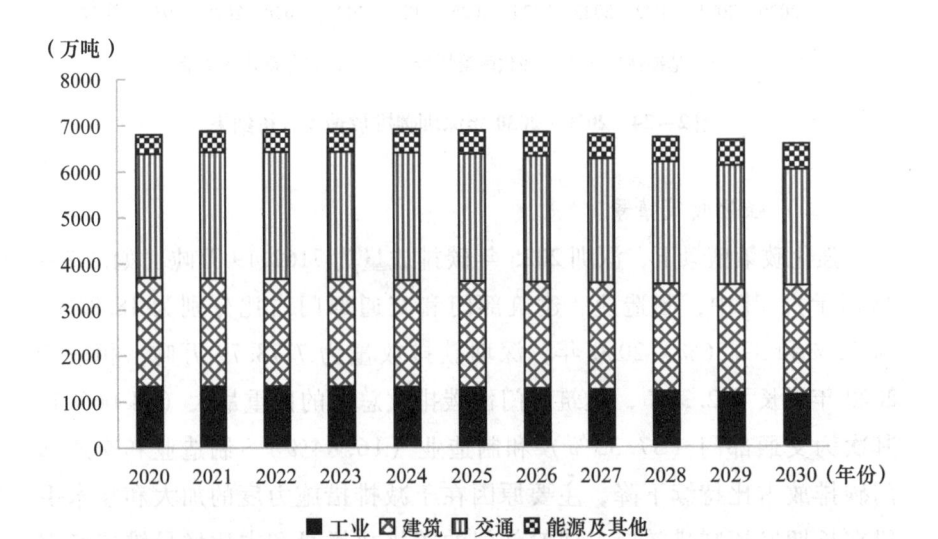

图 2-26　2023 年达峰目标情景下深圳碳排放结构

19.24%、33.63%和40.06%。2030年，深圳碳排放量降至6577.69万吨，交通部门碳排放占比仍最大（38.25%），其次是建筑部门（36.03%）和制造业（17.26%）。制造业碳排放尽早达峰是深圳早日实现碳排放峰值的重要条件，与强化政策情景相同，制造业的碳排放处于负增长状态。2025年后交通部门碳排放量持续下降，建筑部门的碳排放量仍保持增长。

第四节 深圳碳达峰的战略选择与实施路径

根据研究结果，深圳尚不具备2023年实现碳达峰的条件，2027年实现碳达峰是科学合理的目标。基于此，本研究分别提出了工业、建筑、交通和能源部门助力碳达峰的措施。

一 2023年达峰目标难以实现

研究显示，深圳现有的节能减碳措施尚不足以保证2023年实现碳达峰的目标。

根据情景分析，在2023峰值目标的约束下，深圳常规节能减排措施潜力已经不足，工业部门需进一步扩大各类节能减排技术的推广率，并加速高新、突破性技术的研发，以确保2023年单位增加值能源节约量较2020年提高10.6%以上，2025年和2030年则分别需要提高18%和35%。

建筑部门需加速既有建筑的节能改造，到2023年实现800万平方米以上的居住建筑和700万平方米以上公共建筑的节能改造，并通过绿色升级，使既有居住和公共建筑能耗较2020年下降7.20%和8.28%。在后续碳减排过程中，需关注城市社区生产方式、生活方式和低碳观念的变革，使既有建筑能耗在2025年和2030年分别实现下降约18%和38%。同时，确保新建居住和公共建筑的能耗分别降至21千克/平方米和27.8千克/平方米。

道路交通领域需通过电能替代、绿色出行方式快速推广和运输结构调整等措施，实现2023年客运车辆能耗较2020年下降11%，货运车辆能耗下降12%。在后续碳减排过程中，道路交通能耗在2025年和2030年分别实现下降约20%和42%。在航路运输领域，民航需要实现2023年能耗较2020年下降8.4%，水路运输需要实现2023年能耗下降10.8%。

随后持续通过新型能源替代、节能管理等方式保证2030年能耗节约率分别达到28%和38%。

总体来看，在深圳经济保持平稳上升，以及不考虑未来电网碳排放因子降低的情况下，2023年碳达峰需要制造业、建筑部门和交通部门短期内实现跨越性转型升级和高端化发展，目前尚不足以实现这一目标。

二 2027年实现碳达峰合理可行

基于本研究，深圳已进入碳减排的深水区，碳达峰面临诸多挑战。一是碳减排压力越来越大，2020年深圳单位GDP能耗和碳排放强度已分别降至全国平均水平的1/3和1/5，是全国能耗、碳排放强度最低的特大城市。二是产业结构调整减碳的潜力有限，深圳基本形成绿色现代产业体系，2020年深圳一、二、三产业比重为0.1∶37.8∶62.1，战略性新兴产业占地区生产总值的比重高达37.1%。三是能源结构调整减碳的空间有限，深圳已经形成以清洁能源为主的装机结构，2020年清洁电源装机容量高出全国平均水平约25个百分点。四是能源消费仍保持较快的增长，深圳电力需求仍呈增长态势，此外，深圳人口仍然保持增长态势，也将推高能源需求。

综合深圳经济发展阶段、能源消费基础及呈现出碳排放特征，深圳碳达峰应注重质量而非速度，2027年实现碳达峰是科学合理的目标。届时，碳排放量峰值水平约为7212.08万吨，交通部门占碳排放总量的比重最大（38.86%），其次为建筑部门（35.70%）和制造业（18.15%）。

从战略层面来看，深圳应以创新驱动为核心，突出碳排放源头治理，实现兼顾经济社会可持续发展的高质量稳定达峰。一是以创新和数字技术赋能制造业低碳转型，强化低碳技术研发、升级，探索零碳、低碳生产模式。二是以能源替代、智慧交通推动交通部门低碳转型。三是全生命周期推进建筑碳减排，运用信息化手段开展建筑碳排放数据采集、分析和应用，强化"双碳"密切相关的技术研发、产业化和市场化的扶持，提高建筑智慧运维水平。四是生产消费共同发力推动能源碳减排，加快推进"零碳能源"多元供给，积极推动能源技术创新，加快推动能源产业装备高级化、产业链现代化，形成一批能源长板技术新优势，支撑能源电力安全、绿色、智能、高效升级。

实现"双碳"目标是重大战略,不能将长期目标短期化,需要将长远目标和现实条件有机结合,分步推进。深圳实现"双碳"目标大致会经历三个阶段,分别为达峰期(2020—2027年)、平台期及平稳下降期(2027—2035年)、快速下降期及中和期(2035—2060年)。深圳应把握好节奏,妥善统筹安排具体阶段的政策措施。基于2027年碳达峰的目标,终端部门的发展路径如图2-27所示。

三 深圳碳达峰的实施路径

尽管深圳具有较好的低碳基础,但在"双碳"目标下,也面临着重重挑战,需基于2027年碳达峰的目标和碳排放现状,重点推动工业、交通、建筑和能源等重要碳排放部门,形成契合深圳特色的低碳发展路径。各部门主要减排措施见表2-15。

表2-15　　　　　　　　各部门主要减排措施

重点部门	重点技术/措施
工业部门	高新技术产业的低碳生产技术升级
	数字化转型低碳技术
	提升产业附加值水平
建筑部门	更高要求的深圳标准
	挖掘建筑本体的节能潜力
	建筑的智慧运维
	既有建筑的节能升级改造
	低碳生活方式
交通部门	交通运输结构电气化
	智慧交通数字化升级
	低碳绿色出行方式
	航运领域综合能源替代
能源部门	"零碳能源"多元供给
	低碳电力生产技术
	综合能源系统
	规范碳排放核算机制

部门	路径	碳达峰时期 2020—2027年	碳中和时期 2027—2060年
工业部门	工业能耗强度下降	通过生产技术低碳化、数字化改造，到2027年单位工业增加值能耗节约量下降21.4%	届时，深圳工业领域已基本实现电能替代，其余辅助性能源通过CCUS、DAC等技术实现中和
建筑部门	新建高标准低碳建筑	构建具有深圳特色的低碳生产模式，持续提升产业附加值水平	
	既有建筑高标准改造	到2027年，新建居住和公共建筑的平均单位面积碳排放因子较2020年分别下降36.8%和28%	通过颠覆性的低碳技术和负碳技术，实现建筑电力系统等"新型建筑电力系统"能效持续下降
	加快既有建筑改造	到2027年，通过绿色升级，使居住和公共既有建筑能耗分别下降16.8%和19.3%，并在后续改造过程中持续下降	
		到2027年，实现2000万平方米以上的居住建筑和1600万平方米以上公共建筑的节能改造	尽快实现非节能建筑的全部改造。积极推广城市更新带来的生活方式变革，形成全社会节能减排良好氛围
交通部门	新能源汽车推广	提高全市新能源汽车比重，到2027年，机动车中新能源比例达到35%以上	在中远期持续推广电动化交通工具，同时辅以碳吸收手段，最终实现道路交通领域净零排放
	货运燃料替代	短期加快电能、LNG、生物质燃料的推广，到2027年货运车辆能耗下降25%	长期普及应用氢能等新型能源
	绿色交通推广	通过绿色交通方式推广，到2027年私家车人均行驶里程下降25%	持续倡导低碳绿色出行方式，完善城市规划和公共交通基础设施建设
	航运燃料替代	通过推广"节能管理和LNG替代，到2027年民航和水运能耗分别下降17%和21%	采用电力、氢能、合成燃料等远距离运输可应用的零排放燃料，逐步实现净零排放

图 2-27 深圳碳达峰碳中和路径

（一）工业部门

深圳制造业的碳排放与国内主流形势有所不同。目前，国内工业碳减排的主要领域为钢铁、水泥等传统的高能耗、高排放行业。但是，深圳制造业碳排放主要来自高技术制造业的电力消费间接碳排放。2020年，计算机、通信和其他电子设备制造业的电耗占深圳制造业电力消费总量的49.27%，碳排放量占深圳制造业碳排放总量的47.24%。因此，深圳需要结合自身产业发展特征制定减碳措施。

一是加快推动高新技术产业的低碳升级。深圳要聚焦半导体制造、印刷电路板、电子化学材料等重点耗能高新技术产业，以"核心电子器件、高端通用芯片及基础软件产品、大规模集成电路制造装备与成套工艺"等重大项目为依托，提升工艺技术水平，逐步淘汰落后产能、工艺装置和技术设备，提高清洁能源消费比例，提升能源利用效率，实现生产的低碳转型。

二是积极推进数字赋能工业绿色低碳转型。注重数字技术对工业绿色低碳发展的引领作用，充分发挥深圳数字经济优势，打造工业绿色低碳转型的新动能。统筹绿色低碳数据资源，分行业建立产品全生命周期绿色低碳基础数据平台，加快完善绿色低碳基础数据标准，推动数据汇聚、共享和应用，为企业、园区绿色低碳提升赋能。促进5G、工业互联网、云计算、人工智能、数字孪生等数字技术与产品设计、生产制造、使用、回收利用等环节深度融合，推动企业、园区实施全流程、全生命周期精细化管理，带动能源资源效率系统提升。

三是加快探索新基建低碳发展模式。深圳应加快探索数据中心、5G低碳技术创新和发展模式创新，巩固发展数字经济的低碳基础设施体系。大力推进新型基础设施绿色低碳技术研发，加快设备、制冷系统和供电系统的节能减排技术应用。探索通过自建可再生能源电站或购买绿证等方式，构建"零碳数据中心"发展模式。促进新型基础设施能源综合利用与资源循环利用。

专栏：数据中心能耗持续攀升，降低基础设备能耗是重点

数字经济已经成为深圳经济高质量发展的重要引擎之一。2021年，深圳数字经济核心产业增加值占GDP比重约为30%，规模和质

> 量均居全国大中城市前列。数据中心和5G网络都是数字经济发展必不可少的新型基础设施。深圳积极推进5G、数据中心等新型基础设施建设。深圳部署全球领先的5G技术，推动人工智能、云计算、区块链、数据中心、超级计算中心等技术在制造、交通、能源等行业数字化转型方面的应用，推动经济社会数字化。
>
> 　　高密度高能耗的数据中心用电量巨大，数据中心规模激增的背后是能耗的持续攀升。根据中国铁塔的一份分析材料，4G的单系统功耗仅为1300W，5G是4G的3—4倍。同时，由于5G的覆盖范围小，如果要实现当前4G基站的覆盖密度，则5G基站的数量就要是现在4G的3倍左右。据此推算，5G基站总的电耗将会达到4G的9—10倍。
>
> 　　而削减电能使用效率（PUE），降低基础设备能耗是目前关注的重点。公开数据显示，目前中国仅有41%的数据中心PUE在1.4以下。数据中心高能耗主要来源于IT设备与制冷系统，这两部分分别占据数据中心总能耗的40%。降低制冷系统的能耗，是目前数据中心节能、提高能源效率的重点关注环节。与此同时，调整电力结构、积极参与绿色电力交易、加强新能源投资与探索新兴技术等组合模式，不断降低数据中心的碳排放。

　　四是加大绿色金融对工业绿色低碳转型的支持力度。充分发挥深圳金融产业优势助力工业绿色低碳转型。完善绿色金融政策体系推动产融合作，通过加强财税激励、标准指引、监管考核等正面激励、负面倒逼措施，提高金融机构服务工业绿色低碳发展的积极性。鼓励金融机构依据市场需求开展产品和服务创新，拓宽企业绿色低碳转型融资渠道、降低融资成本。

　　（二）建筑部门

　　深圳是国内绿色建筑起步较早、发展最快的城市，建筑领域低碳发展已经走在国内前列。根据深圳建筑部门的实际情况以及深圳地理气候特征，深圳应在确保建筑安全、舒适、健康、宜居的基础上，积极探索各种颠覆性的低碳技术，进一步降低建筑能耗和碳排放。

一是实施更高要求的深圳标准。对新建建筑实施全球领先的建筑节能强制性标准,从源头控制能耗和碳排放量。对建筑中能耗占比高的空调、照明等设备设施,提出更高性能要求。研究建立建筑碳统计、碳审计、碳监测、碳公示制度,充分运用信息化手段,开展建筑碳排放数据采集、分析和应用,精准定位重点碳排放建筑,针对性地开展建筑能耗诊断、提出节能运行管理建议。

二是深入挖掘建筑本体的节能潜力。支持节能技术,特别是与碳中和密切相关的技术研发、产业化和市场化的扶持。积极推广新能源建筑一体化,通过"外补"能源抵消部分建筑耗能。包括发展冷热电联供系统、分布式可再生能源装置(风能和太阳能)、废弃物能源、智能电网、储能设施等新技术的应用。探索建筑直流电以及储能设施等新技术的应用,例如,"光储直柔"新型建筑电力系统建设,通过利用可再生能源,提升建筑产电能力,实现建筑运行减碳。

三是提高建筑的智慧运维水平。随着信息化与智能化技术的不断发展和深入开发,5G 技术、大数据挖掘、云计算、人工智能等技术将更多应用在建筑复杂用能系统的精准调适与高效运维过程中。通过物联网智能网关将楼宇的照明、供暖、通风系统等能耗,废弃排放等各类数据汇聚起来,传输到综合应用平台进行节能减排的分析判断,对电能控制和消耗进行动态、有效地配置和管理,并借助智能技术减少电能消耗。

四是加速既有建筑节能改造。深圳大量既有建筑存在节能标准落后、墙体窗户等围护结构老化、碳排放强度大等问题。结合城市更新、老旧小区改造等工作推进具备条件的既有居住建筑实施节能和绿色化改造,提升存量建筑的运行能效。常见的建筑节能改造措施见表 2-16。同时,在节能改造的过程中,建立政府、开发商、物业管理公司、设备供应商的多方推动的合作链,调动各方的积极性,将政策扶持、降低成本、推广创新技术的应用等实践到位。

表 2-16　　　　　　　　　建筑节能改造潜在举措

重点部门	重点技术/措施
建筑结构改造	外墙、屋顶、地基和地板隔热
	门窗升级改造/替换
	建筑设计优化（太阳能反射技术等）
技术改造	空间制冷
	热能储存
	热电联产和余热利用
	高效照明
	高效电器
	现有能源系统更新等

五是形成全社会节能减排良好氛围。引导市民树立节能低碳理念，形成低碳生活方式。积极推广低碳家居，结合国家推广节能产品的政策，鼓励市民购买使用或者更换高能效的家用电器。结合城中村改造、建筑立面屋顶改造等工作，推进既有建筑的节能改造。

（三）交通部门

深圳正在对标全球一流，大力推进"绿色交通"发展。重点通过优化交通运输能源结构、构建智慧交通体系、完善交通基础设施推动绿色低碳出行等措施促进交通部门的碳减排。

一是持续优化交通运输能源结构。道路交通方面，短期继续大力发展新能源车，加快乘用车和轻型货车的电动化，加速重型货车LNG、生物质燃料的推广；长期推动氢能和燃料电池的应用。民航和水路运输方面，结合深圳资源禀赋采用电力、氢能、生物质燃料、合成燃料等能源的综合利用替代化石燃料实现脱碳。

二是加快构建智慧交通体系。强化交通数字信息基础设施建设，推进5G、智能网联、人工智能等新技术与交通行业深度融合，构建一体化的智慧交通体系与面向交通治理需求的数字空间底座。以新业态新模式引领交通领域数字化消费新需求，为深圳交通高质量发展提供全新动能。加快推动MaaS顶层设计，加强出行信息共享，鼓励轨道、公交、航空、铁路、长途客运等运输企业和互联网企业数据互联互通，优化整合全方式出行信息资源等。推动深圳智慧机场、妈湾智慧港、深圳坪山智能网联交通示范测试平台、智慧高速、智慧枢纽、智慧口岸等重点工程建设。

三是完善基础设施建设推动绿色低碳出行。不断完善城市规划和公共交通基础设施建设，使公共交通出行更加便捷、舒适。完善社区服务功能和城市绿道环境，使居民愿意选择步行、自行车等出行方式。提高燃油私家车使用成本，加快充电站、充电桩以及加气站的建设和服务配套，加强新能源汽车推广应用。

（四）能源部门

能源消耗是城市碳排放的源头，通过推进"零碳能源"多元供给、升级低碳电力生产技术、优化能源生产与消费模式、建立规范碳排放核算机制、明确净调入电力碳排放核算机制等措施从源头推动碳减排。

一是推进"零碳能源"多元供给。随社会经济的持续发展，深圳市电力需求也会继续保持增长态势，依托南方电网的能源结构调整与技术升级以实现外购电力的节能减碳，将为深圳市实现减排目标带来压力。深圳应根据自身资源禀赋积极推动新能源的开发利用。在确保安全的前提下探索氢能技术，开展深汕特别合作区海上风电开发，积极有序发展核电，加快布局分布式能源，利用小型可再生能源装置和储能技术等，发展本地电力生产规模，实现深圳市发展低碳经济的主动性。

> **专栏：深圳"零碳能源"发展方向**
>
> 在分布式领域，深圳大部分地区属于太阳能资源丰富地区，但规模化的太阳能电站需要大面积的土地铺设太阳能电池板，对土地资源极为紧缺的深圳来说，难以形成规模化的开发利用。同时，深圳总体上属于风能可利用地区，但风能的空间分布很不均匀。因此，深圳应积极布局分布式能源项目，例如，发展分布式风光互补技术，结合智能控制和蓄电池储能等技术，应用于城市路灯、景观灯、道路监控系统等市政设施用电，争取在本地电力供应上取得突破性进展。

> "可再生能源＋储能"是可再生能源稳定规模化发展的关键。深圳应强化储能应用基础研究，解决储能技术"卡脖子"问题，推进电化学储能、压缩空气新型储能技术攻关，进一步完善先进储能技术创新链和产业链，落实储能项目应用支持政策，加快储能技术的转化应用。
>
> 氢能的规模化开发利用是能源转型的重要支撑。根据《深圳市氢能产业发展规划（2021—2025年）》，到2025年，深圳将形成较为完备的氢能产业发展生态体系。到2035年，形成集氢气制、储、运、加、用于一体，关键技术达到国际先进水平的氢能产业体系。深圳在氢能关键领域已取得了一系列国内领先的技术成果，部分达到国际先进水平。应继续强化氢能技术研发支持，全面布局氢能生产、储存、应用关键技术研发示范和规模化应用，尽早实现氢能在工业和交通领域的普及应用。
>
> 探索海上风电融合发展新模式（"海上风电＋"）。支持海洋资源综合开发利用，推动海上风电项目开发与海洋能、海洋牧场、海上制氢、储能、海水淡化、观光旅游、海洋综合试验场等相结合，推动海上风电从单一品种发展向多品种融合发展转变。建设深汕"海上风电＋"试点示范项目。

二是积极推动能源技术创新。全球新一轮科技革命和产业变革蓬勃兴起，新能源、非常规油气、先进核能、新型储能、氢能等新兴能源技术以前所未有的速度加快迭代，成为全球能源转型变革的核心驱动力。深圳市亟须加快推动能源产业装备高级化、产业链现代化，形成一批能源长板技术新优势，有力支撑能源产业高质量发展。在积极发展新能源技术的同时，应进一步加快煤电技术的升级改造，提高机组发电效率，提高资源利用效率，开展CCUS技术的研发和应用。

三是数字赋能能源生产与消费模式低碳转型。推动"云大物移智链"等先进技术在电力工业的创新应用，通过巡视智能化、操作程序化、检修少人化等智能运维技术，实现分散分布的能源生产、供给。创新综合能源系统多能源高效运行技术、可再生能源开发利用关键设备研发等技术,支撑能源电力安全、绿色、智能、高效升级。

四是建立规范碳排放核算机制。统一规范的碳排放统计核算体系和精确的碳排放数据是科学、合理、精准推进"双碳"目标的基础。提升碳排放统计核算工作制度化、规范化水平,增强统计数据的时效性、准确性,提高碳排放数据的权威性。推进碳排放实测技术发展,探索将大数据、云计算、人工智能等数字技术和碳卫星数据应用于碳排放量核算,提高统计核算水平。

五是明确净调入电力碳排放因子核算机制。深圳碳排放主要来自电力消费,外购电力一直是碳排放的主要来源。即便深圳正在加快建设绿色电网,推进本地气电、生物质能、海上风电等清洁电源建设,加快本地燃煤电厂清洁化改造。但本地能源消费结构调整造成的用电需求持续走高,电力需求缺口仍需由南方电网外购填补。南方电网的电力主要来自广东省内及贵州、云南的煤电,平均生产效率低于深圳本地生产效率,即使有部分核电、水电的贡献,南方电网的单位能耗与碳排放也均高于深圳本地电力生产。因此,降低南方电网调入电力的排放因子是深圳控制碳排放量的重要内容之一。

第 三 章

深圳碳达峰碳中和先行示范的思路

第一节 国家战略导向

自"十二五"时期开始,中国以降低碳排放强度为主要抓手,积极推进二氧化碳自主减排,并于2018年提前完成了到2020年单位GDP碳排放较2005年下降40%—45%的目标任务,为全球应对气候变化做出了积极贡献。2020年,"双碳"目标的提出标志着中国正式实现了由相对减排阶段向绝对减排阶段的历史性跨越。

在相对减排阶段（2006—2020年）,中国减碳历程大致经历了三次转变。"十一五"时期,以节能减排开启中国低碳发展战略的序幕。2006年,"十一五"规划首次明确提出了节能减排约束性指标,即2010年单位GDP能源消费量比2005年下降20%,主要污染物排放总量下降10%,这可视为中国正式开启低碳发展战略的序幕。众所周知,碳排放主要来源于化石能源消耗,而中国能源消耗又以煤炭为主,因此节能在本质上也意味着减缓碳排放,节能目标的提出实质上就是低碳发展战略的开启。从此,节能减排便成为中国从中央到地方各级政府的一项常规性工作,并延续至今。"十二五"时期,中国开始实施以碳强度控制为核心的减碳制度。2009年,在联合国气候变化哥本哈根大会上,中国提出了2020年单位GDP碳排放量较2005年下降40%—45%的减排目标,这是中国首次提出自己的碳强度减排目标。2011年,"十二五"规划提出,单位GDP能源消耗在"十二五"时期降低16%的同时,单位GDP碳排放降低17%。随后国家发展和改革委员会根据全国碳强度下降目标,确定了各省份的碳强度下降任务,而各省份也依次向下分解任务。从此,碳强度减排目标与节能目标一并作为发展的约束性指标,并成为各级政府工作考核的一个重点。"十三五"时期是"能耗双控"向碳排放总量控制过渡阶段。2015年,党的十八届五中全会上,提出了实行能源消耗总量和强度"双控"行动,标志着能耗双控开始正式纳入区域监督考核体制。2016年,"十三五"规划提出,单位GDP能源消耗和单位GDP碳排放在"十三五"时期分别下降15%和18%、非化石能源占一次能源消费的比重上升3%,同时进一步提出全国能源消费总量要控制在50亿吨标准煤以内,并支持优化开发区域率先实现碳达峰。由于能源消费总量和能源消费结构决定了碳排放总量,因而根据"十三五"规划提出的能源消费总量控制目标和能源结构优化目标,基本上就确定了"十三五"时期的碳排放总量控制目标。

2020年9月,"双碳"目标的提出正式宣告中国进入了绝对减排目标阶段。2020年12月公布的《碳排放权交易管理办法(试行)》将温室气体重点排放单位单独列为一章(第二章),并作了细化。2021年1月,生态环境部印发《关于统筹和加强应对气候变化与生态环境保护相关工作的指导意见》,从战略规划、政策法规、制度体系、试点示范、国际合作五个方面提出了重点任务安排,着力推进统一政策规划标准制定、统一监测评估、统一监督执法、统一督察问责。2021年3月,中国银行间市场交易商协会在中国人民银行的指导下发布《关于明确碳中和债相关机制的通知》,明确以碳中和债募集资金应全部专项用于清洁能源、清洁交通、可持续建筑、工业低碳改造等绿色项目的建设、运营、收购及偿还绿色项目的有息债务。2021年9月,国家发展改革委印发《完善能源消费强度和总量双控制度方案》,强化了能耗双控制度的执行力。提出包括推行用能指标市场化交易、建立用能预算管理体系、深化节能审查制度改革等一系列深化能耗双控机制改革的举措,释放了强烈的政策信号。同月,《中共中央 国务院关于完整准确全面贯彻新发展理念做好碳达峰碳中和工作的意见》发布,从顶层设计上明确了做好碳达峰碳中和工作的主要目标提出了减碳路径措施及相关配套措施。2022年1月,国务院印发《"十四五"节能减排综合工作方案》,明确到2025年,全国单位国内生产总值能源消耗比2020年下降13.5%,能源消费总量得到合理控制,化学需氧量、氨氮、氮氧化物、挥发性有机物排放总量比2020年分别下降8%、8%、10%以上、10%以上。

面对"双碳"目标提出以来的新形势、新要求，中国积极推动碳治理方式的转变，突出体现在以下四个方面。

一是制度建设由能耗"双控"向碳排放总量和强度"双控"转变。"双碳"目标的提出，标志着中国由相对减排到绝对减排的转变，也从客观上规定了中国从世界上最大的碳排放国过渡到净零排放国的目标期限仅为30年，将远远短于欧美发达国家50—70年的时长。这就意味着，中国面临着比发达国家时间更紧、幅度更大、任务更重的减碳要求。因此，中国必须加快建立以碳排放总量控制为主的制度体系，通过"中和"目标倒推，合理控制达峰时的峰值，在此基础上，通过科学进行目标分解，有序开展各项减碳行动，才能够在未来的30多年内，在预设的时间表和路线图下实现碳中和，并尽可能地减少对经济社会发展的扰动。

"十四五"时期以来，中国各项政策密集出台，推动减碳制度加快由能耗"双控"向碳排放总量和强度"双控"转变。"十四五"规划明确指出，"实施以碳强度控制为主、碳排放总量控制为辅的制度"。《中共中央　国务院关于完整准确全面贯彻新发展理念做好碳达峰碳中和工作的意见》提出"统筹建立二氧化碳排放总量控制制度"。《2030年前碳达峰行动方案》提出"实施以碳强度控制为主、碳排放总量控制为辅的制度"。2021年年底，中央经济工作会议提出"创造条件尽早实现能耗'双控'向碳排放总量和强度'双控'转变"。

二是治理手段由行政主导向更多依靠市场化主导减排转变。从全球控碳政策的发展和演化来看，各国在不断探索过程中通过相互借鉴、学习和总结，相对一致地形成了以碳交易制度为核心、以碳税制度为补充、以市场调节为主导的减排机制。根据世界银行相关统计，目前全球已经有46个国家实行碳交易或碳税制度。而中国总体发展水平不高、经济结构和能源结构呈现"高碳化"、区域发展不平衡等基本国情，决定了"双碳"目标的实现必然是一个长期的、渐进而有序的过程，其中可能出现的问题要远比西方发达国家复杂。转变目前以计划和行政手段为主的治理手段，尽快建立市场化的减排机制，让市场充分发挥基础性调节作用，切实增强企业减排的内生动力，使经济发展和环境改善在经济利益上取得一致，也是中国的必然选择。

积极发挥碳市场作用，完善市场化减排机制是中国落实减碳任务、实现"双碳"目标的重要手段。早在2011年，国家发展改革委办公厅下发了《关于开展碳排放权交易试点工作的通知》，同意北京、天津、上海、重庆、湖北、广东和深圳开展碳排放权交易试点。2013年，全国七个试点碳市场先后启动。截至2021年12月31日，七个试点碳市场碳排放配额累计成交量达4.83亿吨，成交额达86.22亿元。2017年年底，中国全国碳市场完成总体设计并正式启动。《全国碳排放权交易市场建设方案（发电行业）》明确了碳市场是控制温室气体排放的政策工具，碳市场的建设将以发电行业为突破口，分阶段稳步推进。2021年7月16日，全国碳市场上线交易正式启动。截至2021年12月31日，全国碳市场碳排放配额（CEA）累计成交量达1.79亿吨，成交额达76.84亿元。经过十年的实践探索，中国碳排放权交易和配额分配制度正逐步走向成熟。未来，随着交易行业范围的逐步扩大和配套制度的进一步完善，市场化减排机制必将在"双碳"目标中发挥更大作用。

三是减碳范围由高碳行业向生产生活全领域转变。尽管十多年来，中国在提高能源效率、改善能源结构方面取得了巨大进展，并于2018年超越美国成为全球最大的可再生能源消费国，但总体上，中国以化石能源为主的能源结构以及在其基础上建立起来的高碳经济体系没有根本改变。2020年中国一次能源消费量的56.7%仍来自煤炭，呈现"一煤独大"的局面。同时，以重化工业为主的"碳锁定"效应仍然突出，钢铁、建材、石化、化工、有色金属、电力等高耗能的重化工业碳排放量约占中国工业部门的80%。因此，长期以来，煤电、石化、化工、钢铁、有色金属冶炼以及建材等"两高"行业一直是中国节能减排和"减污减碳"协调的工作重心。

中国要实现"双碳"目标，时间紧、任务重，迫切需要将绿色低碳循环发展贯穿经济社会发展的各方面和全过程。《中共中央 国务院关于完整准确全面贯彻新发展理念做好碳达峰碳中和工作的意见》明确提出"把碳达峰、碳中和纳入经济社会发展全局，以经济社会发展全面绿色转型为引领，以能源绿色低碳发展为关键，加快形成节约资源和保护环境的产业结构、生产方式、生活方式、空间格局"。《2030年前碳达峰行动方案》提出重点实施能源绿色低碳转型行动、节能减碳增效行动、工业领域碳达峰行动、城乡建设碳达峰行动、交通运输绿色低碳行动、循环经济助力减碳行动、绿色低碳科技创新行动、碳汇能力巩固提升行动、绿色低碳全民行动、各地区梯次有序碳达峰行动"碳达峰十大行动",将减碳范围扩展到了生产生活的全领域。

四是推进方式由试点带动向全国"一盘棋"转变。通过试点试验探索可行的经验和路径,最终促进全国"一盘棋"实现"双碳"目标是中国学减碳的重要遵循。2008 年,世界自然基金会(World Wildlife Fund, WWF)在中国开展了低碳城市发展项目,选取保定和上海作为首批试点城市。2010 年,国家发展改革委正式启动了国家首批低碳省区和低碳城市试点,后续又分别于 2012 年和 2017 年启动了第二批、第三批试点,总计 87 个试点对象。低碳省区和低碳城市试点开创了顶层设计和创新示范相结合的治理模式,为国家低碳发展战略、规划和政策体系的制定积累了宝贵经验。2020 年,中央经济工作会议中提出要抓紧制定 2030 年前碳排放达峰行动方案,支持有条件的地方率先达峰,继续为全国"双碳"目标先行先试。各地积极探索出的符合本地实际的达峰路径,以及在碳排放峰值和总量控制方面做出的地方实践,将为全国碳排放总量控制目标设定、分解及落实提供更好的基础支撑。

但由于对"双碳"目标和路径缺乏正确认识,近年来部分地区出现了"一刀切"限电限产或运动式"减碳"等偏激行为,给经济社会发展带来了较大负面影响。为此,《2030 年前碳达峰行动方案》提出"坚持全国一盘棋,不抢跑,科学制定本地区碳达峰行动方案,提出符合实际、切实可行的碳达峰时间表、路线图、施工图,避免'一刀切'限电限产或运动式'减碳'"。2021 年,中央经济工作会议明确提出要"正确认识和把握碳达峰碳中和","实现碳达峰碳中和是推动高质量发展的内在要求,要坚定不移推进,但不可能毕其功于一役。要坚持全国统筹、节约优先、双轮驱动、内外畅通、防范风险的原则。传统能源逐步退出要建立在新能源安全可靠的替代基础上"。

综上所述,中国减碳历程总体上呈现如下三个特征。一是从隐性目标到显性目标。即从节能这一间接、隐性的碳减排目标逐步过渡到直接的碳强度减排目标,继而演进到碳达峰、碳中和等碳总量控制目标。二是目标逐渐多样化、结构化。即在低碳目标从隐性目标向显性目标演进的过程中，隐性和显性目标都被保留下来，从而形成了包括节能、能源结构优化、能源消费总量控制、碳强度下降、碳总量控制在内的多样化、结构化目标体系。三是目标被不断强化。即随着中国发展水平的提升和世界应对气候变化形势的变化，中国的减碳目标越来越积极，如碳达峰时间节点从"2030年左右"变为"2030年前"、2030年单位GDP比2005年水平下降幅度从60%—65%提高到65%以上。在应对气候变化这一全球性事务中，中国的大局观和负责任态度充分展现在低碳战略目标的演进过程中。

第二节　国内外先进城市经验借鉴

城市碳排放量约占全球碳排放总量的75%，因此，城市是实施碳减排的主战场。随着应对气候变化的全球化，绿色低碳发展已经成为越来越多的国内外各级城市的共同追求。纵观全球先进城市，无一不是低碳城市的创新者、引领者。

一　国外城市经验

（一）伦敦——实施净零碳交通战略

为应对气候变化，伦敦提出"向2050年净零碳城市迈进"的目标。交通运输领域的碳排放量占伦敦排放总量的比重超过1/4，"净零碳交通"将有力推动"净零碳城市"目标的实现。伦敦交通战略的总目标是"至2041年，80%的出行由步行、骑行和公交出行组成"。其中，预计绿色出行占比在伦敦市中心达95%，内伦敦地区达90%，外伦敦地区达75%。同时，提出"至2050年，整个交通系统将实现净零碳"。具体实施政策主要表现在三个方面。

一是设立超低排放区。在区域层面，提出全球首个"超低排放区"特殊政策区，设立全时段管控区域，对进入该区域的高排放车辆征收费用，管控范围与拥堵收费区一致。按照管控要求，驾驶一辆超过排放标准的小汽车，在一天内进出管控区域，除了缴纳15英镑拥堵费，还需缴纳12.5英镑排放费。若超过规定的缴纳期限，将面临数十倍的高额罚款。

收缴费用主要用于自行车道、公交和地铁的改善。2021年10月起，超低排放区将进一步扩大至南北环路，覆盖内伦敦大部分区域，约占伦敦市域面积的1/4。在现行管控区域外，通过设立"超低排放街道"进行局部路段的机动车出行限时管控。例如，在邻近拥堵收费区的shoreditch地区，选取满足一定条件的支路，在7：00—10：00、16：00—19：00时段禁止超过排放标准的车辆通行，本地居民和就业者则需要通过特别申请才能通行。被选取的路段具有四个特征，包括高污染地区、行人和骑行者的重要通勤路段、机动车出行易发生冲突的路段、机动车数量引发本地居民和就业者关注的路段。

二是开展主动出行评估。在项目开发层面，运用行政审批权要求开发建设引导空间环境向健康街道①指标优化的方向推进。所有区域性开发项目的交通影响评估必须引入健康街道方法，开展主动出行评估。评估所涉及的区域性开发项目主要包括三类。第一类是大规模开发项目，如供应住宅套数超过150套的项目、用地面积超过设定规模的项目、新建建筑高度超过设定值的项目、既有建筑改造高度超过设定值的项目。第二类是重大基础设施开发项目，如用地面积超过10公顷的采矿项目，吞吐量或用地面积超过一定规模的废弃物处理项目，增设飞机跑道、航站楼、火车站、地铁站、电缆车、公交车站、跨泰晤士河通道等交通设施项目。第三类是可能影响战略性政策的开发项目，如造成住宅套数减少超过200套或居住用地减少超过4公顷，用地面积超过4公顷的商业、工业仓储用地改变用地性质，用地面积超过2公顷的运动场改变用地性质，在绿带或都市开敞用地建造占地超过1000平方米的建筑，供应停车位超过200个的非居住属性用地，与法定发展规划条款相违背的特殊项目。

三是打造净零排放区。2021年3月，伦敦市政府发布"未来社区2030"政府拨款项目，向区级政府、社区团体和第三方组织机构等多元主体公开征集申请，挑选2—4个社区支持其加速变革以实现碳排减量、

---

① 健康街道旨在减少机动车的使用，鼓励市民通过"主动出行"（即步行和骑行），每天进行至少20分钟的运动，同时倡导绿色出行方式，从而减少交通拥堵，提高空气质量，助力交通战略总目标的实现。该策略重点关注行人友好、过街方便、有遮阴挡雨的设施、有停留休憩的场所、汽车交通降噪、绿色出行（步行、骑行与公交出行）、有安全感、视觉享受与便利生活、令人轻松、空气洁净10项指标。

空气清洁、绿地提升、废弃物减少等多个环境目标。第一阶段拨款金额达300万英镑，完成期限设定在2023年3月；第二阶段拨款金额达450万英镑，完成期限设定在2024年3月。提高空气质量并打造"净零排放区"是该项目关注的5个关键主题之一。实施途径主要包括通过减少交通排放量，引导主动出行方式，提高自然环境的质量、功能、多样性和可达性。同时，支持社区对居民进行步行、骑行、跑步等主动出行的技能培训以取代机动车出行，创造新的就业岗位以实现净零碳的本地物流服务，在社区层面形成低碳循环新经济。

伦敦交通出行年度报告最新统计结果显示，2019年有42%的伦敦市民日均主动出行时间达到20分钟，较上一年度提高3%；步行、骑行和公交出行比重为63.2%，较上一年度提高0.2%。2020年受疫情影响，全市日均出行规模从2700万次（2019年）骤减至1990万次（2020年第三季度）。但值得注意的是，步行和骑行比重从27.4%（2019年）增长至37.3%（2020年第三季度），其中2020年第二季度达到了历史最高值（46.4%），超过同期私人交通出行占比（45.4%）。伦敦的"交通友好"也反映在许多榜单上：在EasyPark发表的2021年"最智能和面向未来的城市"调研中，伦敦在人口超过300万人的城市里排名第一，纽约和旧金山分别排名第二和第三；在2020年"城市出行指数"中，伦敦在174个世界城市中综合排名第一。

深圳交通领域碳排放量居高不下，同时全市机动车需求稳定增长，可见推动交通领域减碳对实现"双碳"目标至关重要。伦敦将净零碳交通战略纳入城市空间规划，从出行者、交通部门、交通工具供应端、能源供应端四个方面构建低碳交通系统，并设立交通脱碳基金支持试点改革，实现净零排放目标。未来，深圳可从加强城市规划与城市交通发展的紧密配合、改变市民出行观念与方式、优化城际交通、推进新能源车辆及配套基础设施发展、支持高能效交通工具发展、鼓励技术创新等多个方面构建交通运输减碳框架，针对每种交通方式设定阶段性减排目标，探索交通系统电气化中远期减碳路径，有序推动交通领域"双碳"目标的实现。

（二）纽约——强力推进清洁能源计划

纽约一直积极应对气候变化，提出在2050年之前以公正、平等的方式实现碳中和。纽约计划通过"城外集中式可再生能源发电+城内分布式光伏发电+城市废水处理和有机垃圾产生的沼气发电+储能体系",到2040年实现100%无碳能源发电。其他领域的减排措施包括发展净零能耗建筑、推广电动汽车、推动全城零废弃物排放。在碳信用方面,纽约提出通过在纽约城外创建负排放项目实现"无法规避的排放"。

在清洁能源方面,2019年,纽约制定《气候领导与社区保护法案》,呼吁到2040年实现采用100%的无碳电力以及到2050年实现净零碳排放经济的清洁能源目标。考虑到纽约是美国第三大经济体,也是美国碳排放量最大的州,要实现其宏伟的目标需要付出巨大的努力。为了实现新目标,该法案要求能源效率提高到23%,到2035年将部署装机容量为90亿瓦特的海上风力发电设施,到2025年将部署装机容量为60亿瓦特的分布式太阳能发电设施,到2030年将部署装机容量为30亿瓦特的储能系统。2020年,《加速可再生能源增长和社区福利法案》出台,通过设立专门的许可办公室,以及由纽约州能源研究与开发局(NYSERDA)运营的清洁能源资源开发和激励计划来加快可再生能源项目的许可和建设,以快速推进新能源项目的开发和部署。为实现对清洁能源目标的承诺,即到2030年采用70%的可再生能源,纽约州计划部署总装机容量为1278兆瓦的21个大型太阳能、风能和储能项目,包括17个大型太阳能发电项目和4个风力发电项目。其中两个太阳能发电项目将配套部署电池储能系统,以支持纽约州到2030年实现部署装机容量为30亿瓦特储能系统的目标。

能源结构优化升级是实现"双碳"目标的根本所在。纽约就海上风力发电、太阳能发电、储能系统三大项目出台目标明确的法案,并设立专门许可办公室,为清洁能源计划的贯彻落实保驾护航。《中国净零碳城市发展报告(2022)》显示,深圳火力发电占比超过30%,风电占比低于10%,光伏发电占比低于5%,总体能源结构提升空间很大。深圳在压煤控油增气的同时,应更加重视低碳能源的发、输、变环节的开发及制度保障体系的构建,用能源系统转型优化推动工业、交通、建筑、园区、消费等各领域的转型升级。

(三)新加坡——绿色建筑推广引领者

新加坡土地和自然资源有限,城市人口密集,建筑能耗占新加坡能源消费的比例超过50%，绿色建筑对于可持续发展至关重要，是城市减少长期碳排放的主要手段之一。新加坡是制定强制性建筑环境标准的先驱。新加坡政府承诺，到2030年，其温室气体排放强度在2005年的基础上减少36%。为了履行承诺，政府推出了大胆的措施，鼓励业主和发展商采用环保建筑方式。

2005年，新加坡建设局开始着手实施绿化新加坡的建筑环境计划，推出了建设局绿色建筑标志（Green Mark）认证计划，并以评估建筑物对环境的负面影响及奖励其可持续性的发展形成为目的。考核的指标包括节能、节水、环保、室内环境质量和其他绿色特征与创新五个方面，形成由高到低的四个评级标准：白金级、超金级、黄金级和认证级，对建筑节能的要求定为15%—35%不等。对于新建建筑，新加坡政府还出台了绿色建筑面积奖励政策：对白金级别绿色建筑，政府给予最高达2%的额外建筑面积，最高5000平方米；对超金级绿色建筑，政府给予最高达1%的额外建筑面积，最高2500平方米。对于既有建筑改造，政府出台了1亿新元的激励计划。从2008年开始，政府采取了强制和奖励的双向推动方式：一方面政府通过立法，强制新建建筑必须符合Green Mark的合格标准。新加坡建设局会对建筑进行检查，合格后才给开发商发放入住许可证；另一方面，政府推出奖励方案，如对达到相应标准的绿色建筑，奖励开发商相应比例的容积率。自2013年以来，所有建筑业主都被要求每年向建筑和建筑管理局（BCA）提交它们的能源性能数据。截至2020年年底，新加坡43%的建筑获得了Green Mark认证。新加坡政府设定目标，到2030年将绿色建筑的比例提高到80%。新加坡在2021年2月发布了《新加坡2030年绿色发展蓝图》，提出了一系列雄心勃勃的举措，其中包括提高建筑绿色标准，城镇组屋的能源使用量减少15%。

建筑领域消耗的能源占全球能源消耗总量的36%左右，同时与39%的温室气体排放有关。[1] 深圳建筑领域的碳排放量占比更为突出，其中65%的大型公共建筑为非节能建筑。[2] 未来，深圳可从城市新建改造、净

---

[1] Dwyer, S., and S. Teske, *Renewables 2018 Global Status Report*, June 2018.
[2] 深圳市住房和建设局、深圳市建设科技促进中心、深圳市建筑科学研究院股份有限公司：《深圳市大型公共建筑能耗监测情况报告（2020年度）》，2021年。

零规范、渐进式已建改造、智能节能照明、对标管理与透明化五个方面完善绿色建筑方案,从加强立法、监督执法、严格评估三个方面贯彻落实绿色建筑政策,同时建立撬动低成本资金的融资机制、合理把控改造强度与进度、构建针对多元主体的激励机制、加大智能节能产品的技术开发力度,发挥好绿色建筑的减碳功能,逐渐消除与建筑相关的碳排放。

(四)哥本哈根——精准实施碳排放总量控制

丹麦被认为是全球低碳经济的领先者,丹麦首都哥本哈根更是发展低碳经济的典范。早在2009年哥本哈根便提出2025年建成全球首个"碳中和"首都的目标。2009年,哥本哈根市议会通过《哥本哈根气候规划》,提出2015年实现碳排放量比2005年减少20%,该任务于2011年提前完成。2012年,市议会通过《哥本哈根2025年气候规划》(以下简称《规划》),为2025年成为全球首个碳中和首都制定计划。哥本哈根主要碳排放来源包括供暖和发电、交通运输,《规划》从能源消费、能源供应、绿色交通和城市管理四个领域提出目标、举措和旗舰项目,促使碳排放量从2011年的190万吨逐步减少。

能源消费领域的碳排放减量约占减排总目标的7%。具体目标包括热能消耗减少20%、商业和服务部门电力消耗减少20%、家庭用电量减少10%、电力消耗中1%来自光伏。主要举措包括建设节能建筑、推广光伏补充区域供热等。

能源供应领域的碳排放减量约占减排总目标的74%。《规划》指出未来风能、生物质能、地热能和废弃物将成为发电和供热的主要来源。具体目标包括区域供暖实现100%零碳、风能和生物质能产电量超过本地需求、工业和家用塑料制品实现完全分拣、有机垃圾实现完全生物气化。

绿色交通领域旨在减少运输部门的碳排放量,碳排放减量约占减排总目标的11%。具体目标包括慢行和公交出行占比达到75%以上、通勤和上学骑行比例达到50%以上、公交出行人数增加20%、公交运输实现100%零碳、20%—30%的轻型车辆和30%—40%的重型车辆使用新能源。主要举措包括打造全球最佳骑行城市,推广电力、氢气和生物等新能源汽车,提高公共交通吸引力并降低其能耗,加强智能交通控制和管理以及开展绿色出行宣传鼓励市民环保出行等。作为全球已经公认的骑行典范城市,在碳中和目标下重点完成所有公交线路的新能源转换和总长约750公里的高品质区域超级自行车道等旗舰项目。

为强调政府的引领和表率作用,《规划》将与政府部门相关的举措单独列出,城市管理领域碳排放减量约占减排总目标的2%。具体目标包括政府部门建筑能耗降低40%、公务用车全部使用清洁能源、街道照明能耗降低50%、在政府部门建筑屋顶安装约6万平方米太阳能板。主要举措包括加强城市能耗的系统监测和管理,推进建筑节能改造和建设,推广太阳能利用,率先实现汽车用能改造,在政策制定中优先考虑减少碳排放量和绿色增长、造林,对员工进行广泛的培训以及与研究机构就气候问题和绿色增长开展长期合作以探索最佳智能解决方案等,并通过搭建数字能源监测系统等旗舰项目予以保障。

根据主要碳排放源分类施策才能做到有的放矢。哥本哈根从供暖、发电和交通运输三个主要碳排放源出发,分类制定详细且量化的减碳目标、举措和旗舰项目,并重视政府的引领和表率作用,效果显著。深圳碳达峰碳中和方案多为战略性、纲领性、综合性文件,针对交通、建筑、生活等高能耗领域的减碳措施尚未形成成熟的可操作性方案。未来,深圳可根据碳排放数据和正在实施的零星方案进行有机整合,为实现重点领域"双碳"目标提供一份切实可依的行动指南。

二 国内城市经验

(一) 北京——规范区域碳排放权市场

碳排放权交易是全国碳市场目前唯一的交易产品,是激励碳排放单位采取措施减少碳排放、推动减污减碳协同增效、积极应对气候变化的重要政策工具。生态环境部副部长赵英民指出,京津冀区域污染物排放总量超环境容量,区域以重化工产业为主的产业结构、以煤炭为主的能源结构、以公路为主的运输结构亟待根本改变。北京着力建设规范的区域碳排放权市场,充分发挥市场手段,引导资源配置,服务"双碳"目标实现。

北京碳排放权市场的制度政策体系日趋完善。2013年12月,《北京市人民代表大会常务委员会关于北京市在严格控制碳排放总量前提下开展碳排放权交易试点工作的决定》通过。北京碳排放权交易市场自2013年11月28日开始运行,2014年7月《北京市碳排放权交易管理办法

(试行)》发布，内容涉及碳排放管控和配额管理、碳排放权交易、监督管理与激励措施等，并制定17项配套政策与技术支撑文件。2014年9月，北京首个碳排放交易抵消项目挂牌交易，意味着重点排放单位有了更多的碳交易履约方式。《北京市"十四五"时期生态环境保护规划》再次强调深化碳排放权交易市场建设、健全环境治理企业责任体系、健全环境治理市场信用体系。作为回应，《北京市生态环境局关于做好2022年本市重点碳排放单位管理和碳排放权交易试点工作的通知》明确重点碳排放单位范围、碳排放核算和报告要求及配额核定方法，对交易工作流程和数据质量管理做出详细安排，强化重点碳排放单位责任，发挥市场机制对温室气体排放控制的促进作用，切实减少温室气体排放。

北京牵头建设跨区域碳交易市场。北京作为京津冀蒙地区的核心城市，积极探索与周边地区的跨区域碳交易工作。2014年12月，北京市发展改革委、河北省发展改革委、承德市人民政府发布《关于推进跨区域碳排放权交易试点有关事项的通知》，充分挖掘区域环境协同治理潜力，推动京津冀协同发展。2016年3月，《北京市发展和改革委员会　内蒙古自治区发展和改革委员会　呼和浩特市人民政府　鄂尔多斯市人民政府关于合作开展京蒙跨区域碳排放权交易有关事项的通知》明确了北京与内蒙古多市开展跨区域碳排放权交易，区域内实行统一的碳排放权交易机制和规则、支持开发碳汇抵消项目、完善激励约束机制。"十三五"时期，北京碳强度下降23%以上，碳强度为全国省级地区最低，截至2021年年底，北京碳市场配额累计成交额超21.1亿元。

碳市场作为贯彻落实生态文明思想的重大实践，是推动实现"双碳"目标实现和经济社会绿色转型发展的重要政策工具。深圳作为粤港澳大湾区的核心城市、引擎城市，拥有全国启动最早的碳排放权交易所，应充分利用区位、经济规模、人力资本及政策等诸多优势建立和完善跨区域碳排放权交易市场体系，带动东莞、珠海、佛山等周边城市的碳市场活动，扩大碳交易规模，更快更好在更广范围内实现"双碳"目标。

（二）上海——打造国际绿色金融枢纽

绿色金融可以促进经济高质量发展，是绿色经济发展的神经中枢，为应对气候变化、促进经济绿色转型、实现"双碳"目标的主要措施之一。2010年以来，上海碳排放量进入平台波动期，与GDP增速有明显脱钩迹象，且巩固阶段性碳达峰成果面临诸多压力和挑战，加快建设绿色金融中心刻不容缓。① 上海作为中国国际经济、金融、贸易、航运、科技创新的中心，致力于打造国际绿色金融枢纽，服务于"双碳"目标。

上海绿色金融发展势头始于绿色金融产品的创新。依托上海金融中心优势，上海积极推动碳金融及绿色金融产品及服务创新，自2014年起相继推出基于碳配额及CCER产品的回购、质押、借碳、信托等碳市场服务业务。2017年推出标准化碳金融衍生品碳配额远期产品，是全国首个中央对手碳远期产品。新华社指出，截至2021年8月，各类协议累计成交433万吨，累计成交额1.56亿元。② 2019年12月11日，上海生态环境局邀请银行、环保产业协会、环保企业、环境科学研究院等企业代表和专家共同商讨绿色金融助力上海环保产业高质量发展，借助政府和产业协会的平台寻找金融服务瓶颈的突破口。

上海于2020年开启实践与制度并重的绿色金融发展路径。2020年2月14日，中国人民银行、中国银保监会、中国证监会、国家外汇管理局与上海市人民政府发布《关于进一步加快上海国际金融中心建设和金融支持长三角一体化发展的意见》，要求金融发展服务实体经济高质量发展，该意见成为与上海绿色金融发展相关的第一个重要文件。同年6月15日，中国人民银行上海分行发布《开展银行业存款类金融机构绿色信贷业绩评价实施细则（试行）》及绿色信贷业绩评价定量指标体系，推动金融资源向绿色发展产业流动。截至2020年年末，上海银行业绿色信贷余额4288.3亿元，同比增长22.2%，2020年绿色债券发行总额1965亿元；积极支持绿色企业通过金融服务做大做强，截至2020年年底，上海环保、节能、污染治理、新能源等领域的上市企业共计11家，2020年112家上市公司披露社会责任报告，占上市公司总数的36%。结合实践经验，中国人民银行上海分行于2021年12月发布《上海银行业金融机构

---

① 王丹、彭颖、柴慧、张靓、谷金：《上海实现碳达峰须关注的重大问题及对策建议》，《科学发展》2022年第6期。
② 姚玉洁、桑彤：《努力将上海打造成联通国内国际双循环的绿色金融枢纽——专访上海市委常委、副市长吴清》，https：//www.thepaper.cn/newsDetail_forward_11815250。

绿色金融评价实施细则》，进一步完善绿色金融评价体系。2021年3月，中国人民银行上海总部发布《2021年上海信贷政策指引》，加强对科技创新、制造业和绿色低碳产业的金融支持，随后上海银保监局发布《关于推动上海财产保险业高质量发展的实施意见》，明确大力发展绿色保险，绿色金融体系建设呈现"百花齐鸣"现象。

《上海国际金融中心建设"十四五"规划》明确提出"国际绿色金融枢纽地位基本确立，促进经济社会绿色发展"的发展目标，推动上海打造国际绿色金融枢纽的系统性发展。2021年10月8日，上海市人民政府办公厅印发《上海加快打造国际绿色金融枢纽服务碳达峰碳中和目标的实施意见》（以下简称《实施意见》），这是中国提出"双碳"目标后第一个提出构建完整绿色金融生态体系的地方性文件，是上海积极发展绿色金融的行动纲领。《实施意见》从加强绿色金融市场体系建设、创新绿色金融产品业务、健全绿色金融组织机构体系、强化绿色金融保障体系、加大金融对产业低碳转型和技术创新的支持力度、深化绿色金融国际合作、营造良好绿色金融发展环境七大方面24项措施详述打造国际绿色金融枢纽的任务，构建完整的绿色金融生态体系，充分发挥上海优势和有利条件，执行主体明确具体，便于执行落实与评估。

绿色金融从支撑发展融资需求、提供良好金融环境、助力制度体系完善、提供技术支持四个方面服务于"双碳"目标实现。[①] 未来深圳绿色金融发展可从充分利用和挖掘本地优势、完善绿色金融体系、编制发展规划等方面推动绿色金融发展，同时关注绿色金融监管机制力度、绿色金融标准统一、技术和人才支持、激励和约束机制等挑战，发挥好绿色金融服务"双碳"目标实现的强大功能。

（三）武汉——夯实碳排放数据基础

细化的碳排放数据基础是展示低碳试点成效的支撑。武汉正处于城镇化、工业化后期，虽然碳排放强度有所下降，但能源消费量仍呈上升趋势。为了实现碳达峰碳中和的目标，武汉成为全国最早一批加入"率先达峰城市联盟"、提出碳排放峰值量化目标和达成路径的城市，不断细

[①] 李海棠、周冯琦、尚勇敏：《碳达峰、碳中和视角下上海绿色金融发展存在的问题及对策建议》，《上海经济》2021年第6期。

化、量化碳排放达峰行动方案，为碳排放数据统计、评估与改进提供精确参考。

低碳发展目标持续精细化，为碳达峰目标行动提供动力。2018年1月2日，武汉市人民政府发布《武汉市碳排放达峰行动计划（2017—2022年）》（以下简称《行动计划》），提出武汉市碳排放量于2022年基本达到峰值，碳排放量控制在1.73亿吨。《行动计划》从五个方面详述2022年武汉市碳排放达峰目标与任务：一是实施产业低碳工程。比如，信息技术、生命健康、智能制造产业产值分别达到8000亿元、4000亿元、4000亿元；服务业增加值达到12000亿元；农村清洁能源入户率达到80%以上等。二是实施能源低碳工程。比如新建光伏发电项目的装机容量达到25万kW；全市建成各类天然气场站270座以上；热电联产满足工业生产负荷4300吨/小时等。三是实施生活低碳工程。比如新建绿色建筑占比达到50%；公共交通出行占比超过60%等。四是实施生态减碳工程。比如森林覆盖率达14.05%以上；完成四环线146公里公益林带建设；新建20公里以上沿江江滩生态绿洲等。五是实施低碳基础能力提升工程。比如编制温室气体排放清单、制定点相关标准等。随后，武汉市发布控制温室气体排放目标考核评估指标及评分细则、相关数据核查表等配套文件，将细化目标逐步落实到执行与评估工作中。

不断完善管理平台，强化低碳发展支撑体系。武汉市重点推进低碳发展三大平台的建设：一是建成"低碳节能智慧管理系统"，基本覆盖全市主要用能单位，实现对主要用能单位能源消耗、碳排放情况的实时监控、分析与预警。2022年5月6日，武汉市节能监察中心发布该系统运维成交公告。二是启动"低碳生活家＋"计划，建设"碳宝包"低碳生活家平台，从消费端引导低碳转型。三是建成"武汉市固定资产投资项目节能评估和审查信息管理系统"，实时掌握项目的能耗及碳排放情况。2022年中国环境科学研究院发布的中国城市碳达峰碳中和指数报告显示，武汉市"双碳"综合评价指数取得全国第四的好成绩。

具体明确的政策目标是有效执行的前提。深圳市碳达峰碳中和行动一直走在前列，但在建立统计体系、夯实数据基础方面仍需强化。深圳市可进一步细化碳排放目标，在此基础上建立更完善的数据收集和核算系统，建立完备的数据实时监测管理平台，同时关注数据的透明性、一致性、可比性等问题,为碳达峰碳中和的实现提供科学合理、可追踪、可精确复盘的数据库基础。

(四) 天津——推动绿色低碳法制化

法律与政策协同推进"双碳"目标实现具有必要性和长期性。[①] "双碳"目标的实现过程也是倒逼传统经济由高耗能高排放向绿色低碳高质量发展转型的过程。天津化工、冶金等传统产业升级面临阵痛,经济转型发展需要刚柔并济、严格合法的手段推动落实。天津于2021年11月实施《天津市碳达峰碳中和促进条例》(以下简称《条例》),这是全国首部以实现碳达峰碳中和目标为主旨的省级地方性法规,为天津市"双碳"目标的实现提供有力法治保障。

《条例》总计8个章节82条,主要从以下六个方面为实现天津高质量发展提供有力支撑。一是基本管理制度,主要包括将碳达峰碳中和工作纳入国民经济和社会发展规划、计划;实行碳排放总量和强度控制制度;建立健全碳排放统计核算体系;编制温室气体重点排放单位名录等制度。二是绿色转型,主要从调整能源结构、推进产业转型、促进低碳生活三个方面做出详细规定。三是减碳增汇,主要从减少碳排放、增加碳汇两个方面做出规定。四是科技创新,主要包括构建碳达峰碳中和科技支撑体系;支持产、学、研领域开展应用基础研究;鼓励培养和引进碳达峰碳中和相关专业人才等措施。五是激励措施,主要包括政府多方筹资支持碳达峰碳中和工作;发展改革部门引导高耗能高排放行业减少碳排放;鼓励和支持发展绿色低碳金融;探索建立碳普惠机制等举措。六是法律责任,主要包括对违反本条例规定的政府部门、重点排放单位、生产单位、建设单位等主体,以及滥伐林木、破坏湿地、破坏海洋生态等行为的惩罚措施。

《条例》的出台对于中国乃至国际社会产生积极影响。首先,《条例》将减碳减排和经济社会全面绿色转型结合起来,力求形成"节约资源和保护环境的产业结构、生产方式、生活方式、空间格局",平衡减碳减排与经济社会发展。其次,《条例》兼顾减碳与增汇。减碳增汇

---

① 于文轩、胡泽弘:《"双碳"目标下的法律政策协同与法制因应——基于法政策学的视角》,《中国人口·资源与环境》2022年第4期。

是实现"双碳"目标的核心，减少二氧化碳排放的同时要通过植树造林、湿地保护与恢复等可持续措施减少温室气体浓度。再次，激励措施单独成章是《条例》一大亮点。对激励措施的重视表明了天津市推动"双碳"目标实现的坚定态度。天津市还并提出政府补贴与完善差别价格、阶梯价格政策、鼓励发展绿色金融等多元化激励措施。最后，《条例》的刚性举措可圈可点。对于违反条例规定的主体和行为实施严厉处罚，增加违法成本。整体来看，《条例》内容完善，刚柔并济，是一次意义重大的探索。

地方立法是引领地方社会发展的必然选择。《条例》的出台为其他地方的碳达峰碳中和立法提供经验借鉴。深圳市尚未形成保障"双碳"目标实现的专门法律法规，未来可基于现有政策与相关法律条令，从法律与政策协同实施、政策法律条款化、政策法律化三个方向探索碳达峰碳中和立法工作，同时处理好专门法与其他已有法律条令的兼容与衔接问题，完善"双碳"法律和政策体系，为"双碳"目标实现提供强有力的保障。

三 对比下的深圳"双碳"政策

（一）政策体系建设存在明显短板

绿色低碳循环发展战略缺乏系统协同。尽管深圳在资源节约、保护环境、节能减排、低碳发展等方面已经有相应的发展战略及制度安排，但缺乏绿色发展的统一引领、协调推进，资源环境政策与经济发展政策仍存在不协调问题。特别是在产业发展、环境治理以及金融创新等领域还未能打破一城一地发展的界限，缺乏全球化和区域一体化的视角。深圳要将国家、区域和城市战略结合起来，综合统筹城际、区域关系。

协同发展机制不健全。虽然珠三角城市群和粤港澳大湾区均建立了常态的对话沟通平台，但是现有合作平台和协议约束力不够。对比北京等城市，深圳缺乏统一有效的协调发展机制，在能源利用与治理、生态环境管理等方面，管理部门的职能存在交叉和重叠，甚至相互矛盾冲突。例如，目前碳排放制度与排污许可制度的制度架构和管理理念虽然有所不同，但在工作的具体落实方面多有重叠之处，而且排污权交易中涉及的污染物种部分与环保税中规定的应税污染物有重合，这些重叠都增加了政府管理成本和企业负担。

绿色低碳的法律法规有待完善。 深圳有关绿色发展的法律法规内容涉及广泛，但对比天津等先进城市，在一些重要方面和领域仍存在空白，关于资源浪费、节能减排、应对气候变化等方面的法律法规还存在缺失，关于循环经济的法律法规明显不足。例如，适应新能源汽车发展的法规极少。深圳法律法规的相关配套滞后，有些法律虽有制定，但没有形成相关的实施细则。另外，深圳缺少约束政府行为的环境法律法规。重视环境保护，实现绿色发展，政府本应发挥出带头作用，但深圳还没有一部约束政府绿色行为的法律法规。

（二）绿色金融发展仍有改进空间

与上海等城市相比，深圳绿色金融机构的设立有待优化，职责划分还需明晰。目前深圳绿色金融的发展主要依靠政府来进行整体引导和多方面指示，开展相关工作的部门相对不足，相关职责也不尽明确。除政府外，只有绿色金融协会进行相关的标准和制度研究，而较少有其他机构或部门进行绿色金融相关工作，政府也未充分细化及下放其他的职权给相应机构或部门。因此，深圳在绿色金融的相应机构设立及职责方面存在较多可优化之处。此外，和国内先进城市相比，深圳的绿色信贷、绿色债券在全国绿色信贷、绿色债券市场中的份额很少，与深圳金融总体发展水平与地位不相协调。

第三节 深圳"双碳"政策与制度创新的总体思路

当前正值中国政策布局和转变的关键窗口期，深圳需抓住机遇，发挥先示范区综合优势，大胆创新，努力探索，先行先试，为全国提供可操作、可复制、可推广的经验做法。

一 打造治理体系的标杆

坚持政府、企业、社会等多主体共同参与，建立完善共治共享的零碳城市治理体系。发挥好政府的主导作用，率先建立以市长为组长的零碳城市建设领导小组，完善考核机制，承担统筹零碳城市建设与发展的领导与管理职能，通过组织编制相关规划体系，完善法律法规标准体系，制定促进经济社会发展全面绿色转型的政策体系，营造有利于低碳发展的外部环境。充分调动企业的积极性，创新建立企业减碳的激励机制，探索实施碳税、碳标签等制度，引导企业自觉践行绿色生产方式。大力发挥市场手段的作用，持续完善碳排放权、用能权、水权、碳汇等市场建设，引导各类企业和社会资本积极参与减碳行动。创新企业减碳责任制度、信息公开制度和信用评价制度建设，支持有条件的企业科学制定碳达峰碳中和实施方案，形成企业减碳的内在压力和动力。综合运用宣传引导、活动引导和政策引导等多种手段，加快构建全民参与机制，提高公众参与能力，发动全民参与零碳城市建设。加快建立推广政府补贴、商业激励和与碳市场交易相衔接的切实可行的普惠机制，增强公众参与的获得感。

二　形成持续发展的典范

加快推进/展开以政策创新推动技术创新、产业创新和社会变革的模式探索，率先突破制约深圳全面绿色转型发展的核心问题，为全国探索减碳与发展共赢的新路径贡献深圳经验。聚焦化石能源绿色智能开发和清洁低碳利用、可再生能源大规模利用、新型电力系统、节能、氢能、储能、动力电池、二氧化碳捕集利用与封存、碳汇等前沿领域，构建完善"基础研究＋技术攻关＋成果产业化＋科技金融＋人才支撑"全过程创新生态链，实施一批具有前瞻性、战略性的重大前沿科技项目，加快实现产业核心技术和关键共性技术的重点突破，避免核心技术、关键设备和元器件受制于人。加快先进适用技术研发和推广应用，重点围绕新能源汽车产业、先进核电、可再生能源、高效储能、氢能与燃料电池、智能电网、智慧能源等重点领域，着力提高技术成果产业化能力，促进绿色产业规模化集聚性发展，打造经济高质量发展的新引擎。探索开展"零碳园区""零碳社区""零碳企业""零碳工厂"建设的深圳实践，积极打造深圳标准。

专栏：零碳园区、零碳社区、零碳工厂建设方法

零碳园区。首先，按照绿色、低碳、循环发展原则，研究制定园区绿色发展行动方案，从零碳能源、零碳建筑和零碳交通三方面，有计划、有安排地推进零碳智慧园区建设，完善园区零碳发展顶层设计。其次，全面规划园区可再生能源（风电、光伏）区域，根据行动方案布局新能源发电、能源存储转化、基础设施（充电桩、新能源车位）。最后，强化园区管理部门公共服务职能，建立稳定的零碳资金投入机制，拓宽融资渠道，为园区建设提供资金保障。

零碳社区。零碳社区建设路径包含以下三个方面：（1）激活零碳细胞：建立基于大数据和人工智能支撑的个人碳中心，对居民的碳足迹、碳账户、碳管理、绿色出行等进行碳账本管理；将碳数据可视化，开发碳积分、碳商城，引导居民积极参与社区碳活动，引导低碳生产生活模式和行为习惯，实现居民个体零碳。（2）改造零碳单元：对社区碳源分布、碳排放实时监测，分析形成不同零碳单元的碳排放清单打造动态的碳大数据管控能力；针对不同零碳单元制定不同的减碳路径和方法，并实施有效的碳中和方案，最大化减少社区自身的碳排放。（3）构建零碳场景：以社区可持续发展为导向，结合零碳社区建设，对社区的能源、生态、产业、公共设施、公众生活、文化传承等制定一揽子解决方案；统筹考虑社区与外部的能源、碳排放流动和管理。

零碳工厂。一方面推进高效率低能耗生产，引进机器人、图像检测系统为主的自动装配生产线，提升企业自动化率，削减人力资源，提高效率。另一方面采用节能技术，在一个耗能大的车间里安装智能节能自动控制系统，采用基于物联网技术的节能自动化系统，可以根据温度、湿度、送风机频率等指标而实时调节生产设备，使之一直控制在最节能状态。此外，还使用更多节能的设施设备，如变频式空压机、真空泵等，以减少CO_2排放。不仅生产过程中处处节能，企业在日常运营中也时时降耗。企业把所有日常照明的灯全部换成LED照明，企业还引入光伏发电设备，不仅满足了工厂日常照明所需供电，更为节能减排做出了贡献。

三 成为示范带动的先锋

抓住"双碳"目标带来的重大机遇，发挥深圳在绿色低碳发展方面的技术、产业、资本等方面的综合优势，立足深圳都市圈和粤港澳大湾区、面向全国，探索建立可复制推广的市场化合作模式，助力深圳企业、深圳经验、深圳方案"走出去"。探索建立区域协同减碳的责任分担机制，与市场化减排机制相辅相成，努力在全国"一盘棋"的减碳进程中更好体现深圳使命、深圳担当。2022年6月，《龙岗区减污降碳协同增效行动方案》发布。该方案构建了"1+8+26"的龙岗减污降碳协同增效工作体系，亮点纷呈。一是先行示范，试点重点行业企业探索减污降碳协同增效；二是突出特色，立足龙岗工业大区，服务工业企业、工业园区，助力企业低碳转型；三是智慧低碳，构建绿色低碳数字化场景应用，推动"碳普惠""碳监测""近零碳社区智慧平台"建设。积极构建全国性低碳城市交流平台和交流机制，搭建全国性低碳技术和产品展示和交易平台，及时宣传、分享和推广国内低碳城市建设创新成果。积极参与气候变化南南合作各类项目，推动深圳不同的低碳发展模式及技术和产品在发展中国家10个低碳示范区中的推广和应用，打造好深圳低碳示范的国际样板。抓住"一带一路"高质量发展机遇，完善政策支持，鼓励深圳企业积极参与沿线低碳基础设施、低碳工业园区、低碳城市以及碳汇等领域的联动发展和务实合作，为绿色"一带一路"中国方案注入更多深圳元素。

第四章

打造国际领先的"双碳"科技产业创新中心

科技减碳是实现"双碳"目标的必由之路,产业减碳是实现"双碳"目标的重要支撑。世界主要地区、发达国家和国际组织都高度重视科技创新对"双碳"目标的支撑作用。作为中国特色社会主义先行示范区,深圳既要率先实现"双碳"目标,又要为全国探索技术可行、经济可承受、可推广、复制的经验,必须发挥自身绿色低碳和科技创新发展优势,加快推进"双碳"科技创新。同时,"双碳"目标将催生一大批新技术、新产业、新业态、新模式,深圳应抢抓机遇、抢占国际"双碳"技术创新高地,面向国内外市场推动"双碳"技术的产业化应用,打造新的经济增长点和发展动能。

第一节 全球"双碳"科技创新趋势

控制碳排放的关键是推动能源供给和消费结构升级,通过负碳技术实现整体经济活动的源汇相抵。因此,全球碳中和行动的关键技术前沿热点和发展趋势主要聚焦"零碳能源体系构建""低碳产业转型"和"负碳技术"等方向。

一 新能源技术创新与颠覆性能源技术突破成为碳中和的关键手段

电气化是碳中和的核心抓手。由于其"标准化"和"可控化",极高的能源利用效率和节能、清洁的用能方式,电力是工业化进程的"助推器",也是优质的能源。电气化是目前实现碳中和成本最低、最为成熟的技术路径,通过交通、工业和建筑等终端能源使用部门电气化水平的提升,将替代煤炭、石油等化石能源的消耗。根据 IEA 的测算,2050 年电力占全球能源消费的比例将从 2020 年的 20% 提升至 49%(见表 4-1),电力消费量将达到 2019 年的两倍,[1] 其中 88% 来自可再生能源。

表 4-1　净零排放情景下全球电力部门转型的关键里程碑

	2020 年	2030 年	2050 年
电力在终端消费总量中的占比(%)	20	26	49
发电总量(太瓦时)	26800	37300	71200
可再生能源在总发电量中的占比(%)	29	61	88
太阳能光伏和风能占发电总量的比重(%)	9	40	68
可再生能源装机容量(吉瓦)	2990	10300	26600
光伏年度新增装机(吉瓦)	134	630	630
风电年度新增装机(吉瓦)	114	390	350

资料来源:国际能源署:《全球能源部门 2050 年净零排放路线图》,https://iea.blob.core.windows.net/assets/f4d0ac07-ef03-4ef7-8ad3-795340b37679/NetZeroby2050-ARoadmapfortheGlobalEnergySector_Chinese_CORR.pdf。

光伏和风电成为可再生能源的增长主力。根据 IEA 预测,风电和光伏将在 2030 年之前成为全球电力的主要来源,到 2050 年其发电量占总发电量的比例将提升至 68%。其中,太阳能将成为最大的能源来源,占能源供应总量的 1/5。转换效率提升和制造业规模效益已推动风光发电成本实现了大幅下降,根据国际可再生能源署(International Renewable Energy Agency,IRENA)报告,2010—2019 年,全球光伏发电、光热发电、陆上风电、海上风电项目的加权平均成本分别下降了 82%、47%、39%、

---

[1] 国际能源署:《全球能源部门 2050 年净零排放路线图》,https://iea.blob.core.windows.net/assets/f4d0ac07-ef03-4ef7-8ad3-795340b37679/NetZeroby2050-ARoadmapfortheGlobalEnergySector_Chinese_CORR.pdf。

29%。未来可再生能源发电成本仍有较大降低潜力,预计到2050年集中式光伏发电单位成本较当前下降约50%,陆上风电成本较当前下降约30%,海上风电下降约55%。光伏和风电的全产业链创新和成本降低是未来实现可再生能源发电高速增长的最重要驱动力。

储能助力可再生能源大规模接入。风电、光伏等可再生能源有明显的季节性、时段性,其发电比重的逐步提升会增大电力供应的波动性,对电力系统的跨时间、跨区域协调提出了更高的要求。随着大规模可再生能源的接入,储能将成为电力系统的重要组成部分。储能将会以多种方式在电源侧、电网侧、负荷侧进行配置,原有的"源、网、荷"系统将转变为"源、网、荷、储"系统,见表4-2。目前,以社区、园区"微电网"一体化为特征的绿色能源电网应用已成为美国、日本等国家解决电力问题的重要手段。德国60%的光伏系统是功率在10千瓦以下的分布式小型光伏系统,通过配备一定规模的储能设施,企业或个人除自发自用电能外,还能将多余电力在电力市场中进行交易。中国市(县)级、园区(居民区)级"源网荷储一体化"等模式也在不断创新。

表4-2　　　　　　　　储能在电力系统中的主要功能

发电侧	辅助发电机调频、调峰;辅助新能源并网;促进新能源送出;对新能源的波动性、间歇性等进行平滑,提升新能源的电网友好性
电网侧	提供调峰、调频、调压等功能,提升电网的新能源消纳能力,利于电网的稳定运行
用户侧	随着峰谷电价差的拉大,分布式电站、充电桩、微电网等应用,将实现降低用电成本、促进电能优化配置、提高电力自发自用率、支撑微电网稳定运行等功能

氢能源是大规模深度脱碳的重要选择。近年来,世界各国都已认识到氢能作为二次能源在能源转型中的重要性,氢能是助力能源、交通、工业、建筑等领域大规模深度脱碳的最佳选择。根据国际氢能委员会预计,到2050年氢能将创造3000万个工作岗位,减少60亿吨二氧化碳排放,创造2.5万亿美元产值,在全球能源消费中所占比重有望达

到18%。① 氢能技术在能源领域产生颠覆性影响的关键在于低成本、高性能的氢燃料电池技术和低成本、高效率的工业化制氢技术。目前，全球氢能全产业链关键核心技术基本成熟，已经具备商业化推广的基础条件见表4–3。

表4–3　　　　　　　　　　全球氢能产业发展现状及趋势

产业链	关键技术	发展现状与趋势
制氢	热化学制氢 电解水制氢 工业副产制氢	美国以天然气制氢为主；德国大力发展可再生能源制氢；日本氢源分为外部供应和本土生产，外部供应以煤制氢和工业副产气提纯为主，本土以可再生能源制氢为主；中国大力发展可再生能源制氢量，规划2025年可再生能源制氢量达到10万—20万吨/年。可再生能源电解氢是长期方向。2021年全球电解氢容量合计可达2.5亿千瓦，远高于2020年的7000万千瓦。长期来看，全球超过20%的可再生能源发电量或被用于绿氢生产
储运	车载氢气瓶 液氢储运 固态储氢 有机液体储氢 管道运输	日本、美国、欧洲国家氢储运产业化水平较高，车载储氢技术达70兆帕，并且可以实现长距离液氢储运；中国气氢储运大部分停留在35兆帕水平，由于缺少相关标准和规范，液氢还不能上路；美国、欧洲已分别建成2600千米、1500千米的输氢管道，其他国家/地区不足400千米（中国仅100千米）。同时，欧洲试点天然气管道掺氢10%取得成功，中国河北张家口、辽宁朝阳等地也在探索天然气掺氢项目
加氢	加氢机 加氢枪	2020年，全球加氢站拥有量排名第一的国家是日本，为142座；德国排名第二，加氢站数量为100座；中国以69座加氢站拥有量位居全球第三
应用	燃料电池	氢燃料电池及其在交通领域的应用最具发展潜力，截至2021年年底，全球氢车保有量为49562台，其中韩国氢车保有量占比39%，美国为25%，中国和日本则分别为18%和15%。 另外，分布式能源、储能转换、备用电源及传统工业等领域应用将持续拓展。例如日本在家庭供电、澳大利亚LAVO公司研发全球首个家用氢电池。日本、德国、瑞典等还在探索"氢能炼钢"项目示范，有望大幅降低钢铁产业碳排放

---

① 山东省人民政府办公厅：《山东省氢能产业中长期发展规划（2020—2030年）》，http://www.shandong.gov.cn/art/2021/12/6/art_307620_10330565.html。

能源互联网支撑能源绿色低碳转型。能源互联网是利用系统性思维将数字化技术与能源生产、传输、存储、消费以及能源市场深度融合的新型生态化能源系统。能源互联网具有支持多种能源融合发展、支持大规模分布式能源接入、支持多种储能设备的接入、支持互联网技术改造能源系统、支持向电气化转型等特征。世界发达国家高度重视能源互联网发展，结合各国国情提出了各具特色的发展模式。根据融合方式不同，能源互联网发展模式可分为：以德国为代表的信息互联网，致力于能源各环节间的智能化，包括智能发电、智能电网、智能消费和智能储能等方面；侧重能源网络结构的美国模式，通过自治或中心控制的方法实现能源的供需平衡，本质为分布式的能源网络；以日本的数字电网、电力路由器为典型代表的革新性能源互联网，实现了互联网技术和能源网络的深度融合。

二 电动化和可持续性低碳燃料是交通减排的重要路径

公路交通电动化是最为成熟的减碳方式。2021年全球电动汽车的销量达650万辆，同比增长109%，占全部乘用车销量的9%。从区域分布来看，中国是全球最大的电动汽车市场。2021年中国电动汽车销售量约占全球的一半；其次是欧洲，大约占35%，美国占8%。中欧美三者合计占比达93%。[1] 随着锂离子电池技术的持续进步以及动力电池制造工艺和生产规模的进一步提升，电动汽车经济性的提升可促进其市场化普及。中国纯电续驶里程较短（250千米）的纯电动汽车将在2025年实现与燃油车的价格平价[2]。随着充电桩基础设施建设的推进、电池技术不断进步带来续航里程和充电效率的加快，电动汽车的使用场景将不断扩大，小轿车、短距离配送货车、城市公交、两轮车、铁路等领域将逐渐实现电气化和脱碳。在IEA既定政策情景下，到2030年全球电动汽车销售份额

---

[1] "Canalys"，https：//canalys.com/newsroom/global-electric-vehicle-market-2021.
[2] 国际清洁能源交通委员会：《中国电动汽车成本收益评估（2020—2035）》，https：//theicct.org/publication/%E4%B8%AD%E5%9B%BD%E7%94%B5%E5%8A%A8%E6%B1%BD%E8%BD%A6%E6%88%90%E6%9C%AC%E6%94%B6%E7%9B%8A%E8%AF%84%E4%BC%B0%E4%BB%B0%E4%BC%882020-2035/。

将达到35%。①

氢燃料电池交通工具是关注热点。从技术特点及发展趋势看，氢燃料电池汽车具备长续航里程、快速加注、高功率密度、低温自启动等技术特点，更适用于长途、重载、商用等领域，电动汽车更适用于城市、短途、乘用车等领域。氢燃料电池汽车作为新能源汽车的重要技术路线之一，将与电动汽车长期并存互补。截至2019年年底，全球燃料电池汽车保有量超过24000辆，其中乘用车保有量近18000辆，全球氢燃料电池乘用车品牌主要为丰田Mirai和现代Nexo，2020年二者的保有量市场占有率分别为48%和50%。日本丰田、韩国现代等企业开发的重型卡车已经陆续推出样车，技术可靠性得到验证。美国普拉格已经在全球累计部署超过3.2万台氢能叉车。中国则以氢燃料电池商用车为主，2022年北京冬奥会共投入了816辆氢燃料电池客车，成为全球最大的一次氢燃料电池汽车示范。

三 节能改造和电气化技术是建筑脱碳的重要手段

建筑领域的节能改造是助力实现碳达峰、碳中和的重要路径。据估计，目前全球60%的既有建筑到2050年将仍在使用，如果不解决既有建筑的能效问题，建筑部门的减排进程将受到严重限制。首先可以从建筑材料入手，使用中空或Low-E节能建筑玻璃削减建筑能耗，或是使用石膏板等轻质隔墙材料替代传统的水泥墙、砖墙，以减少水泥、建筑砖烧制和运输过程中的碳排放。其次是热力管网改造、加强墙体隔热、使用节能电气设备、改善采光、房顶绿植等。最后是取暖和空调用能的脱碳化，如使用光伏等清洁电力、地热能、生物质取暖等。

建筑行业电气化是降低直接碳排放的关键。建筑运营耗电量占全球耗电量的近55%，②并且在未来几十年中仍将迅速增长。根据能源基金会研究，为实现巴黎协定提出的全球控制温升不超过2℃甚至1.5℃以下的目标，建筑用能中电的比重要达到90%，并且其中非化石能源电力的比

---

① 国际能源署："Global EV Outlook 2023"，https://iea.blob.core.windows.net/assets/dacf14d2-eabc-498a-8263-9f97fd5dc327/GEVO2023.pdf。
② 联合国环境规划署：《2020年〈全球建筑建造业现状报告〉执行摘要》，https://globalabc.org/sites/default/files/2021-01/Buildings-GSR-2020_ES_CHINESE.pdf。

重也要达到90%。① 因此，通过财政激励措施鼓励建筑空间供暖和热水系统的电气化成为全球选择。丹麦哥本哈根提出了2025年实现100%电力和区域供暖碳中和的目标。2019年美国加州伯克利率先立法禁止新建建筑中使用天然气，随后加州超过25个城镇也采取措施推动新建建筑电气化，另有50余个城镇正在考虑制定类似的法规。中国提出2022—2025年将在西北地区有序推动农村电供暖。

四 数字技术正成为全球实现碳中的重要技术路径

发达国家积极推动数字技术助力碳中和。《欧洲绿色新政》提出，在工业领域充分挖掘数字转型的潜力是实现绿色新政目标的关键要素，应尽快推动人工智能、5G、云计算和边缘计算及物联网等数字技术在欧盟应对气候变化和保护环境的政策中发挥重要作用。英国2017年设立工业战略挑战基金，为英国制造业供应链数字化创新的竞赛提供资金，2021发布的《工业脱碳战略》支持工业通过数字技术发展最大程度地提高效率。日本高度重视利用新一代信息技术和基础设施支撑各领域绿色转型，《2050年碳中和绿色增长战略》在运输制造方面强调发展智慧农业、智能运输、智慧物流等方向，在家庭和办公房方面强调利用大数据、人工智能、物联网等技术实现对住宅和商业建筑用能的智慧化管理。

数字技术能够推动各个行业的绿色低碳转型，促进绿色经济目标的达成。《2019年全球数字化转型收益报告》显示，部署数字技术平台的企业节能降耗幅度最高达85%，平均降幅24%，二氧化碳足迹优化最高达50%，平均优化20%。② 有研究显示，移动技术在智慧建筑、智慧能源、智慧生活方式与健康、智能交通与智慧城市、智慧农业、智慧制造等领域的广泛应用使2018年全球温室气体排放量减少了约

---

① 深圳市建筑科学研究院股份有限公司：《建筑电气化及其驱动的城市能源转型路径报告摘要》，https://www.efchina.org/Attachments/Report/report-lccp-20210207-2/%E5%BB%BA%E7%AD%91%E7%94%B5%E6%B0%94%E5%8C%96%E5%8F%8A%E5%85%B6%E9%A9%B1%E5%8A%A8%E7%9A%84%E5%9F%8E%E5%B8%82%E8%83%BD%E6%BA%90%E8%BD%AC%E5%9E%8B%E8%B7%AF%E5%BE%84%E6%8A%A5%E5%91%8A%E6%91%98%E8%A6%81.pdf。

② 施耐德电气：《2019年全球数字化转型收益报告》，https://www.docin.com/p-2227206953.html。

21.35亿吨。① 2020年全球气候行动峰会发布的最新版《指数气候行动路线图》指出，数字技术在能源、制造业、农业、土地、建筑、服务、交通和交通管理等领域的解决方案，已经可以帮助全球减少15%的碳排放②。

> **专栏：国内外数字技术助力碳达峰碳中和最新与新兴实践**
>
> 智慧建筑。芬兰Sello购物中心在楼宇中配置了传感器以采集温度、湿度、灯光等数据，信息将被实时传输到云端楼宇管理平台上，业主可通过数据分析和可视化对购物中心内建筑的能耗、室内温度、湿度、灯光等进行远程实时监控，为消费者创造舒适的室内购物环境。该项目在一年内节省了12万欧元的能源相关支出，减少了281吨二氧化碳的排放；通过交易多余的电力，每年可获得48万欧元的收入。
>
> 智慧交通。2014年，欧洲创新性地提出出行即服务（MaaS③）理念，将各种交通方式的出行服务进行整合，通过数据集成、运营集成和支付集成，满足各种交通需求，为缓解城市交通拥堵、提升出行服务品质提供了新思路。2018年欧盟投资10.8亿欧元启动地平线科技计划，推进MaaS研发提升交通运营服务水平。预计出行效率提高10%、出行成本降低20%、碳减排减少75%。

五 负碳技术是实现碳中和的重要保障

CCUS技术被认为是化石能源低碳利用的唯一技术选择、保持电力系统灵活性的主要技术手段，也是钢铁水泥等重点行业减排的可行技术方案。多个国际组织的研究报告表明CCUS技术是实现21世纪升温控制、

---

① GSMA, "The Enablement Effect", https：//www.gsma.com/betterfuture/wp-content/uploads/2019/12/GSMA_Enablement_Effect.pdf。

② 丁玉龙、秦尊文：《信息通信技术对绿色经济效率的影响——基于面板Tobit模型的实证研究》，《学习与实践》2021年第4期。

③ 出行即服务（Mobility-as-a-Service，MaaS），内涵是旨在深刻理解公众的出行需求，通过将各种交通模式全部整合在统一的服务体系与平台中，从而充分利用大数据决策，调配最优资源，满足出行需求的大交通生态，并以统一的出行服务平台来对外提供服务。

实现近零排放目标的关键途径之一。IEA 预测 2050 年 CCUS 对当年减排量的贡献比例将达到 9%，2070 年对累计碳减排的贡献将达到 15%。[①] 预计到 2060 年，中国电力、工业等部门仍将排放数亿吨二氧化碳等温室气体，需要充分发挥 CCUS 等负碳技术的作用实现减排。

近年来，全球范围内 CCUS 工业示范项目数目逐步增多、规模逐步扩大。截至 2020 年年底，全球有 28 个处于运行阶段的大规模 CCUS 项目，其中有 14 个分布在美国。从技术路线来看，已投运的大型 CCUS 工业示范项目中，26 个项目的碳捕集类型为工业分离，集中在天然气处理、化工生产、炼油以及制氢等行业，仅有 2 个项目为电力行业的燃烧后捕集。在碳封存利用类型中，22 个项目中捕集到的碳用于驱油，其余项目则是直接地质封存，使用二氧化碳驱油以提高采收率已是成熟的碳封存利用方式。

第二节 深圳"双碳"科技创新的重大意义

一 科技创新是深圳率先实现碳中和的核心动力

（一）发达国家积极部署碳中和科技创新工作

将科技创新作为实现碳中和目标的战略选择已成为主要发达国家的共识。欧盟于 2019 年颁布了《欧洲绿色新政》，提出了欧洲经济向绿色转型的七大行动路线，欧洲一些国家陆续制定了绿色复苏计划。法国于 2020 年推出《国家经济复苏计划》，将投入 300 亿欧元从绿色交通、清洁能源技术创新、建筑节能翻新、农业转型和循环经济、生物多样性等方面推进"生态转型"，并将可再生和低碳氢技术作为清洁能源技术创新的主要方向。英国于 2020 年发布"绿色工业革命"十点计划，将支持包括海上风电、氢能、核能、电动汽车、绿色公共交通、零喷气式飞机和绿色船舶、绿色建筑、CCUS、自然环境、绿色金融与创新十个重点领域的绿色技术创新和发展。美国能源部 2021 年 2 月宣布通过能源高级研究计划局提供 1 亿美元的资金，以支持变革性的低碳能源技术；3 月，美国众

---

① IEA, *Energy Technology Perspectives 2020: Special Report on Carbon Capture, Utilization and Storage*, 2020.

议院能源与商业委员会提出《清洁未来法案》，提出在整个经济领域实施绿色清洁能源解决方案，并提出将投入 1000 亿美元帮助各州、城市、社区和企业向清洁能源经济转型。日本政府 2020 年 1 月颁布了《革新环境技术创新战略》，在能源、工业、交通、建筑和农林水产业五大领域提出了 39 项重点绿色技术；12 月，颁发《2050 年碳中和绿色增长战略》，设定了海上风能、电动汽车、氢燃料等 14 个重点领域的发展目标。韩国 2020 年 7 月宣布了 "绿色新政" 计划，2020—2025 年，政府将投资 73.4 万亿韩元以支持绿色基础设施、新能源及可再生能源、绿色交通、绿色产业和 CCUS① 等绿色技术的发展。另外，韩国于 2021 年发布了《碳中和技术创新推进战略》，确定了包括太阳能和风能、氢能、生物能源、CCUS 等在内的十项关键技术。部分发达国家/地区碳中和科技创新重点方向见表 4-4。

表 4-4　　　　　　　　发达国家/地区碳中和科技创新重点方向

国家	碳中和科技创新战略规划	技术方向
欧盟	《欧洲绿色新政》（2019）	能源系统进一步脱碳、推动工业向清洁循环经济转型、高能效和高资源效率建造和翻新建筑、加快向可持续与智慧出行转变、设计公平健康环保的食品体系、保护与修复生态系统和生物多样性、实现无毒零污染
法国	《国家经济复苏计划》（2020）	绿色交通、清洁能源技术创新、建筑节能翻新、农业转型和循环经济、可再生和低碳氢的绿色技术是主要方向
英国	"绿色工业革命 10 点计划"（2020）	海上风电、氢能、核能、电动汽车、绿色公共交通、零喷气式飞机和绿色船舶、绿色建筑、CCUS、自然环境、绿色金融与创新

---

① CCUS 技术是指将二氧化碳从工业过程、能源利用或大气中分离出来，直接加以利用或注入地层以实现永久减排的过程。其中，生物质能碳捕集与封存（BECCS）和直接空气碳捕集与封存（DACCS）作为负碳技术受到关注。BECCS 是指将生物质燃烧或转化过程中产生的二氧化碳进行捕集、利用或封存的过程，DACCS 则是直接从大气中捕集二氧化碳，并将其利用或封存的过程。

续表

国家	碳中和科技创新战略规划	技术方向
日本	《革新环境技术创新战略》（2020）	以非化石能源技术创新为核心构建零碳电力供给体系；以能源互联网技术创新为基础构建智慧能源体系；以氢能技术创新为突破构建氢能社会体系；以CCUS技术创新为支柱构建碳循环再利用体系；以农林水产业零碳技术为着力点构建自然生态平衡体系
韩国	《碳中和技术创新推进战略》（2021）	能源转换（太阳能与风能、氢能、生物能源）、产业低碳消耗（钢铁与水泥、石油化学、产业工艺升级、CCUS）、运输效率、建筑效率、数字化

资料来源：笔者自制。

国际组织研究报告表明科技创新是实现碳中和目标的重要保障。IEA发布的《能源技术展望2020》报告系统分析了解决能源行业各领域排放问题所需的清洁技术，阐述了电气、氢能、生物能源以及CCUS所需的减排量，并提出必须大力开发和部署清洁能源技术，才能在确保能源系统弹性和安全性的同时于2050年左右实现净零排放。可持续发展解决方案网络（Sustainable Development and Solution Network，SDSN）与意大利马特艾基金会（Fondazione Eni Enrico Mattei，FEEM）于2019年发布了各国到21世纪中叶脱碳的路径研究，梳理了电力、交通、建筑与工业的主要技术及2025年、2050年发展目标，为各国制定脱碳规划提供支撑。

（二）中国高度重视碳达峰碳中和科技创新工作

"十三五"时期，中国已经针对能源及应对气候变化提出了一系列技术创新方向。2016年，国家发展改革委、能源局印发《能源技术革命创新行动计划（2016—2030年）》，明确了包括"非常规油气和深层、深海油气开发技术创新""煤炭清洁高效利用技术创新""二氧化碳捕集、利用与封存技术创新""先进核能技术创新""乏燃料后处理与高放废物安全处理处置技术创新""氢能与燃料电池技术创新""先进储能技术创新""能源互联网技术创新"等在内的15项技术方向（如图4-1所示）。

```
                        技术方向
```

- 煤炭无害化开采技术创新
- 非常规油气和深层、深海油气开发技术创新
- 煤炭清洁高效利用技术创新
- 二氧化碳铺集、利用与封存技术创新
- 先进核能技术创新
- 乏燃料后处理与高放废物安全处理处置技术创新
- 高效太阳能利用技术创新
- 大型风电技术创新
- 氢能与燃料电池技术创新
- 生物质、海洋、地热能利用技术创新
- 高效燃气轮机技术创新
- 先进储能技术创新
- 现代电网关键技术创新
- 能源互联网技术创新
- 节能与能效提升创新

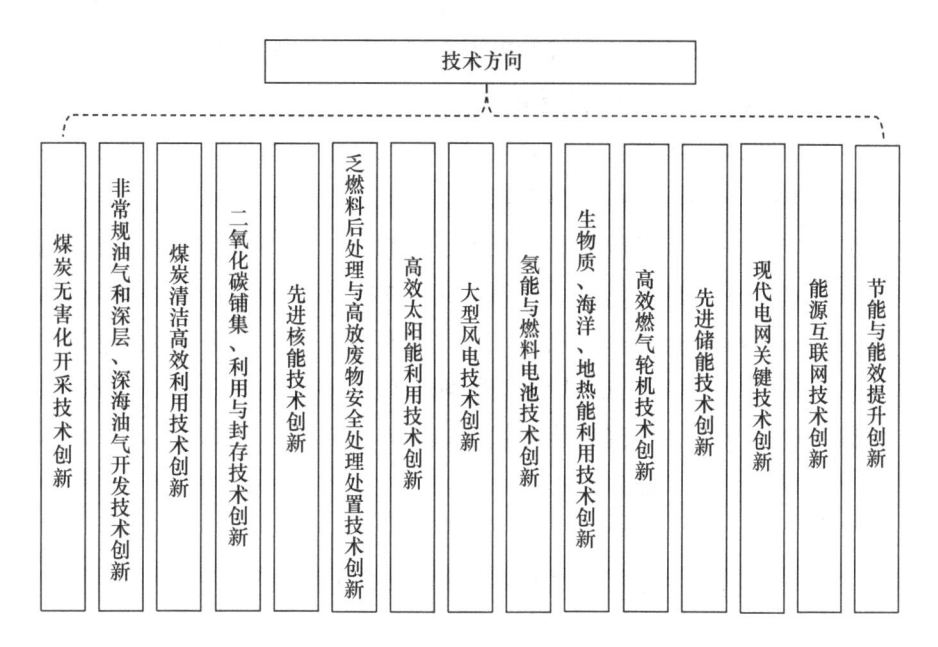

图 4-1　《能源技术革命创新行动计划（2016—2030 年）》明确的 15 项技术方向

资料来源：笔者自制。

2021 年 10 月，国务院印发《2030 年前碳达峰行动方案》，明确发挥科技创新的支撑引领作用，完善科技创新体制机制，强化创新能力，加快绿色低碳科技革命。目前，科技部已经成立碳达峰与碳中和科技工作领导小组，正在研制《碳达峰碳中和科技创新行动方案》，加快推进《碳中和技术发展路线图》编制工作以及推动设立"碳中和关键技术研究与示范"重点专项。《"十四五"能源领域科技创新规划》围绕先进可再生能源发电及综合利用、新型电力系统及其支撑、安全高效核能、绿色高效化石能源开发利用及能源系统数字智能化 5 个方面，确定了相关技术的集中攻关、示范试验和应用推广任务，部署了相关示范工程，并制定了技术路线图。

（三）深圳处理好经济发展与碳约束的矛盾亟须科技支撑

经济发展仍然是深圳发展的重要主题，能源资源的消费量将持续增加。如何平稳实现深度减排，避免对社会和经济发展造成过度不利影响，是深圳在实现"双碳"目标过程中必须面对的挑战。2020 年深圳单位

GDP能耗和二氧化碳排放约为全国平均水平的1/3和1/5,均已达到国内领先水平,常规措施的节能减排潜力有限。从根本上解决深圳的碳排放问题,需要从源头推动能源结构的低碳转型。

深圳受地域、海域、人口、建设等多重因素交叉制约,发展可再生能源的条件非常有限。除了分布式光伏发电建设,深圳不具备大规模开发利用光伏、风电、潮汐能和水电等清洁能源的自然资源条件。在土地空间、能源等资源的紧约束下,通过发展新能源技术弥补资源禀赋的短板,加快推动清洁能源开发利用,是深圳降低能源供给碳排放强度、提高电力自给率的战略方向。因此,深圳亟须强化技术创新引领作用,推动低碳技术规模应用,降低能源供给的碳排放强度,加快构建与先行示范定位相匹配的现代能源体系。

二 发挥先行示范作用为全国碳中和提供技术支持

（一）中国快速深度减排需提前做好技术储备

2000—2020年,中国二氧化碳排放量由33.6亿吨上涨至98.99亿吨,占全球的比例从14.2%攀升至30.7%,[①] 中国实现碳中和目标所需的碳减排量远高于其他经济体。主要发达国家从碳排放达峰到承诺的碳中和时间一般为40—60年,而中国从碳达峰到碳中和之间只有30年的时间,实现碳中和时间紧迫。

从碳中和技术储备来看,中国一直在积极推广节能减排技术,在一些关键技术领域也取得了快速发展,但是现有减排技术依然供给不足。研究表明,如果保持中国当前政策、标准和投资以及现有国家自主贡献碳减排目标不变,基于现有低碳/脱碳技术在2030年左右能够实现碳达峰,但难以支撑2060年实现碳中和目标。[②]

（二）深圳具备"双碳"科技创新先行示范的基础

《中共中央 国务院关于支持深圳建设中国特色社会主义先行示范区的意见》明确了深圳可持续发展先锋的地位,支持深圳打造安全高效的

---

① 数据来源:英国石油公司（BP）、《BP世界能源统计年鉴》。
② 黄晶:《中国2060年实现碳中和目标亟需强化科技支撑》,《可持续发展经济导刊》2020年第10期。

生产空间、舒适宜居的生活空间、碧水蓝天的生态空间,在美丽湾区建设中走在前列,为落实联合国2030年可持续发展议程提供中国经验。《中共深圳市委关于制定深圳市国民经济和社会发展第十四个五年规划和二〇三五年远景目标的建议》明确提出要"以先行示范标准推进碳达峰、碳中和"。

深圳低碳发展已经取得显著成绩。深圳作为国家首批低碳试点城市、碳排放权交易试点城市、可持续发展议程创新示范区,始终坚持绿色发展理念,将绿色低碳作为破解深圳发展难题的重要抓手,严格控制温室气体排放,初步形成具有深圳特色的低碳发展模式。2020年深圳单位GDP能耗、单位GDP二氧化碳排放分别为全国平均水平的1/3、1/5,五年分别下降19.3%、23.2%,率先实现100%公交和出租车辆电动化,单位建筑面积年均能耗仅为美国的23.5%、欧盟的30.1%。

低碳科技创新引领作用不断提升。创新是深圳发展的不竭动力,"十三五"时期,深圳在下一代通信网络、生命健康、新材料、新能源、数字化装备、高端芯片等领域,实现了一批产业核心技术和关键技术的重点突破,并加大了对极端天气气候领域科技应用、节能、非化石能源、CCUS技术等领域的研发扶持力度,设立对新能源汽车、节能环保产业项目的绿色低碳扶持计划,新建节能环保、新能源领域各级各类创新载体137家。

深圳低碳发展成效显著,低碳科技创新水平不断提升,具备"双碳"科技创新先行示范的基础。

三 抢占创新制高点提升在全球低碳市场竞争力

(一)全球碳中和市场潜力巨大

目前,全球已有超过120个国家和地区提出了碳中和目标,已提出长期减排战略且把实现碳中和纳入讨论的国家和地区温室气体排放量占全球排放总量的65%,占世界经济总量的70%。[1] 全球进入"碳中和时代",未来碳中和市场潜力巨大。

---

[1] 创绿研究院:《2020年全球气候行动大事件回顾》,https://mp.weixin.qq.com/s/W0R6Ao-o2o_HybNr63Cs7A。

技术创新是实现绿色发展与碳达峰、碳中和的关键驱动力，正成为全球新一轮工业革命和科技竞争的重要新兴领域。碳达峰、碳中和带来技术进步促使传统产业提质增效，不仅能够催生崭新的经济增长点，提升就业数量和质量，而且有望成为全球经济增长的助推器。《零碳中国·绿色投资》提出，碳达峰、碳中和将带来巨大的市场规模和效益，预计能带动70万亿元基础设施投资。其中，再生资源利用、能效、终端消费电气化、零碳发电、储能、氢能、数字化七大领域市场规模将达到15万亿元。[①]

（二）低碳技术研发是深圳高新技术产业的重要内容

深圳把高新技术作为产业发展核心，正加大对基础研究和应用研究的支持力度，着力增强源头创新与核心技术创新能力，力争建设具有全球影响力的科技和产业创新高地。《深圳市科技创新"十四五"规划》将绿色低碳列为"20+8"技术主攻方向之一，聚焦新能源、安全节能环保、智能网联汽车三个战略性新兴产业集群，重点在太阳能、氢能和核能技术，城市综合安全技术，碳达峰、碳中和技术，汽车通信和整车技术，绿色低碳建筑技术等领域开展技术攻关。

深圳以落实"双碳"目标为契机，充分发挥创新优势，以低碳技术及产业发展为切入点，积极推进低碳科技创新与发展，加强国际先进技术的交流合作，抢占国际"双碳"技术创新的制高点，对提高中国在"双碳"领域的国际竞争力和话语权具有重要意义。

第三节　深圳"双碳"科技创新的重点领域选择

根据本研究估算，深圳 2020 年碳排放量为 6801.25 万吨。从终端用能部门[②]看，交通部门是深圳最主要的碳排放部门，排放量约为 2683.12 万吨，占全市碳排放总量的 39%，其中道路交通占部门排放的 60% 左右；

[①] 落基山研究所、中国投资协会：《零碳中国·绿色投资》，https://rmi.org.cn/wp-content/uploads/2022/07/202104270934095267.pdf。

[②] 各终端用能部门碳排放量包括化石能源消费直接碳排放及电力消费间接碳排放。

建筑部门碳排放量占35%，主要是电力消费间接排放；制造业碳排放量占20%。可见，交通、建筑以及制造业是深圳碳减排的重点。因此，应聚焦碳减排实际需求，充分结合深圳技术创新和产业优势以及各部门碳排放的特征，明确"双碳"科技创新的重点领域。

一 构建以新能源为主体的新型电力系统

2020年，深圳能源消费总量为4414万吨标准煤，其中煤炭、石油、天然气、一次电力及其他能源的比重分别为11.4%、28.4%、12.7%及47.5%。从能源品种来看，深圳能源消费以电力为主。因此，构建以新能源为主体的新型电力系统是深圳实现"双碳"目标的关键所在。但是，高比例新能源的上网将使电力系统的安全性和灵活性成为重大难点，应及早开展电力系统集成优化减排技术与各类需求侧响应技术的研究。

（一）低碳技术需求

1. 电力结构的清洁化转型亟须加速

深圳电网属典型受端电网。2019年，深圳接收南方电网外调电量达717亿千瓦时，占全年供电量的75%以上。从电源装机结构来看，深圳本地电源类型主要包括煤电、气电、水电、核电、风电、储能、垃圾发电等。2019年，深圳电源总装机中核电占比35.5%、气电占比30.7%、煤电占比22.9%、水电占比7%、其他新能源发电装机占比3.9%，核电、气电等清洁电源装机占全市电源总装机容量的比重达77%。[①] 南方电网的电力主要来自广东省内、贵州、云南的煤电以及部分核电、水电，以煤电为主的火电装机占比为42.7%，[②] 远高于深圳本地煤电占比。可见，南方电网的单位能耗与碳排放也均高于深圳本地电力生产。

随社会经济的快速发展，深圳电力需求也会迅速增长，同时国家加强碳排放控制会越来越严格，若不发展本地电力生产规模，只是全部依托南方电网的能源结构调整与技术升级来实现外购电力的节能减碳，无

---

① 文忠：《深圳全面深化"无废城市"建设助力碳达峰碳中和》，https://www.mee.gov.cn/home/ztbd/2020/wfcsjssdgz/wfcsxwbd/ylgd/202104/P020210401594834392641.pdf。
② 截至2021年年底，南方电网总装机容量3.7亿千瓦，其中火电1.6亿千瓦、水电1.2亿千瓦、核电1960.8万千瓦、风电3407.6万千瓦、光伏2292.8万千瓦，分别占42.7%、32.3%、5.3%、9.2%、6.2%。

法有效保障深圳"双碳"目标的实现。与其他地区低碳转型压力较大不同,深圳无须从以煤电为主的电源结构向清洁低碳发电跨越式发展,而是重点提高天然气、核电、新能源等低碳发电能源对本地用电需求的支撑,代替部分外来电力,深圳电网与南方电网电力装机结构对比见表4-5。

表4-5　　　　深圳电网与南方电网电力装机结构对比　　　　单位:%

深圳(2019年)		南方电网(2020年)	
煤电	22.9	火电	42.7
气电	30.7	水电	32.3
核电	35.5	核电	5.3
水电	7.0	风电	9.2
垃圾发电及其他	3.9	光伏	6.2
—	—	其他	4.3

资料来源:深圳电源结构数据来自深圳市生态环境局;南方电网电源结构来自南方电网公司官网。

2. 电力低碳转型对电网输送提出更高要求

在"双碳"背景下,电网作为连接电力生产和电力消费的纽带和桥梁,将责无旁贷地承担起引领"能源生产清洁化、能源消费电气化"的重任。

一方面,"西电东送"水电来水具有周期性,导致深圳电网运行复杂性增加、电力供应可靠性降低。同时,预计"十四五"时期,深圳将新增新能源装机45万千瓦,市内清洁电源装机容量占比将提升至83%,风电、光伏等大量新能源接入也会对深圳电网的电能质量和运行稳定性产生影响,本地火电调峰能力有限,区域电网将面临巨大的调峰压力。另一方面,受电气化、经济发展等因素影响,深圳终端电力需求将保持快速增长,电网也需要同步升级和扩充容量。近年来,深圳用电峰值负荷快速增长,2013—2019年增加了39%,2021年全市最高负荷达2038万千瓦,预计"十四五"期末全社会用电峰值负荷将达到2500

万千瓦。

因此，在新能源比例持续提高和高效利用西电清洁能源的情况下，通过技术创新保障社会经济发展的高质量用电需求，是深圳电网发挥枢纽性作用的关键。

3. 需求侧管理成为应对电力供需矛盾的重要手段

深圳是典型的城市型能源消费模式。近年来，第三产业、居民生活能源消耗占比不断提高，第三产业能耗占比由2015年的39.42%提升至2020年的43.88%，居民生活能源消耗占比由2015年的16.04%提升至2020年的19.46%，二者合计占比超过63%，如图4-2所示。第三产业、居民生活领域用能具有很大的随机性，用电负荷波动大，增加扩大峰谷差。例如，在有序充电技术尚未普及时，电动汽车充电呈现明显的随机性和波动性，是典型的波动性负荷。

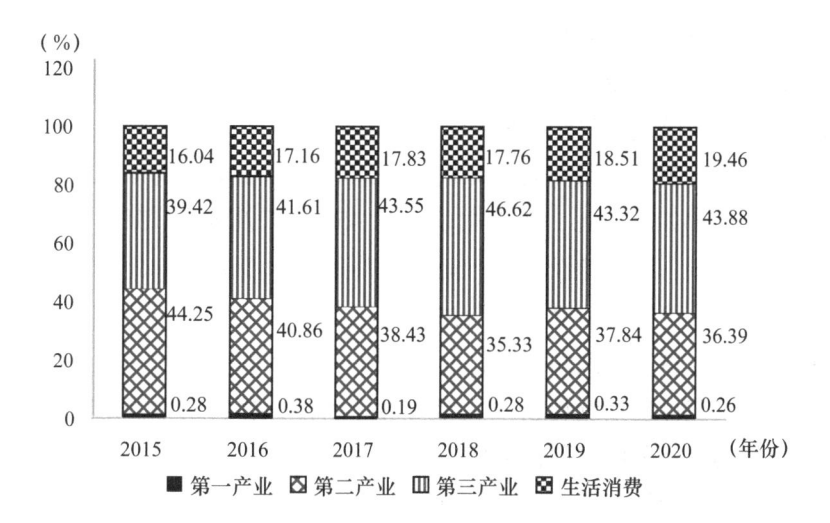

年份	第一产业	第二产业	第三产业	生活消费
2015	0.28	44.25	39.42	16.04
2016	0.38	40.86	41.61	17.16
2017	0.19	38.43	43.55	17.83
2018	0.28	35.33	46.62	17.76
2019	0.33	37.84	43.32	18.51
2020	0.26	36.39	43.88	19.46

图4-2 深圳能源消费结构

资料来源：深圳统计年鉴。

随着新能源电力占比逐步提高以及终端用能负荷预测难度加大，新能源发电的出力特性与用户用电的负荷特性在时间、空间上的分布与耦合问题将逐步显现。在深圳部分时段电力供需紧张的背景下，如何以更经济、有效的需求侧管理手段即充分挖掘用户侧资源参与需求响应的潜力，推进用户侧用能清洁化和高效化，从而满足电力电量平衡以及保障电力系统安全稳定运行，是深圳电力需求侧管理的新方向。

（二）技术基础与应用

2009年《深圳新能源产业振兴发展规划（2009—2015年）》出台，提出重点发展太阳能、核能、风能、生物质能、储能电站等。目前，深圳已形成以企业为主体的新能源科技创新体系，部分领域关键技术优势明显。

一是光伏领域。从整个产业链来看，深圳在光伏电池生产装备及后期运维环节具备优势，在多晶硅材料领域有所缺失。深圳承担"高效低成本非晶硅太阳能电池制造工艺及产业化技术""低成本的光伏玻璃幕墙"等多项国家攻关计划，掌握了单晶硅、多晶硅、薄膜太阳能电池等关键技术。依托发达的电子信息产业和完备的产业配套能力，深圳晶体硅太阳能电池成套设备制造和系统集成已具备产业化基础，部分企业处于行业龙头地位。在运维领域，企业创新性地融合电力电子技术与数字技术，对光伏行业相关设备进行实时监测和控制，创新了光伏电站无人或者少人运维模式，智能检测系统运行概况。

二是核电领域。深圳大亚湾核电基地有6台在运行的核电机组，总装机容量约612万千瓦，年发电能力约450亿千瓦时。[1] 深圳在核电设计、装备制造、工程建设、生产运营、共用技术服务等方面，已形成具有一定比较优势的产业基础。自主三代核电技术"华龙一号"实现包括反应堆压力容器、蒸汽发生器、堆内构件等核心设备在内的411台设备的国产化，共获得包括设计技术、专用设计软件、燃料技术、运行维护技术等领域的700余项专利，满足核电"走出去"要求。

三是风能领域。深圳有75家风电产业相关企业，[2] 以风力发电电动机、控制系统、小型风电设备为发展重点，低风速启动、低风速发电、变桨矩、多重保护等一系列技术具备较强国际竞争力。深圳风电行业产业链代表企业见表4-6。同时，风电产业中风能技术的应用已从单一发

---

[1] 中国核能行业协会：《2020年1—12月全国核电运行情况》，https://www.china-nea.cn/site/content/38577.html。

[2] 数据通过企查查搜索"风电"，选择归类于"电力、热力、燃气及水生产供应业"的企业获得。

电向各种用能场景不断拓展，建筑、城市路灯、公园照明、庭院照明、景观灯、高速公路监控系统等风能产品不断创新。

表4-6　　　　　　　　深圳风电行业产业链代表企业

企业名称	区域	主要技术和产品
风发科技	南山	专业从事垂直轴风电系统和纯电动车智能电机及控制系统研发设计、生产制造和技术服务的高新技术企业
禾望电气	南山	风电变流器已遍及国内各省市以及美国、德国、墨西哥、俄罗斯、印度、越南等海外国家，发货累计超过20000台套；新一代智能4.0无功补偿发生装置（SVG）系列具有模块化、高性能、高可靠、易操作等特点，已广泛运用于区域电网、风电等行业
绿电康科	宝安	致力于风力发电研究、开发、生产、销售为一体的国家高科技企业，专业生产50—3000瓦各种型号的风力发电机
艾飞盛风能	宝安	专业从事中、小型风力发电机组研发、生产的高科技企业

资料来源：笔者自制。

四是垃圾焚烧发电领域。深圳是中国最早开展垃圾焚烧发电设备国产化研发的城市。2003年建成投产的盐田能源生态园，开创了垃圾焚烧发电技术设备国产化的先河，至今一直保持国际一流运行水平，被列为"国家资源环境与资源节约的重大示范工程"。2012年投产的宝安能源生态园是国内率先实现全自动控制的垃圾发电厂，并获得行业唯一的国家优质工程金质奖，创造了行业内机组安全运行最长的世界纪录。2019年投运的龙岗能源生态园，二噁英、二氧化硫、氮氧化物、粉尘等关键排放指标优于欧盟标准。深圳垃圾焚烧发电技术处于全球前列。

> **专栏：龙岗能源生态园——最具时尚科技范的开放式园区**
>
> 龙岗能源生态园处理能力 5000 吨/日，建设 6 条 850 吨/日炉排炉焚烧生产线，配置 3×66 兆瓦汽轮发电机组，配套建设灰渣综合利用及处置场。项目圆形主体外形阐述了和谐环境、未来环保世界、开放式生态园三个理念，集"生产+办公+生活+教育+旅游"于一体，旨在改善所在区域市政基础设施环境配套，从"邻避"到"邻利"垃圾处理与环境和谐共生互动。
>
> 焚烧炉采用先进的倾斜多级往复式炉排炉，单炉垃圾处理量高达 850 吨/日，入炉垃圾吨发电量达 700 千瓦时以上，烟气排放量减少约 20%，与同等设计参数的焚烧技术相比表现出明显的技术优势，并达到国际先进水平。
>
> 针对焚烧炉防腐问题，引入感应熔焊技术，使金属防腐壁温达到 600℃，有效解决高温受热面腐蚀问题，极大延长垃圾焚烧炉受热面管平均使用寿命。
>
> 烟气处理方面采用"SNCR 法脱硝+旋转喷雾半干法脱酸+活性炭喷射装置吸附重金属+袋式除尘器除尘+湿式洗涤塔脱酸+SCR 法脱硝"组合工艺，排放指标优于现行国家标准（GB18485-2014）和欧盟标准（2010/75/EU）。
>
> 创新应用智慧运营数据监控技术，实现电厂的生产运营指标实时呈现，精准掌握收运全过程细节，实现智能调度、车辆轨迹分析、危险驾驶预警等功能。

五是储能电站领域。深圳储能电站研发方面偏重锂电池，铅酸电池技术相对成熟，镍氢镍镉电池取得一定发展，全钒液流电池处于起步阶段。深圳储能行业产业链代表企业见表 4-7。2015 年 1 月，深圳宝清电池储能站顺利完成国家 863 储能课题"大容量储能系统设计及其监控管理与保护技术"，项目运行 11 年，示范了大容量、长寿命钛酸锂电池技术和 H 桥链式结构能量转换系统在储能系统中的运用、电池一致性更高的四级均衡体系、国内首个具备二次灭火功能的厂站式电池储能系统火灾自动报警及灭火系统等多项具备自主知识产权的新技术。深圳先进储能材料国家工程研究中心主要从事微网分布式新能源储能系统、先进储能材料及应用器件工程化技术的研究与开发，是中国在先进储能技术及关键储能材料领域唯一的国家级工程中心，该中心发布中国首个"微网分布式新能源储能系统"。

表4-7 深圳储能行业产业链代表企业

企业名称	区域	主要技术和产品
比亚迪	坪山	磷酸铁锂动力电池研发、储能电站，截至2019年年底，比亚迪全球锂电储能装机量超过75万千瓦时，全国第一；2021年华润—比亚迪电力储能联合实验室揭牌，重点研究以标准化、规范化的方式将储能调峰调频技术产品化
华为	龙岗	提供涵盖逆变器、变流器、开关器件、并网系统、充电方法、储能系统、光伏组件、终端管理设备、脉冲宽度调制系统、散热装置、防护装置等光伏电站及储能系统解决方案；2021年10月，华为成功签约全球最大储能项目、全球最大离网储能项目——沙特红海新城项目（130万千瓦时）
陆科电子	南山	自2009年涉足储能领域，是国内较早进入储能行业的企业之一，行业经验丰富，运行项目放电量已累计超过100吉瓦时
欣旺达	宝安	以锂电池储能集成及应用技术为核心，专注于电网储能、工商业储能、家庭储能、网络能源以及综合能源服务业务，为客户提供储能系统及整体解决方案
天智	南山	深圳首批新能源工程实验室，实验室的建设内容包括开展微网（分布式发电储能系统）的核心技术的攻关，建设含分布式电源和储能设施/微网的实验系统

资料来源：笔者自制。

六是氢能领域。深圳从事氢能技术研发和产品开发的创新型企业及科研机构有近70家。从产业链细分来看，近40%的企业和机构在燃料电池系统部分开展业务，近40%在氢气制备、储运、加氢站设备及建设环节进行研发和布局，20%集中在核心材料、零部件、应用端。目前，深圳在氢能关键领域已掌握了一批核心技术，取得了一系列国内领先的技术成果，部分达到国际先进水平。在氢气供应相关环节，电解水制氢转换效率优于国内同类产品15%，0.5—750Nm³/h高纯氢电解设备、低压合金储氢系统具有一定市场基础。在燃料电池电堆方面，膜电极、气体扩散层、双极板为优势领域，石墨双极板核心指标国内领先，在全国率先攻克气体扩散层连续化卷对卷生产工艺技术并实现商业化应用。在燃料电池系统方面，单堆氢燃料电池系统额定功率在国内率先突破130千瓦，固体氧化物燃料电池电解质已占据全球80%的市场份额。下游应用方面，主要集中在公交车、物流车、大功率专用车、无人机等，并在西部港口、盐田港、龙岗区等开展示范应用。

七是智慧能源领域。深圳围绕智能电厂、智能电网和智能综合能源等拓展典型的5G应用场景。深圳"5G+智能电网"技术处于领跑阶段，建设智能配电房（V3.0）18座，利用信息化技术主动感知电网故障信息，全国唯一提供"停电地图"服务，深圳供电局是国内首家向客户提供可视化查询服务的电力企业，电力智能巡检、5G电力配电网、物联网端侧智能技术等模式不断涌现。前海计划打造面向全国的智慧能源新业态产业基地，并率先推进高效供能和智慧用能。华为融合数字技术和电子电力技术，引领能源数字化，实现绿色发电、高效用电，华为数字能源安托山基地将打造成全球最大的"光储直柔"近零碳园区。

> **专栏：深圳智能电网实践**
>
> 盐田区首次实现"秒级"复电自愈模式全覆盖，配网集中式自愈系统仅用51秒就自动完成故障精准定位，下发指令遥控现场开关隔离故障，相较于2019年盐田区人工复电平均时间（72.6分钟）大幅缩短了98.8%。
>
> 鹏城变电站部署5G基站，通过5G大带宽、低时延网络，实时回传智能摄像头高清数据，远程实时精准操控现场机器人，将巡视效率提升了2.7倍。
>
> 深圳供电局与华为成立ICT联合实验室，在电力智能巡检领域落地了多个创新方案，包括：基于昇腾AI处理器的Atlas人工智能解决方案在全球电力行业首次应用；鲲鹏处理器全栈方案电力行业首次应用；物联网端侧智能技术在全球输变电生产领域首次应用；全球首次"5G+"电力配网现网试点。

二 建筑全生命周期碳减排

深圳建筑业发展迅速,全市建筑面积已超过7亿平方米,其中公共建筑面积即将突破2亿平方米,现有建筑每年运营过程中的碳排放量达到2363万吨。同时,每年新增建筑面积约500万平方米,[①] 这意味着建筑领域的碳排放量仍将进一步攀升。为实现"双碳"目标,推进既有建筑低能耗改造和新增建筑"净零"碳排放至关重要。

(一)低碳技术需求

1. 建筑节能改造技术

深圳已进入存量建筑更新时代,既有建筑中的65%以上仍为非节能建筑,[②] 能源利用效率低,既有建筑的节能改造存量巨大。同时,既有建筑改造成绿色建筑,受到各种条件的制约,其技术选择和实施比新建筑要复杂得多。

既有公共建筑主要包括办公建筑、商业建筑、旅游建筑、科教文卫建筑、通信建筑和交通运输用房。根据《深圳市大型公共建筑能耗监测情况报告(2020年度)》,2020年深圳公共建筑耗电量约273.7亿千瓦时,约占全社会用电的28%;在公共建筑四大分项用电指标中,照明与插座用电指标最大,占比为64.2%;其次为空调用电,占比为26.8%[③],如图4-3所示。因此,深圳公共建筑在节能照明与空调改造方面具有较大节能潜力。

既有居住建筑包括普通住宅、别墅、宿舍和公寓等。居住建筑涉及多种类型,普通居民住宅存量最大,存在大量基础设施陈旧或不齐备、公共建筑能耗高的老旧住宅小区、城中村。这些建筑门密封性差,屋面和墙面薄且缺少防护措施,加之城中村建筑密度高,加大了改造的难度。与公共建筑有所不同,居住建筑能耗除了空调、照明及家电能耗,还有炊事和热水能耗。

[①] "十三五"时期,深圳每年平均新增房屋竣工建筑面积520万平方米。
[②] 窦延文:《深圳大力推进建筑领域碳达峰碳中和,绿色建筑面积超1.4亿平方米》,《深圳特区报》2021年5月18日。
[③] 深圳市住房和建设局、深圳市建设科技促进中心、深圳市建筑科学研究院股份有限公司:《深圳市大型公共建筑能耗监测情况报告(2020年度)》,2021年。

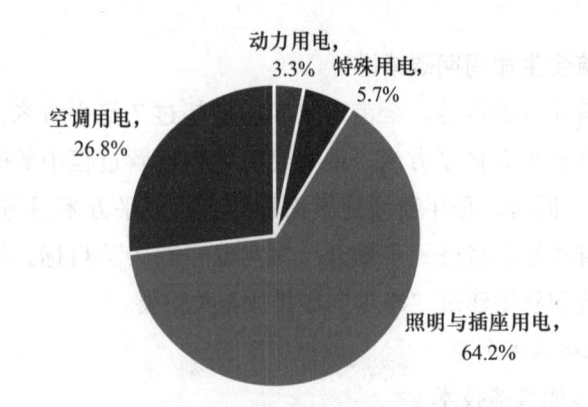

空调用电, 26.8%
动力用电, 3.3%
特殊用电, 5.7%
照明与插座用电, 64.2%

图 4-3 2020 年深圳监测公共建筑分项用电比例

资料来源：深圳市住房和建设局、深圳市建设科技促进中心、深圳市建筑科学研究院股份有限公司：《深圳市大型公共建筑能耗监测情况报告（2020 年度）》，2021 年。

2. 近零能耗建筑技术

近零能耗建筑是全球建筑节能的终极目标，是势在必行的发展趋势。直接按照近零能耗建筑标准进行建设不仅能够进一步提升建筑节能水平，还可以省掉近零能耗发展大趋势下二次改造的需求。从现有示范项目所应用的技术体系来看，超低能耗建筑发展的主要技术路线包括：一是优化建筑布局、朝向和体形系数，并注重与气候的适宜性。通过使用高性能围护结构、无热桥的设计与施工等技术，提高建筑整体气密性。以遮阳、自然通风、自然采光等被动式技术手段降低建筑的能量需求。二是采用绿色材料及装配式建筑等创新技术，减少现场消耗人工量和原材料使用量。三是使用可再生能源系统对建筑能源消耗进行平衡和替代，最常见的形式就是光伏建筑一体化。

> **专栏：深圳国际低碳城会展中心——近零能耗场馆**
>
> 深圳国际低碳城会展中心三栋建筑的综合节能率大于 70%、本体节能率大于 20%，全部达到了国家近零能耗建筑技术标准。融合了 115 项绿色、低碳、智慧技术亮点措施，其中以绿色低碳建筑与智慧低碳建筑两大类共计 13 项低碳技术作为提升亮点措施。

> 三个场馆均为钢结构建筑，场馆的绿色围护系统包括玻璃幕墙及外立面垂直绿化两个层次，达到降温保湿的效果，从而减少空调使用。屋顶都配备了光伏和智能组串式储能系统，采用华为高效逆变器、优化器，光伏系统发电量提升5%以上，光伏系统每年生产约127万千瓦时绿电，可基本满足园区自用需求，在非会展活动期间向电网供电。会议室率先安装了国内首创微藻固碳生态氧吧系统，利用微藻固定二氧化碳的能力是陆生植物几十倍的优势，明显降低因人员密集二氧化碳浓度过高造成的呼吸不畅和头晕眼花等问题。应用磁悬浮空调主机，采用地表水水源热泵技术，结合水蓄冷技术；通过慢速风扇、电动开启等设施，优化建筑能耗，节能效果显著。园区雨水回收，节水灌溉系统提升水资源利用效率减少水浪费。采用能源管理云系统对园区内空调、照明、充电桩、电动窗等建筑能耗相关设备进行精细化管理，降低设备故障，提高维护效率。场地环境通过海绵城市策略提升环境友好性，空中绿廊、多层次立面景观，智能养护实现生态固碳。

3. 建筑能耗监测技术

能耗数据是建筑节能工作的基础，分析节能潜力、制定节能目标、分解和落实节能任务、开展节能量考核都必须以能耗数据为依据。基于数字化技术及数据分析，运用楼宇物联网和智慧能源管理系统能够实现高效能源监控，从而降低能耗。

当前，深圳建筑能耗监测主要用于大型公共建筑和宏观层面的能耗分析、对标、公示和基准制定等工作，能耗数据对建筑节能减碳的价值应用有待挖掘。需要研究建立建筑碳统计、碳审计、碳监测、碳公示制度，充分运用信息化手段开展建筑碳排放数据采集、分析和应用，精准定位重点碳排放建筑，针对性地开展建筑能耗诊断、提出节能运行管理建议，促进建筑使用者和运营单位通过绿色低碳的日常行为和管理模式减少能源浪费、降低建筑碳排放，并根据实际情况推动节能改造工作。但建筑能耗监测技术发展也面临投资成本高的阻碍，老旧小区、城中村楼宇内的配电、制冷、照明等硬件及软件系统有待进一步改造升级以参与智慧能源系统中。

(二) 技术基础与应用

深圳企业在建筑保温、防火、无污染等特效节能绿色建筑材料领域具备优势，拥有嘉达高科、信义玻璃、中航三鑫、光羿科技等一批绿色节能建材企业。深圳的高性能气膜技术，集建筑学、结构工程、精细化工与材料科学、计算机控制技术等于一体，具有跨度大、净空大、环境好、易安装、节能等特点，广泛应用于采矿、港口码头仓储、煤炭仓储、体育场馆等，中成空间（深圳）的180米超大跨度技术更是处于世界气膜技术的领先地位。

中成空间（深圳）气模技术

气模技术是指使用特殊的建筑膜材做外壳，配有一套智能化的机电设备往里面充气，在气膜建筑内部提供空气的正压，把建筑主体支撑起来的一种建筑。2019年，中成空间（深圳）自主研发的跨度180米的国家能源集团王曲电厂气膜煤场封闭项目充气成空。相对于传统的钢结构煤棚，气模煤棚在全封闭状态下将从抑制粉尘、原煤储存、配煤粉碎、清除杂质四大源头遏制污染。

大跨度气膜技术的突破，真正打开了工业气膜结构的普及大门。国家能源集团、华能集团、大唐集团等企业在露天煤场料场改造中引进气膜封闭技术。大跨度气膜结构正逐渐成为中国工业煤场、料场环保封闭的主流建筑形式。

深圳大力支持绿色建筑设计与咨询、可再生能源建筑应用、节能服务企业、LED照明、新型纤维耐火隔热建材、钢结构等新兴绿色产业及相关产业。充分借鉴国内外的先进经验，积极推进建筑工业化，在装配式混凝土结构和钢结构等领域，探索形成了适合自身特点的技术路线。先后发布了《预制装配整体式钢筋混凝土结构技术规范》《预制装配钢筋混凝土外墙技术规程》《深圳市保障性住房标准化设计图集》等地方技术规范和图集，开展了"深圳市PC建筑外墙节能集成技术研究""钢结构建筑工业化技术要求""装配整体式剪力墙结构建筑综合施工技术研究"等课题攻关。创设了全国首个装配式建筑专业技术职称，培育了6名正

高级工程师，建成了省内首批7家装配式建筑实训基地，成立了深圳钢结构模块化建筑技术研发中心。同时，建筑直流电以及光储直柔等新型建筑电力系统建设技术也在不断创新。

> **专栏：深圳未来大厦——世界上第一个规模化应用的全直流建筑**
>
> 深圳未来大厦采用"光伏发电＋高效储能＋直流配电＋柔性控制"技术集成方案，即在屋顶安装分布式光伏，在建筑内设置分布式储能，将建筑内部供电系统由目前的交流变成直流，并使用具备可中断、可调节能力的用电设备，使得建筑从能源系统的使用者转变为能源的生产者、使用者和储存调控者。
>
> 经测算，该项目常规能源消耗水平比《民用建筑能耗标准》（GB/T51161-2016）约束值降低51%，比2019年深圳同类办公建筑年均能耗水平（91.8千瓦时/平方米）降低46.6%。同时，该项目将变换器容量从400千瓦降低至200千瓦，降低50%，有效降低建筑对城市的电量需求和容量需求。
>
> 经过一年运行监测，该项目实际二氧化碳减排量达到1300吨/年。如果在深圳每年350万—400万平方米新建建筑中应用，直接碳减排量将达到10万吨/年，相当于4万亩森林的碳汇量，将降低深圳每年碳排放增量的12%—15%。

三 建设智慧交通体系

交通部门是深圳主要的碳排放部门之一，碳排放量占全市总量的39.5%，其中公路交通占部门排放的60%左右，交通领域减碳成为深圳碳达峰工作的重点和难点。电动汽车、氢燃料电池货车等燃料替代技术将对交通部门的快速深度减排起到关键作用，需积极部署开展相关技术的研发攻关。同时，快速普及和应用交通供需匹配技术，以减轻交通部门的供需矛盾。

（一）低碳技术需求

1. 客运领域

2020年，深圳客运量为13750万人次，其中铁路占比为33.9%、公路占比为 37.1%、水运占比为 1.2%、民航占比为 27.8%。客运领域碳排放量为 1783 万吨，其中公路、民航和铁路碳排放量占比分别为 58.6%、31.3% 以及 10.1%（见表 4-8）。公路是客运的主要运输方式和碳排放主体，未来能源消耗强度和碳排放强度下降潜力巨大。铁路尤其是高铁的飞速发展，已经大大提高了客运的电气化水平和城际客运的效率，降低了碳排放强度。

表 4-8　　　　　　2020 年深圳客运量结构及碳排放结构　　　　　单位：%

	客运量占比	碳排放量占比
铁路	33.9	10.1
公路	37.1	58.6
水运	1.2	—
民航	27.8	31.3

资料来源：货运量数据来自深圳统计年鉴；碳排放数据根据本研究第二章方法计算。

深圳公路碳排放主要源自私人小汽车。2020 年深圳私人小汽车保有量为 280.33 万辆，占载客汽车的比重为 92%。因为深圳公交车、出租车以及网约车已经全部实现电动化，所以降低私人小汽车能耗强度和碳排放强度是客运领域减排的重点。得益于深圳电动车领域"纯电驱动"产业路线的制定、政策补贴及汽车限购政策，深圳私人购买新能源汽车的意愿大幅提高，目前全市新能源私人小汽车及其他车辆超过 23 万辆，占各类新能源汽车保有量的比重接近 60%。综合来看，私人小汽车能源替代势头明朗，电气化成为发展趋势。但是，续航里程和充电技术限制了私人小汽车电动化进程。同时，深圳各种公共交通运输方式衔接不畅导致多式联运发展滞后，私人小汽车出行比例仍然很高。深圳亟须从技术层面精准预测交通方式和交通需求变化，优化公共交通体系，进一步提升公共交通出行分担率。

2. 货运领域

2020 年，深圳货运量为 43930.24 万吨，其中铁路、公路、水路和民航四种交通方式的货运量占比分别为 0.3%、79.5%、19.9% 以及 0.3%。货运领域碳排放量为 899 万吨，其中公路、水路和民航货运碳排放占比分别为 50.7%、24.4% 以及 24.9%（见表 4-9）。公路和水运是深圳货运领域的主要交通方式和碳排放主体，但重型货车、船舶在短期内还缺乏成熟的能源替代方案。

表4-9　　　　　　　　2020年深圳货运量及碳排放结构　　　　　　单位：%

	货运量占比	碳排放量占比
铁路发送	0.3	—
公路运输	79.5	50.7
水路运输	19.9	24.4
民航运输	0.3	24.9

资料来源：货运量数据来自深圳统计年鉴；碳排放数据根据本研究第二章方法计算。

纯电技术的电池能量密度有限，限制了货车和船舶的续航里程，且常规动力电池难以提供货车所需的强大动力。虽然，氢燃料电池更适用于重型货车，但是绿氢成本过高，以"灰氢"为主的制氢过程碳排放仍然较高，并且受到基础设施的制约，燃料储运仍面临技术障碍。除此之外，民航领域的深度脱碳也面临技术和成本的障碍。因此，货运领域能源替代的诸多技术路线仍有待进一步探索。

（二）技术基础与应用

目前，深圳已成为全球新能源汽车产业链最完善的城市之一，形成整车制造、动力电池及原材料、驱动电机、电控系统、充电基础设施、动力电池及废旧汽车回收利用的闭环链条。上游关键材料及零部件方面，先进电池材料集群已形成从关键材料生产、电池模组装备、锂电开发的完整产业链，拥有一批在国内有较强竞争力的动力电池和电池正负极、隔膜、电解液等关键材料生产企业，电动汽车电机研发与产业化方面居国内前列。中游整车制造方面，拥有比亚迪等龙头企业，比亚迪在国内新能源汽车市场的占有率达到18%，在欧洲纯电动大巴市场的占有率超20%，排名第一。下游充电及回收服务方面，拥有奥特迅、科士达、巴斯巴等充电基础设施企业，海通科创、康普盾科技、恒创睿能、柘阳科技、格林美、乾泰、泰力7家企业入选广东省工信厅新能源汽车动力蓄电池回收利用典型模式。

深圳是国内最早开展电动汽车技术研发、参与国家电动汽车重大科技项目的城市之一，部分技术已经达到全国乃至全球领先水平。纯电动和混合动力汽车技术处于全球领先，永磁同步电机控制技术产品综合技术指标达到国行业领先水平。拥有国内最具竞争力的动力电池研发及产业化基地和技术含量最高的新能源汽车生产基地，引进北理工电动车辆国家工程实验室、中国汽车技术研究中心、渝鹏新能源检测研究有限公司，填补了华南地区国家级新能源汽车检测平台的空白。深圳新能源汽车产业链如图4-4所示。

上游关键材料及零部件	中游整车制造	下游充电及回收等服务
关键原材料 • 贝特瑞　• 科拓新能源材料 • 中聚雷天　• 星源材质 • 振华新材料　• 新宙邦	**乘用车** • **比亚迪**：高、中、低端系列燃油轿车，以及汽车模具、汽车零部件、双模电动汽车及纯电动汽车	**充电服务** • 科陆电子　• 长园深瑞 • 科士达　• 奥特迅 • 巴斯巴　• 易充新能源（深圳）
电池 • 比亚迪　• 沃特玛 • 欣旺达　• 雄韬电源 • 比克　• 海盈科技	**电机** • 大地和电气 • 正宇电动 • 中丰电动	**商用车** • **五洲龙**：混合动力、纯电动客车 • **星美新能源汽车**：纯电动大巴、中巴、物流车、特种车	**动力电池及废旧汽车回收利用** • 海通科创　• 乾泰工业园区 • 康普盾科技　• 深汕格林美循环 • 恒创睿能　经济产业园 • 柘阳科技
电控 • 威迈斯 • 中聚雷天 • 科列技术 • 汇川技术	**汽车电子** • 立讯精密 • 比亚迪 • 航盛电子 • 凯立德	**专用车** • **东风**：环卫车辆及设备、混凝土搅拌车、道路清障车、特种结构专用车 • **德塔电动汽车**：智能工业纯电动特种车	**研究平台** • 北理工电动车辆国家工程实验室 • 中国汽车技术研究中心深圳院 • 渝鹏新能源检测研究有限公司

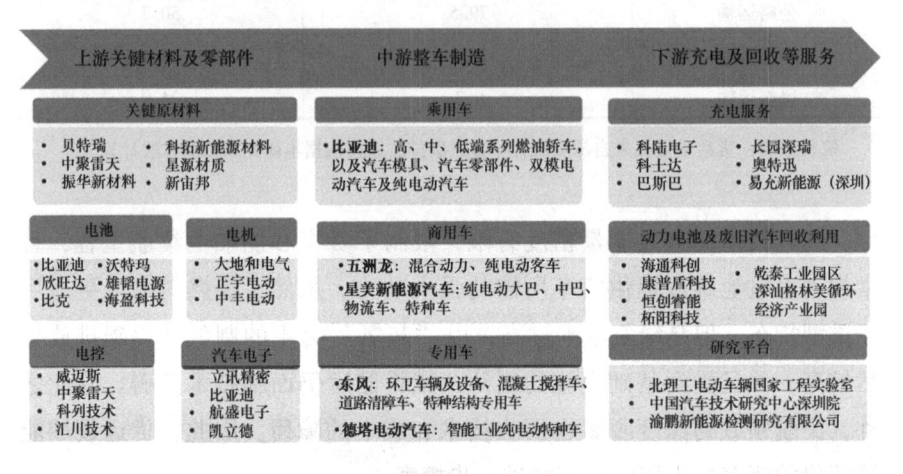

图4-4　深圳新能源汽车产业链

资料来源：笔者自制。

深圳智慧交通产业生态初步形成。深圳在大数据计算、5G技术应用、智能网联汽车测试等方面走在全国前列。早在2013年，深圳就提出了"以信息化智能化引领交通运输现代化国际化一体化"的战略思路，积极引领智能交通发展新方向。成立了智能交通标准化技术委员会，构建了智能交通标准化体系框架。全力推进数据开放共享，以视频云、大数据、人工智能为技术核心，打造基于"大数据+人工智能"的城市智慧交通大脑，建设面向机动车、非机动车、行人的全息感知、仿真推演、精准调控及全程服务系统。在全国首创将北斗高精度定位技术引入共享单车领域，采取"定点停放、入栏结算"的管理模式实现精准停放管控。将5G技术应用于港口运营，实现远程自动化作业、无人驾驶、视频实时回传。率先组织研究自动驾驶道路设施标准体系和配建指引，阿尔法巴智能驾驶公交全球首发。

> **专栏：深圳 MaaS 探索**
>
> 为推动交通出行低碳化、共享化、智慧化发展，深圳市城市交通规划设计研究中心和巴士集团合作，基于国际领先的交通大数据技术和实时在线交通仿真平台，攻克了面向多模式出行协同服务运筹优化和按需响应调度技术，将 MaaS 由研发走向实际应用。2019 年开始，先后在深圳科技生态园、福田中心区、东部景区做 MaaS 实际尝试。其中，深圳科技生态园试点按需响应的公交车从地铁站直达办公楼下，为园区上班族提供了更高品质的出行体验；福田中心区试点在面临地铁、公交不给力的情况下，提供半固定的线路、不固定的车辆，将周边的慢行、地铁和福田小巴结合起来，减少交通枢纽的压力，提高效率；东部景区试点提供了预约景区的方案，在深圳各个区收集不同的客流，把分散的出行者集中在某几个出行点里面，然后通过高效大站的形式送到目的地，大大减少了在途时间。

四 工业绿色化智能化融合发展

深圳通过产业结构优化和企业技术改造升级持续推动工业低碳转型，碳减排成效显著。2020 年，深圳单位工业增加值能耗降至 0.17 吨标准煤/万元，远低于北京（0.35 吨标准煤/万元）、上海（0.61 吨标准煤/万元）、广州（1.12 吨标准煤/万元），工业能耗水平处于全国最低。未来，深圳实现工业领域的高质量碳达峰与碳中和，一方面要以新型燃料替代、电气化替代减少化石能源的直接使用，另一方面要通过工艺再造、过程管理提高用能效率。

（一）低碳技术需求

1. 原料/燃料替代技术

根据深圳的能源消费用途，石油主要用于除电力、燃气及水的生产和供应业以外的其他工业。因此，加快推动以石油为燃料的锅炉和工业窑炉实现清洁低碳燃料替代，是深圳工业部门降低碳排放的重点。

锅炉在工业生产中使用较为普遍。深圳锅炉多以柴油为燃料，且部分企业已经开始推进锅炉"油改气"措施。可再生电力、氢能和生物质能等清洁燃料应用是实现工业燃料端碳减排的重要途径。其中，直接电气化最适用于中低温度要求的工业领域，需加快电锅炉、电窑炉、电动力设备和新能源非道路移动机械的推广应用；氢能和生物能可用于满足高温要求，同时可利用沼气或生物质（高热值固体废物）代替化石燃料，依托垃圾分类制度的推进，研发多源替代燃料的综合处理与应用技术。另外，锅炉余热回收利用也是节能减排的重要手段。

2. 控制管理措施

控制管理措施是工业生产过程中常用的节能减排措施，一般以企业的过程能源管理、变频优化、提高功率因数降低线损、控制开机时间等手段为主。

对工厂而言，仅靠自动化技术无法实现节能减排，要通过应用先进数字技术、先进管理理念等来提高能源的利用效率。在自动化系统及仪表使用正常的条件下，能将节能降耗的效果提高5%—7%。同时，通过智能化、新技术、新装备及具有颠覆性的节能工艺等工业流程再造技术研发，可提高能源和资源利用率，降低工业生产的能耗，有效降低碳排放。

3. 通用机械措施

电机是中国用电量最大的终端用能设备，目前中国电动机的保有量约为21亿千瓦，年耗电量约为3.4万亿千瓦时，占全社会总用电量的64%，其中工业领域的电机用电量约占工业用电量的75%。[1] 而对于大多数制造企业来说，电机系统是节能减排、降本增效的关键环节。

深圳制造业电机系统的主要能耗设备包括电机、泵、风机、空压机等。电机系统的节能技术和措施大致可分为两类：一是应用节能控制技术提高系统中单台设备的运行效率，如应用离心式风机、水泵等二次方转矩特性类负载与高效节能电机匹配技术、低速大转矩直驱技术、高速直驱技术、伺服驱动技术、空压机余热回收、变频调速节能技术、高效

---

[1] 瑞士Top10节能中心、机械工业节能与资源利用中心：《中国电机系统能效提升机制与政策研究项目政策报告》，https://www.efchina.org/Attachments/Report/report-cip-20170622/%E4%B8%AD%E5%9B%BD%E7%94%B5%E6%9C%BA%E7%B3%BB%E7%BB%9F%E8%83%BD%E6%95%88%E6%8F%90%E5%8D%87%E6%9C%BA%E5%88%B6%E4%B8%8E%E6%94%BF%E7%AD%96%E7%A0%94%E7%A9%B6%E9%A1%B9%E7%9B%AE%E6%94%BF%E7%AD%96%E6%8A%A5%E5%91%8A-Final.pdf。

节能电动机用铸铜转子技术等。二是通过系统集成提高电机系统的信息化、自动化和智能化水平助力节能减排，利用监控系统的传感器采集数据，并对数据进行深入分析而得出优化方案。深圳大力发展的工业互联网可有效解决这个问题。

4. 温控措施

温控设施是在非生产环节，为建筑物通风换气、控制温度、提供热能热水的全部设施，包括数据中心、机房、户外机柜、中央空调、通风扇、炉具、热水器等。其中，数据中心和通信机房是深圳重点控制对象。

2020年，深圳计算机、通信和其他电子设备制造业产值占比达64.4%，用电量同比增长16.9%。[①] 而通信设备运行过程中产生的碳排放量最高，占整个通信网络环节碳排放总量的75%左右。随着移动互联网、云计算和大数据业务的发展，海量数据的运算及存储对数据中心基础设施的制冷、温控系统提出了更高的要求。

通过对温控系统的改造升级可以提升数据中心和通信机房用电效率，助力企业实现节能减排。目前，间接蒸发冷却、液冷、电子散热、精密空调节能控制等技术已经成为数据中心、企业通信机房节能降耗的主要手段。

（二）技术基础与应用

深圳高度重视制造业节能减排，持续推进工业领域能效对标工作，"十三五"时期累计完成能效对标78家企业，2020年在全国率先采用"节能+互联网"模式，计划完成节能诊断177家企业。加大对电机能效提升的扶持力度，近几年来共扶持10批次426个电机能效提升项目，通过电机能效提升计划，实现年节电量约2.1亿千瓦时。积极开展重点用能单位"百千万"行动，推动重点用能企业能源管理体系和能源管理中心建设，2019年已完成55家重点用能单位和3家数据中心节能监察。

深圳大力推进工业固体废物资源化利用。友联修船基地创新生产工艺技术，采用高压水刀工艺，每年从源头减排一般工业固体废物15万吨。南山、盐田、宝安、龙岗、平湖5座能源生态园利用生活垃圾焚烧炉渣制作免烧砖等环保建材，实现100%资源化利用。深圳妈湾电力有限

---

① 深圳供电局有限公司：《2021年深圳电量增速为"十三五"以来最好水平》，https://www.sz.csg.cn/xwzx/gsxw/202201/t20220111_1250.html。

公司、华润电力（海丰）有限公司用炉渣和粉煤灰生产水泥和建材，全部实现资源化利用。泽源能源股份有限公司研发污泥与废布屑等一般工业固体废物、餐厨垃圾、粪渣协同制作生物质燃料棒试验项目取得突破性进展。打通韶能集团新丰生物质发电厂、国粤集团韶关浈江区煤矸石发电厂末端处置产业链，为一般工业固体废物资源化利用探索新模式。

第四节 深圳"双碳"科技关键技术示范

基于电力、建筑、交通和工业等领域的技术需求分析，深圳实现"双碳"目标的技术路径需要从供给端和需求端共同发力。能源供给端，应依托新能源发电技术，提高本地低碳电力供给，并通过储能技术提高新能源电力的利用率，创新推广制氢技术，构建多元化清洁能源供应体系。能源需求端，进一步落实节能优先方针，在能效提升关键技术、通用技术上下功夫，持续推进建筑、交通、工业等领域的节能减排，利用数字化技术助力碳中和。同时，创新应用自然和人工固碳技术助力全社会实现零碳发展，碳中和愿景下深圳科技创新实践路径如图4-5所示。

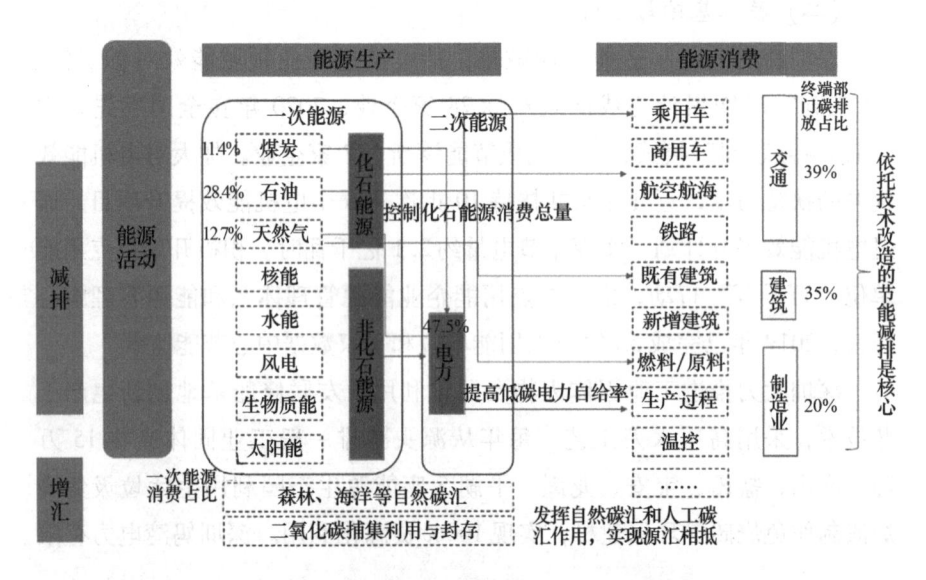

图4-5 碳中和愿景下深圳科技创新实践路径

资料来源：作者自制。

一 关键技术突破方向

(一) 重点突破零碳能源关键技术

零碳技术是实现能源供给结构转型的关键技术，既包括零碳电力技术，也包括零碳非电能源技术。一方面，围绕构建以新能源为主体的新型电力系统，发展支撑实现高比例可再生能源电网灵活稳定运行的相关技术，构建核、水、风、光等资源利用—可再生能源发电—终端用能优化匹配技术体系，加快工业、交通、建筑电气化进程；另一方面，积极推动可再生能源发电制氢规模化等"绿氢"技术研发，超前储备其他氢能制备技术，探索氢能与工业、交通、建筑等深度融合发展的新模式。

1. 太阳能发电及利用技术

聚焦新型光伏系统及关键部件、光伏电池成套装备制造、智能运维等环节，重点突破光伏逆变器、新一代晶硅太阳能电池制造设备、异质结电池、钙钛矿电池、太阳能综合利用技术等技术。同时，按照"能建尽建"原则，新建、改扩建建筑在设计施工时同步安装光伏发电设施，积极开展光伏建筑一体化建设，推进整区分布式光伏开发试点工作。

2. 安全高效核能技术

聚焦核电优化升级、全产业链上下游可持续支撑等领域，持续推进"华龙一号"三代核电技术向智能化方向发展，围绕第四代核电、革新型小堆、乏燃料后处理、核级泵阀、核能先进设计与分析、核电厂退役治理及先进核燃料、聚变等技术开展攻关。

3. 先进电网技术

聚焦适应大规模高比例新能源友好并网的先进电网，重点在高可靠性供电、高温超导输电技术、柔性交直流配电技术、电动汽车与电网互动、数字电网技术等方向开展关键技术攻关，推广应用输变电设备状态监测、5G智能巡检等技术。

4. 新型长时储能技术

聚焦可实现跨天、跨月乃至跨季节充放电循环的长时储能领域，重点在新型锂离子电池储能电站、储能电池稀有材料和非环保材料替代、分布式储能系统集群智能协同控制等领域开展技术攻关。

5. 氢能技术

聚焦可再生能源电解水制氢、大规模存运、加注以及燃料电池设备及系统集成，重点在海上风电制氢、低温液态储氢、高压微管储氢、固态储氢、质子交换膜型燃料电池和高稳定性密封材料、固体氧化物燃料电池核心材料和零部件等领域开展技术攻关。探索气电掺氢，逐步提高天然气掺氢比例。

（二）持续推进节能节材技术与资源循环利用技术

1. 近零能耗建筑技术

聚焦绿色建造、建筑能效提升改造、可再生能源利用等领域，重点在绿色建材、装配式建造及装修、提升热工性能的围护结构节能改造、建筑立体绿化、"光储直柔"技术、家用小型氢电池储能系统技术等领域开展示范。

2. 低碳零碳交通技术

聚焦新能源汽车高效电池、电控、电机、直流变换器等领域，提高关键零部件制造和装备能力，重点开展高镍三元正极材料、硅基负极材料、锂金属负极材料、固态电解质、电解液等先进电池材料技术和无模组化电池、电芯底盘一体化电池等结构技术的研究，加速新型充电技术研发应用，攻关电子电气架构、电动化平台、车规级功率器件和汽车电子技术。

3. 工业低碳技术

聚焦源头减排、革新技术和工艺流程再造及末端治理等领域，重点在电能替代、能源信息化管控、用能设备系统节能、可再生能源及余能利用等领域开展技术示范。

4. 资源循环利用技术

聚焦典型固体废弃物、电子废弃物循环利用、"无废"与"减碳"协同增效等关键领域，重点在高参数、高能效垃圾发电、一般工业固体废物资源化利用、退役动力电池检测与拆解、报废动力电池资源回收利用等领域开展技术示范。

（三）超前部署增汇和负排放技术

碳吸收路径主要包括提高生态碳汇能力和研发碳捕捉技术。一方面增加生态碳汇类技术，利用生物过程增加碳移除，并在海洋、森林中储存；另一方面，电力和制造业产生的碳排放不可能完全归零，未来随着节能技术的潜力逐步下降，采用 CCUS 技术将释放的二氧化碳和其他温室气体从工业尾气等排放源头分离出来，进行长期封存或者再利用。

1. 生态碳汇类技术

聚焦森林、海洋等生态碳汇领域，重点开展碳循环复杂过程的地球系统建模、生态碳汇计量监测及评估等技术的攻关。此外，利用广阔的陆域腹地、丰富的岛屿和渔业资源等碳汇资源，以打造藻类生物质燃料产业为依托，重点开展藻类生物质燃料的技术示范。

2. CCUS 技术

重点在 CCUS 与新能源体系的耦合发展、第二代捕集技术、化学链捕集技术、低成本及低能耗的 CCUS 技术、DACCS 等方面开展示范。

（四）跨界融合发展数字技术

围绕能源零碳转型升级及各终端消费部门近零排放需求，促进人工智能、大数据、物联网、5G 等数字技术与各部门深度融合，孕育一批"智慧+"新业态新模式，助力提升生产和服务效率，推进生产和消费模式向绿色、节能、循环方向发展。

1. 数字技术赋能电力系统碳减排

在构建清洁低碳安全高效的能源体系中，积极发挥数字技术的作用，实现广泛互联、智能互动、灵活柔性、安全可控。多能互补方面，以储能技术为突破口，依托精细化功率预测、优化调度、需求侧响应等一系列集成技术手段，以"风光储一体化""源网荷储一体化"为主要模式，建设一批系统友好型的智慧能源管理解决方案。输配电网智能化运行方面，推广数字技术加强电网运行状态大数据的采集、归集、智能分析处理，实现设备状态感知、故障精准定位，全面提升电网智能调度、智能运检、智慧客户服务水平。园区、企业、家庭用电智能化管控方面，推广先进的智慧用能体系，助力电力用户精细化管理，精准定位高能耗、高碳排放环节，智能分析用户用电行为，并提供节能减排解决方案。

2. 数字技术赋能建筑碳减排

将数字技术广泛应用到建筑项目的规划、设计、采购、生产、建造、运行的全生命周期，提高建筑质量、安全、效益和品质。建筑设计施工方面，推广建筑模型和数字技术的集成与创新应用，帮助设计师选择低能耗的材料和技术，引导建筑节能设计施工。建筑运行方面，通过物联网智能传感器等新技术对建筑各种能量流进行智能平衡调控，实现能源的循环利用和能耗的精细化管理。

3. 数字技术赋能交通碳减排

通过大数据、人工智能、车联网等技术进行资源配置优化，助力构建更为灵活、高效、经济和环境友好的智慧交通体系。车辆的智慧化方面，推广车联网技术，实现绿波通行引导、并行辅助、编队行驶、生态路径规划等智能驾驶场景。优化出行结构方面，推广 MaaS 技术，整合汽车、公交车、自行车、人行道、共享交通等交通资源，提供多样化的出行套餐方案。电动汽车充放电优化方面，推动数字技术与分布式光伏、储能等技术深度融合，加快电动汽车充放电从单项无序模式向双向有序模式转变。

4. 数字技术赋能工业碳减排

数字技术能有效改进生产工艺流程、提高设备运转效率、提升生产过程管理的精准性，从而通过智能协同管理实现生产效率和节能减排"双提升"。能源管控方面，推广数字技术打造能效可视、可控的全流程能源管控解决方案。效率提升方面，加强对数据的分析和价值挖掘，精细管理工业企业工艺、制造、采购、营销、物流供应链及服务等各个环节，推动设备联网和智能化改造，实时收集设备运行数据，提高设备运行效率。

5. 数字技术赋能碳管理

数字技术能帮助政府管理部门和企业规范碳统计和碳核算，实现碳资产管理和碳排放追踪数字化。政府管理部门碳管理方面，构建综合性的碳管理大数据平台，实时采集监测跟踪区域能源供给和消费数据，实时分析区域碳排放情况，采用虚拟现实技术动态演绎碳达峰、碳中和路径。企业碳资产管理方面，搭建数字化能耗在线监测系统，实现企业生产全过程和静音管理范围内的能耗和碳排放、产品碳足迹管理，有针对性地对高能耗环节进行节能减排改造。

> **专栏：浙江省碳达峰碳中和数智平台**
>
> 浙江省碳达峰碳中和数智平台，以碳达峰工作为切入点，以助力能源、工业、交通、建筑、农业、生活与科技"6+1"领域绿色低碳转型为目标，全面加强大数据、人工智能、区块链等新型技术的应用，以"一库、一图、两体系、N应用"为主要路径，绘就"一屏感知"碳达峰智治地图，建立"全链式闭环管理"的碳达峰数智管理体系，打造碳达峰现代化治理模式。实现碳排放动态监测、分领域分区域达标评价与预警，碳交易、碳信用、碳金融等可视化展示与服务对接，达成数据多元、纵横贯通、高效协同、治理闭环的智慧"双碳"工作目标。

二 细分技术方向选择及应用场景

结合深圳各领域低碳技术发展需求及科技产业发展现状，选择一批带动性强、有助于推动产业转型升级和显著改善民生的领域，率先开展重点攻关或应用示范，打造"双碳"科技应用示范产业领域体系。在具体操作中，按照每个领域均有技术攻关或者示范的原则，组织产业链上各个环节的企业、科研机构在家庭、社区、办公、工厂等特定应用场景进行集中、综合应用示范。深圳推荐技术的重点攻关方向/应用示范场景见表4-10。

表4-10　　　　推荐技术的重点攻关方向/应用示范场景

领域	推荐技术	代表企业/平台	集中攻关/示范试验方向
零碳能源技术	1. 新一代晶硅太阳能电池制造设备	捷佳伟创、大族光伏、迅得能源	【重点攻关】开展异质结（HJT）、背电极接触（IBC）、隧穿氧化层钝化接触（TOPCon）等新型晶体硅电池设备研究
	2.（超）高温气冷堆技术	中广核	【重点攻关】开展高温气冷堆主氦风机电磁轴承等关键设备优化改造，突破多模块协调控制技术；研制超高温气冷堆关键设备，研发（超）高温堆"热—电—氢"多联产应用技术，形成（超）高温气冷堆多用途应用技术方案

续表

领域	推荐技术	代表企业/平台	集中攻关/示范试验方向
零碳能源技术	3. 高可靠性环保铁锂电池产业链关键环节提升	比亚迪、欣旺达、比克电池、朗泰洋电子	【应用示范】开展大型电网侧储能电站示范；开展火电联合储能、"新能源+储能"等电源侧储能项目示范；开展数据中心、5G基站、充电设施、工业园区等用户侧储能项目示范
	4. 电力系统仿真分析及安全高效运行技术	华为数字能源、任达电器、哈工大（深圳）	【重点攻关】开展电力电子设备/集群精细化建模与高效仿真技术、更大规模和更高精度的交直流混联电网仿真技术研发；开展新型电力系统网络结构模式和运行调度、控制保护方式、直流电网系统运行关键技术，以及高比例新能源和高比例电力电子装备接入电网稳定运行控制技术研究
	5. 海上风电制氢制备关键技术	凯豪达氢能源、绿航星际太空研究院、深圳国氢新能源、兴邦新能源	【重点攻关】开展海上制氢电解水制氢、低温液态储氢、高压微管储氢、固态储氢等技术攻关 【应用示范】探索在深汕特别合作区规划海上风电制氢示范基地，以项目开发带动海上风电制氢技术的培育和发展
近零能耗建筑技术	6. 光伏发电+高效储能+直流配电+柔性控制	拓日新能、华为、深圳建科院	【应用示范】在商业建筑、住宅建筑、公共建筑、工业建筑等各类建筑应用"光储直柔"建筑用能系统
	7. 屋顶绿化模块、垂直绿化模块技术	风会云合、铁汉一方、绿景天源	【应用示范】在学校、医院、地产、商场等各类建筑中开展应用示范
	8. 智能电致变色窗户技术	唯杰科技、光羿科技、南科大	【重点攻关】开展新型无机电致变色材料和有机电致变色材料以及电致变色器件的制备技术研究，突破稳定性、耐候性、大规模等问题 【应用示范】在商业建筑、大型建筑和高档住宅等开展应用示范
	9. 智能楼宇监控系统	励科机电、达实智能、智宇实业	【应用示范】围绕商业建筑、住宅建筑、医疗建筑等各类楼宇机电智能化管理、产业园区设备设施管理、工业企业机器设备管理等开展应用示范

续表

领域	推荐技术	代表企业/平台	集中攻关/示范试验方向
低碳零碳交通技术	10. 磷酸铁锂宽温度范围动力电池产业链关键环节提升	电科电源、比亚迪、欣旺达	【重点攻关】通过工艺精进加快电池系统能量密度和综合性能提升
	11. 电动汽车车载充电逆变V2G电源系统	科士达、巴斯巴、伊力科电源、北理工电动车辆国家工程实验室	【应用示范】推动车载充电逆变V2G电源系统在电动汽车序充电、电力需求侧管理、微电网、虚拟电厂、能源互联网等领域开展应用示范
	12. 百千万级及以上质子交换膜燃料电池、固体氧化物燃料电池设备及系统集成技术	雄韬股份、长盈氢能、南科燃料、通用氢能、众为氢能	【应用示范】推动氢能在重载运营货车、公务船舶、港口码头、城际客运、城市垃圾处理等商用车和专用车领域开展应用示范
	13. MaaS出行服务技术	巴士集团、深圳市城市交通规划设计研究中心	【应用示范】将各种城市交通服务（地面公交、轨道交通、巡游/网约出租车、共享汽车、共享单车等）及城际交通服务（民航、高铁、长途客运）等各种交通模式整合在统一的服务体系与平台中，满足市民多样化出行需求，减少驾驶私人小汽车
工业低碳技术	14. 间接蒸发精密空调、间接蒸发冷水机技术	易信科技、华为	【应用示范】在数据中心开展应用示范
	15. 5G一体化智能电源柜	华为、卓言科技、科信通信	【应用示范】在5G网络整体解决方案中开展应用示范
	16. 升温型工业余热利用技术	龙富华节能、润能节能、汇健节能、绿能岛能源	【应用示范】在工业废热利用节能改造中开展应用示范

续表

领域	推荐技术	代表企业/平台	集中攻关/示范试验方向
资源循环利用技术	17. 生活垃圾焚烧发电余热利用、全流程智能控制技术	深圳能源	【应用示范】在生活垃圾焚烧发电厂开展应用示范
	18. 新能源汽车整体资源化回收技术及动力电池回收技术	海通科创、康普盾科技、恒创睿能、柘阳科技	【应用示范】新能源汽车整车、汽车动力电池回收利用
增汇和负排放技术	19. CCUS技术 20. 藻类生物质燃料技术	华润海丰电厂	【应用示范】联合华润海丰电厂开展CCUS及海藻固碳示范项目，协同开展海洋碳汇试验推广工程

注：推荐技术是基于全球"双碳"科技创新趋势及科技创新和能源领域相关规划，结合深圳各领域低碳技术需求进行分类和初步筛选。并从节能减碳能力、市场需求、技术成熟度、本地产业基础四个维度构建评价指标体系，通过专家意见征询筛选出关键示范技术。未来，可根据技术水平、应用场景等变化情况对本表进行酌情调整。

三 对策建议

为实现"双碳"目标，深圳需以科技创新引领和支撑经济社会绿色低碳发展，大力发展"双碳"科技关键技术，着重提升科技支撑"双碳"目标的水平。建议综合运用人才、资金、试点等一揽子政策工具，推动零碳/负碳颠覆性技术开发和成熟低碳技术在电力、建筑、交通、工业等重点领域应用，推动关键技术集成示范并打造系统性解决方案。

（一）强化技术创新顶层设计

统筹考虑2027年碳达峰与2060年碳中和目标，结合经济社会高质量发展需要，做好碳达峰增量控制、碳中和减排技术储备"两步走"顶层设计，布局近中远期关键技术攻关，提升未来低碳/零碳产业竞争力。建立跨部门协调机制，共同推动支撑碳中和目标下各领域科技创新及技术成果推广应用，推动资源、环境、工业、建筑、交通、海洋等领域的合作，发挥政策合力，以更大力度推进减排。

（二）实施技术专项计划

实施碳达峰关键核心技术攻关专项计划，在能源、交通、建筑等领域，加快突破一批关键核心技术。例如，能源领域的系统集成互补、智慧互连的相关技术，交通领域的绿色运输与交通装备技术，建筑领域的围护结构材料的保温隔热技术以及设施的节能技术等。选取减排潜力较大或低碳基础较好的区域、园区、社区、校园、建筑及企业，开展一批技术先进、应用成效显著的试点示范项目，基于多领域试点创新打造多元化低碳场景。瞄准世界前沿，强化零碳、低碳负碳技术攻关，重点突破储能、氢能、碳捕集利用与封存、海洋碳汇等领域关键核心技术，前瞻部署一批战略性、储备性碳中和科技研发项目，瞄准未来碳中和产业发展制高点。主动承担国家碳达峰碳中和科技重大专项和国家重点研发计划重点专项。支持企业开展自主研发，攻克一批关键核心零部件和材料。

（三）高端平台体系创新

研究设立碳中和技术和产业创新中心，汇聚绿色企业、绿色金融机构、绿色技术转移和交易平台、产业化前后端服务机构，大力推动绿色企业开展碳中和技术创新，尤其在深圳具备优势的新能源汽车、绿色建筑、环保节能等领域的技术创新实现重大突破。聚焦绿色低碳、减污减碳和负碳排放技术研究方向，支持产业链上下游企业、研究机构、高等院校联合建立碳中和实验室。积极推动链主型、生态引领型企业牵头组建创新联合体，建成国内领先的低碳技术产业创新集聚区。

（四）加强人才团队引育

鼓励高校实施碳中和交叉学科人才培养专项计划，大力支持跨学院、跨学科组建科研和人才培养团队，以大团队、大平台、大项目支撑高质量本科生和研究生多层次培养。支持高校、研究院所与能源、交通和建筑等行业的大中型和专精特新企业深化产学合作，针对企业人才需求，联合制定培养方案，促进教育链、人才链、产业链、创新链的有机衔接。深化人才体制机制改革创新，开展国际人才管理综合改革，建立全球

"猎头"机制,积极吸引海外储能与氢能、CCUS等紧缺人才。全面清理和打破妨碍人才流动的制度障碍,建立健全人才顺畅流动机制。完善高层次人才管理和服务机制,开辟高层次人才服务"绿色通道",为各类人才提供便利服务。

(五) 落实绿色金融保障

依托《深圳经济特区绿色金融条例》,加快推动绿色金融发展。健全绿色金融制度、标准、基础设施,高标准为绿色企业、绿色技术和绿色项目提供更为便捷、高效的绿色投融资保障。充分发挥深圳国家气候投融资促进中心以及国家气候投融资基金等新型机构的作用,发挥市场化力量,加速气候投融资业务发展。加大对碳达峰、碳中和科创企业的政策扶持力度,发挥绿色金融和科技金融扶持政策的叠加效应推进碳中和科创企业快速发展。

四 优先事项

(一) 加强平台建设

提升科技创新支撑能力推进研发服务平台建设。推进碳中和领域的重点实验室、工程技术中心、专业技术服务平台、研发与转化功能型平台、科技创新服务平台建设。

建设碳中和科技成果转移转化服务平台。在碳中和目标导向下,开展深圳及大湾区优势技术和产业发展竞争力、技术供给能力研判;结合绿色技术银行试点基础,建设碳中和科技成果转移转化服务平台,解决好"双碳"目标实现过程中的低碳技术创新能力不足、低碳产品与服务成本过高等问题。

加强数据支撑平台建设。建设基于大数据等信息技术的碳源、碳汇云智慧管理技术平台;建设"双碳"约束下多能融合与深度脱碳时空数据系统与仿真预测平台;建设气候投融资综合信息平台;建设碳中和综合数据、信息、研究成果共享平台。

(二) 融入国际创新网络

在国际科技竞争日益凸显的背景下,通过发起或参与国际大科学计划(工程),共建能源领域国际科技联盟,深度参与和支持全球绿色低碳创新合作,主动积极融入全球绿色低碳创新网络。

推进有关单位与国际组织、国外优势大学、科研机构、企业在碳中和领域深入开展低碳创新合作，支持在不同层面组建联合创新团队，探索建立联合研究和知识共享机制。围绕绿色能源技术链和产业链，积极推进全球绿色技术潜力评价图编制，针对中国技术短板和深圳能源转型瓶颈，加强国际合作，抢占能源领域科技制高点，提高中国在全球碳中和行动中的影响力和话语权。

与共建"一带一路"国家和地区合作开展碳计量/碳核查机制、碳交易机制研究，扩大绿色技术银行的影响力，实现协同减排与绿色发展共赢；打造具有影响力的碳中和国际论坛。

（三）发挥碳市场功能

强化碳市场运行机制研究。基于深圳碳市场发展实际及全国统一碳市场建设规划，开展提升碳市场运行绩效、强化碳市场定价机制研究及相关技术支撑体系构建；开展碳远期、碳掉期、碳期权、碳基金等碳金融产品和衍生工具研究；开展碳普惠机制创新和相关技术支撑体系研究；鼓励数字技术与碳金融深度融合，利用大数据、区块链等先进技术提升国家碳交易平台服务功能等。

开展气候投融资试点研究。结合深圳实际，开展适用性气候投融资标准体系、信息披露及绩效评价机制和体系研究；开展绿色债券、绿色保险、低碳信贷等金融创新产品研发及相关技术支撑体系构建，提升绿色金融科技发展水平等。

（四）构建"双碳"综合决策支持系统

开展政策研究。开展典型领域和行业推进绿色规划、绿色设计、绿色投资、绿色建设、绿色生产、绿色流通、绿色生活、绿色消费等经济体系构建的制度设计和政策研究，并开展标准制定、评估认证等支撑体系研究，制定国际贸易中绿色产品的认证标准和清单，推动提升资源能源产出率和产出效益等。

完善支撑体系。依托深圳优势资源，开展能源活动二氧化碳排放预测标准、方法、模型、数据库和平台研究，系统建立符合深圳特征的碳排放分析预测工具包。构建"双碳"信息知识图谱平台，开发基于新兴信息技术的新一代综合决策支撑模型，评估低碳/零碳技术大规模应用的社会经济影响与潜在风险，研究部署风险管控决策支持系统等。促进创新协同。加强资源整合,促进官、产、学、研、用五位一体的技术创新研发,进一步开展工业生产过程、农业活动、废弃物处理等非能源活动领域温室气体减排路径研究、开展不同减排路径的社会经济综合影响分析,研究提出成本效益最佳的"双碳"实施方案等。

第 五 章

建设具有国际影响力的绿色金融创新中心

绿色金融是引导社会经济资源向保护环境、促进可持续发展领域集聚的一种创新性的金融模式。绿色金融关注环境和社会效益，将对环境保护和资源的有效利用程度作为衡量成效的标准之一，追求金融活动与环境保护、生态平衡的协调发展，最终实现经济社会的可持续发展。发展绿色金融是深圳率先在全国实现碳中和的重要保障，是深圳打造全球金融中心的重要支点，是深圳推动产业高质量发展的重要基础。

第一节 国内外绿色金融发展形势

一 国际形势

20世纪70年代，面对全球日益严峻的生态环境危机，可持续发展的理念应运而生。作为经济发展的重要支撑，金融在可持续发展中的作用日益受到重视。由于可持续发展是人类共同面对的问题，而金融活动又具有超越国家范围的影响力。因此，通过金融推动可持续发展成为国际合作的热点。在国际组织倡议推动下，绿色金融得到快速发展。

1972年，联合国在斯德哥尔摩召开了首届人类环境大会，通过了《人类环境宣言》和《人类环境行动计划》，并决定成立联合国环境规划署（United Nations Environment Programme，UNEP），环境问题开始成为人类发展的重要议题。为推动经济结构调整、解决环境污染、发展绿色经济，世界各国开始探索使用绿色金融手段。

绿色金融的实践始于美国的"超级基金法案"。1980年美国国会通过了《综合环境反应、补偿和责任法》，规定环境责任具有可追溯性并且是连带的，即任何潜在责任方都可能需要支付环境治理费用。

1992年，联合国环境与发展大会通过了《环境与发展宣言》和《21世纪议程》，确定了可持续发展和金融结合的重要性。同时，UNEP联合世界主要的银行和保险公司成立金融倡议机构（UNEP FI），并正式推出《银行界关于环境可持续的声明》，推广可持续发展金融理念，督促金融机构可持续发展。1995年，该倡议进一步扩展到保险和再保险机构，并先后推出《联合国环境署保险业环境举措》《银行业、保险业关于环境可持续发展的声明》等，标志着国际金融机构开始系统实施环境管理体系，并公开承诺对可持续发展承担责任。

2005年，在UNEP FI的支持下，联合国负责任投资原则组织（The United Nations-supported Principles for Responsible Investment，UNPRI）成立。该组织认为"兼具经济效率和可持续性的全球金融体系对于长期价值创造不可或缺。这样的金融体系将会回馈长期的、负责任的投资，并惠及整个环境和社会"①。截至2022年1月，全球已有4706家机构加入UN PRI，签署方管理资产总规模超过120万亿美元，占全球专业资产管理规模的一半以上。

2007年，欧洲投资银行发行了全球第一只绿色债券，名为气候意识债券，用于可再生能源和能效项目的开发应用，推动了全球绿色债券市场的发展。

2009年，应对气候变化的国际非营利机构气候债券倡议组织（The Climate Bonds Initiative，CBI）成立。根据气候债券倡议组织公布的数据，2012—2021年全球绿色债券的发行规模从50亿美元增长至5174亿美元，年复合增长率达67.45%。2021年全球绿色债券总额累计达1.48万亿美元。

2015年12月，巴黎气候大会通过《巴黎协定》，鼓励成员国加大对可再生能源的投资，提出使资金流动符合温室气体低排放和气候适应型

---

① PRI：《负责任投资原则》，https：//www.unpri.org/download? ac=10968。

发展路径的长期目标。2016年，G20峰会在东道主中国的倡议下首次将"绿色金融"写入成果文件，并成立了绿色金融研究小组，进一步推动全球绿色金融市场发展。

2021年10月，G20领导人就努力在21世纪内将全球平均气温升幅控制在1.5℃以内达成一致，并写入峰会公报。在2021年格拉斯哥气候峰会（COP26）上，由英国牵头的格拉斯哥净零金融联盟（Glasgow Financial Alliance for Net Zero）宣布已得到全球450多家大型金融机构支持，涵盖130万亿美元资产。①

近年来，全球绿色金融发展迅速。但是，应对气候变化的资金需求非常大。据联合国测算，要实现《巴黎协定》的气温上升控制目标，相关投资大约为90万亿美元。② 气候债券倡议组织首席执行官Sean Kidney提出，到2025年每年发行5万亿美元的绿色债券是实现气候目标所需的必要贡献。③

二 国内形势

作为全球最大的发展中国家，中国非常重视绿色金融，支持绿色、低碳与可持续发展的重要作用。虽然起步较晚，但是经过不断的探索与实践，中国在绿色金融政策体系、监管体系、市场规模和改革创新试验区等方面取得了显著成效。

（一）绿色金融政策框架初步形成

中国是全球首个建立系统性绿色金融政策框架的国家之一。

2015年，中国推出了一系列环境污染治理的重要政策意见。2015年5月发布的《中共中央 国务院关于加快推进生态文明建设的意见》提出推广绿色信贷、排污权抵押等融资，开展环境污染责任保险试点。同年9月发布的《生态文明体制改革总体方案》提出从绿色信贷、绿色债券、绿色基金、上市公司披露信息等方面建立绿色金融体系等，为绿色

---

① UK Government, "COP26 Finance Day Speech", https://www.gov.uk/government/speeches/cop26-finance-day-speech.
② 解振华：《实现〈巴黎协定〉目标 全球预计需投资90多万亿美元》，https://www.chinanews.com.cn/cj/2020/11-13/9338165.shtml。
③ 周绍基：《全球绿债发行十年增逾160倍》，《香港文汇报》2023年6月2日。

金融的快速发展奠定了政策基础。

2016 年，中国将建立绿色金融体系写入"十三五"规划。同年 8 月，中国人民银行、财政部等七部委共同出台了《关于构建绿色金融体系的指导意见》。

2021 年，"十四五"规划中提出"大力发展绿色金融"，绿色金融作为实现"双碳"目标的主要抓手，迎来高速发展。

为助力实现"双碳"目标，2021 年 3 月中国人民银行发布了三大功能、五大支柱的绿色金融发展政策思路。

> **专栏：中国绿色金融发展政策思路**
>
> 2021 年 3 月，中国人民银行发布了三大功能、五大支柱的绿色金融发展政策思路。
>
> 三大功能主要是指充分发挥金融支持绿色发展的资源配置、风险管理和市场定价三大功能。一是通过货币政策、信贷政策、监管政策、强制披露、绿色评价、行业自律、产品创新等，引导和撬动金融资源向低碳项目、绿色转型项目、CCUS 等绿色项目倾斜。二是通过气候风险压力测试、环境和气候风险分析、绿色和棕色资产风险权重调整等工具，增强金融体系管理气候变化相关风险的能力。三是推动建设全国碳排放权交易市场，发展碳期货等衍生产品，通过交易为排碳合理定价。
>
> 为了发挥好三大功能，需要进一步完善绿色金融体系五大支柱。一是完善绿色金融标准体系。二是强化金融机构监管和信息披露要求。三是逐步完善激励约束机制。四是不断丰富绿色金融产品和市场体系。五是积极拓展绿色金融国际合作空间。

目前，中国在绿色金融的宏观顶层设计、微观评估标准等方面构建了全面的政策框架。

（二）绿色金融监管体系日趋完善

中国已经基本形成了政府主导、自律为辅的监管体制。在央行的统领和协调下，银保监会、证监会以及相关行政主管部门各司其职；金融机构、行业协会等也陆续加入绿色金融的监管之中，如央行成立了绿色金融专业委员会，绿色信贷、绿色证券等领域也成立了专业委员会，对绿色金融行业进行自律监督。同时，针对不同产品分别采取不同监管手段，如发行绿色信贷的金融机构需按要求向金融统计监测管理信息系统报送绿色贷款专项统计数据。

中国正逐步建立强制性的信息披露制度，要求上市企业披露生产过程中的主要环境污染物、主要处理设施及处理能力等信息。2016年以后，证监会、银行间交易商协会、央行等机构陆续发布文件，明确规定信息披露义务并对信息披露相关内容环节进行规范。

(三) 绿色金融市场规模位居世界前列

中国已基本形成了绿色信贷、绿色债券、绿色保险、绿色基金、绿色信托、碳金融产品构成的多层次绿色金融产品和市场体系。2020年中国做出碳达峰碳中和承诺后，成为全球最大的绿色金融市场之一。其中，绿色信贷和绿色债券规模居世界前列。根据国内外预测，中国在2060年前实现碳中和，预计需投入139万亿元，其中2030年前需每年投入2.2万亿元，2030—2060年需每年投入3.9万亿元。[1] 此外，中国的碳排放权交易市场规模将达到万亿元级别。

1. 绿色信贷成为绿色金融的主力军

2007年，中国银行开始探索绿色信贷。目前，已经初步形成较为完善的监管及评价体系，涵盖顶层设计、统计分类制度、考核评价体系和激励机制等。

近年来，中国绿色信贷规模稳步增长。2017—2020年，中国绿色信贷规模持续扩大（如图5-1所示）。绿色信贷余额由2017年的7.09万亿元上升到2021年的15.9万亿元，增幅达到124.26%，年均增速20.79%，其中2021年累计绿色信贷余额增速高达33%。绿色信贷余额位居世界第一。

---

[1] 《易纲行长出席中国人民银行与国际货币基金组织联合召开的"绿色金融和气候政策"高级别研讨会并致辞》，http://www.pbc.gov.cn/goutongjiaoliu/113456/113469/4232138/index.html。

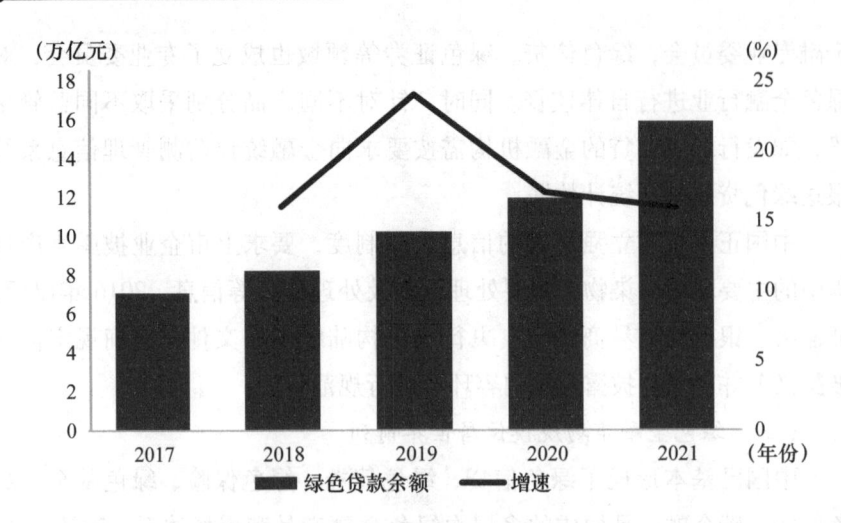

图 5-1　2017—2021 年中国绿色贷款余额

资料来源：中国人民银行。

中国绿色信贷资产质量整体良好，绿色贷款不良率远低于全国商业银行不良贷款率。目前，绿色信贷在全部绿色金融产品中的占比仍高达90%，绿色信贷占全部对公贷款余额的比重约为10%。从投向上来看，国内绿色信贷投放主要集中在绿色交通运输和绿色能源领域，具有直接和间接碳减排效益项目的贷款分别为7.3万亿元和3.36万亿元，占绿色贷款的67%。根据银保监会的数据，截至2021年，21家主要银行绿色信贷每年可支持节约标准煤超过4亿吨，减排二氧化碳当量超过7亿吨。

2. 绿色债券发行规模快速扩张

2015年年底，中国启动绿色债券市场，发行了第一支绿色债。2016年发行绿色债券的总额超过2200亿元，占全球的比重约为40%。此后，绿色债券的发行规模持续扩大，2020年发行额为5508亿元，累计发行额为11589亿元，规模仅次于绿色信贷，成为中国绿色金融第二大载体。绿色债券发行总量仅次于美国，位居世界第二。中国绿色债券主要在上海证券交易所、银行间市场、深圳证券交易所发行，发行额占中国绿色债券发行总额的95%以上。

随着绿色债券的不断发展，绿色债券种类逐渐丰富，发行人所属行业愈加广泛。从种类看，中国的绿色债券涵盖了绿色金融债、绿色公司债、绿色企业债、绿色债务融资工具等券种。从所属行业看，发行人主要集中在工业、公用事业部门和地方政府。从所在区域看，发行人主要以东部地区为主，全国各省市持续推进绿色债券。

3. 绿色保险服务体系初步建立

2007年，中国开始试点环境责任保险，随后不断加快构建绿色保险体系，鼓励和支持绿色保险产品的创新发展，已经初步建立服务体系，在绿色金融中发挥越来越重要的作用。

在绿色保险产品方面，已经形成以环境污染责任保险为代表、种类多样化的绿色保险产品体系，如绿色交通、绿色建筑、绿色能源、气候治理等，为多个行业提供风险保障。此外，保险机构也在大力推动数字化转型，将大数据、人工智能、云计算、物联网等先进技术应用于绿色保险业务的开发和优化。

根据中国保险业协会发布的《2020中国保险业社会责任报告》，2018—2020年中国保险业累计为全社会提供了45.03万亿元保额的绿色保险保障，支付赔款533.77亿元，用于绿色投资的余额从2018年的3954亿元增加至2020年的5615亿元，年均增长率达到19.17%。[①] 保险资金向绿色投资领域的倾斜力度逐步加大，涉及城市轨道交通建设、高铁建设、清洁能源、污水处理等多个领域，对绿色产业、绿色技术的资金扶持力度也在进一步提升。

4. 碳交易市场步入发展快车道

"十二五"规划提出"逐步建立碳排放交易市场"的任务，为落实相关要求，2011年启动碳排放交易试点工作，建立自愿减排机制。同年10月，国家发展和改革委员会批准北京、天津、上海、重庆、广东、湖北以及深圳成为首批碳排放权交易试点，正式拉开了碳市场建设的序幕（见表5-1）。

截至2020年，中国各试点碳市场配额现货交易累计成交4.45亿吨二氧化碳当量，累计交易总额为104.31亿元，平均碳价为23.44元/吨。

2021年7月16日，全国碳排放权交易市场上线交易正式启动，纳入

---

① 中国保险行业协会：《2020中国保险业社会责任报告》，https：//www.iachina.cn/module/download/downfile.jsp? classid = 0&filename = 505ae7408510433eaaf50ebea805a657.pdf。

发电行业重点排放单位2162家,年覆盖约45亿吨二氧化碳排放量,是全球覆盖温室气体排放量规模最大的市场。截至2021年12月31日,全国碳排放权市场共运行114个交易日,碳排放配额累计成交量为1.79亿吨,成交额为76.61亿元。

表5-1　　　　　　　　　首批碳排放权交易试点开展情况

试点省市	交易所	碳交易市场启动时间
深圳	深圳碳排放权交易所	2013年6月
北京	北京环境交易所	2013年11月
上海	上海环境能源交易所	2013年11月
广东	广州碳排放权交易所	2013年12月
天津	天津碳排放权交易所	2013年12月
湖北	湖北碳排放权交易中心	2014年2月
重庆	重庆碳排放权交易中心	2014年6月

资料来源:笔者自制。

(四)绿色金融改革创新试验区取得显著成效

2017年6月14日,国务院常务会议决定在浙江(湖州、衢州)、江西(赣江)、广东(广州花都)、贵州(贵安新区)、新疆(哈密、昌吉、克拉玛依)建立首批绿色金融改革创新试验区。2019年11月,国务院批准甘肃(兰州新区)为绿色金融改革创新试验区。

为了推进试验区建设,中国人民银行等七个部门联合出台了针对不同地区的《建设绿色金融改革创新试验区总体方案》。该方案要求在5年后,浙江快速提升绿色产业融资规模,并降低不良贷款率;广东基本建立围绕广州铺开的完善金融服务体系;新疆逐步提高绿色金融产品如绿色信贷的占比;贵州和江西初步形成金融服务体系,并探索可推广发展经验。

在中国人民银行的指导推动下,六省(区)九地积极建设各有侧重、各具特色的绿色金融改革创新试验区。2020年年末,六省(区)九地试验区绿色贷款余额达2368.3亿元,占全部贷款余额的比重为15.1%;绿色债券余额达1350亿元,同比增长66%。根据《中国地方绿色金融发展报告（2021）》①，开展绿色金融改革创新试验区的六省（区）排名均进入第一梯队。其中，浙江和广东分别位列第一和第二；经济发展相对落后的江西、贵州、甘肃、新疆也都进入前十，分别排名第四、第八、第九和第十。

同时，六省（区）九地在建设绿色金融改革创新试验区的过程中，围绕标准设立、财政补贴、引导基金、平台建立、行业合作等方面进行了积极探索，取得了一系列可复制、可推广的经验，不仅支持了地方绿色产业发展和经济转型升级，还提升了金融机构的绿色金融业务水平，带动全国绿色金融市场快速发展。

三 面临问题

尽管在全球应对气候变化的背景下，绿色金融的发展理念已经深入人心，得到不同国家、组织和金融机构一致的理解及应用。但是，在标准规范、评估体系、可持续发展等方面仍然面临诸多问题。

（一）尚未建立统一的标准体系

目前，全球各个国家和地区对于绿色金融的定义尚不统一。各国更倾向于根据自身国情和可持续发展的实际需求，对绿色金融的重点发展领域进行限定。如何确保区域性定义的精减及一致性，并在此基础上建立统一的标准体系，是绿色金融在全球范围内面临的首要挑战。不同主体之间缺乏通用的标准体系，在很大程度上阻碍了绿色金融的国际化。

（二）尚未形成通用评估体系

目前，国际上还没有形成通用的绿色金融评估体系，采用较多的原则包括ICMA绿色债券原则、IFC赤道原则、联合国发起的负责任投资原则和绿色贷款原则等。政府在缺乏通用的评估体系的情况下，无法对市场形成有效的监管。对于资金供给方金融机构来说，由于缺乏通用分类及评估方法，大多数金融机构会积极开发自己的内部分类法，以指导绿色金融活动。根据全球金融市场协会（GFMA）2019年的调查，金融机构中有62%已经建立了分类法，24%表示正在积极努力建设。这不利于

---

① 王遥、刘倩、黎峥等：《中国地方绿色金融发展报告（2021）》，社会科学文献出版社2021年版，第15—30页。

绿色金融领域形成统一的认知，金融机构同样容易在充满"主观选择"的环境下做出类似于"漂绿"[①]的不良行为。

（三）绿色金融可持续发展能力有待提升

绿色融资项目普遍存在资金需求量大、投资周期长、收益相对较低、风险较大等问题，仍然缺乏商业可持续性。

绿色金融的本质是通过金融市场引导资源向保护环境、促进可持续发展的领域集聚。环境保护和可持续发展是目标，绿色金融是手段。但是，金融市场是以收益为导向，投资者更倾向于追求短期利益。而绿色金融所面向的项目往往投资周期长、回报率低。尽管，绿色金融强调可以降低金融风险，在较长的周期中可获得更好的经济回报。由于绿色金融仍处于起步阶段，该理念在投资领域尚未得到广泛认可。同时，绿色金融本身并不具备成本优势。以绿色债券为例，绿色债券需要第三方认证、年度审计等更加严格，建立绿色专户或专门台账、频繁披露信息等要求也增加了隐性成本，其综合成本与普通债券相比并没有明显优势。因此，绿色金融实现可持续发展仍然是一个巨大的挑战。

第二节 深圳绿色金融发展的重要意义

一 绿色金融是深圳率先实现"双碳"目标的重要保障

深圳已经是全国碳排放强度最低的城市之一，依靠传统模式实现"双碳"目标的压力很大，深圳应充分发挥金融优势，通过绿色金融创新推进资源配置，为率先实现"双碳"目标提供保障，形成可推广、可复制的模式和经验。

中国提出力争2030年前实现碳达峰、2060年前实现碳中和的发展目标。《中共深圳市委关于制定深圳市国民经济和社会发展第十四个五年规划和二〇三五年远景目标的建议》明确提出要"以先行示范标准推进碳达峰、碳中和"。但是，根据本研究测算，深圳现有的节能减排措施并不

[①] "漂绿"形式概括为四种：选择性披露、空头承诺、伪认证以及虚假宣传。金融"漂绿"是损害绿色金融健康有序发展的伪社会责任行为，一方面，会扰乱绿色资金流向，降低绿色产业的整合效率；另一方面，也会混淆市场信息，降低投资者对绿色产业的信任，对绿色金融市场稳定造成严重威胁。

能保证在2023年达到碳排放峰值。

一是深圳已经步入碳减排的深水区。深圳作为国家首批低碳试点城市、碳排放权交易试点城市、可持续发展议程创新示范区，始终坚持绿色发展理念，将绿色低碳作为破解发展难题的重要抓手，通过产业低碳转型、能源结构调整，持续推动碳排放强度稳步下降。2020年，深圳单位GDP能耗和碳排放强度已降至全国平均水平的1/3和1/5，已经是全国单位GDP能耗、碳排放强度最低的大城市，面临的碳减排压力越来越大。

二是深圳的能源消费仍保持较快增长。2021年，深圳全社会用电量达1103.4亿千瓦时，同比增长12.2%，创历史新高。根据《深圳市国民经济和社会发展第十四个五年规划和二〇三五年远景目标纲要》，"十四五"时期深圳GDP年均增长率将达到6%。同时，深圳正在聚力建设的大科学装置、数据中心、5G等基础设施，以及新一代电子信息等战略性新兴产业能耗强度都很高。这意味着，深圳的电力需求至少与GDP保持同步增长，每年电力需求增量约为60亿—70亿千瓦时。此外，深圳人口仍然保持增长态势。2021年深圳常住人口1768.16万人，《深圳市国土空间总体规划（2021—2035年）》提出2035年规划常住人口规模为1900万人，尚有131.84万人的增长空间。人口的增长也将推高能源需求。

因此，对深圳而言，实现碳达峰、碳中和是一场广泛而深刻的经济社会系统性变革。作为现代经济的核心，金融是引导资源配置、推动产业升级、促进碳减排的重要手段。充分发挥绿色金融资源配置作用，充分调动供给侧、需求侧的碳减排积极性，是深圳率先实现"双碳"目标、做好先行示范的重要保障。通过发展绿色金融，深圳还可以为全国实现"双碳"目标探索可复制、可推广的经验和解决方案。

二 绿色金融是深圳打造全球金融中心的重要支点

面对全球金融中心的激烈竞争，深圳应采取差异化发展策略。充分发挥链接国内、国外金融市场的纽带作用，集中资源建设国际绿色金融资源配置中心，为打造全球金融中心提供支点。

《深圳市金融业高质量发展"十四五"规划》提出，到2025年，深圳金融产业支柱地位和资源配置能力进一步增强，金融国际化程度和全球影响力进一步提升，金融创新能力和综合实力跻身全球金融中心城市前列，在构建金融运行安全区的前提下，深化金融改革开放，推进"金融+"战略，着力打造全球创新资本形成中心、全球金融科技中心、全球可持续金融中心、国际财富管理中心，助力深圳建设有影响力的全球金融创新中心。

粤港澳大湾区集聚了香港、深圳和广州3个全球金融中心城市。根据《第31期全球金融中心指数》，香港、深圳和广州分别排第3、第10和第24位（见表5-2）。从评分来看，除了纽约和伦敦具有较大的优势，排名前十的全球金融中心评分差距均在1—2分，表明顶级金融中心之间的竞争已白热化。面临激烈的竞争，深圳打造金融中心的压力非常大，需要明确自身优势采取差异化发展策略，与其他金融中心形成良好的竞争合作格局。

表5-2　　　　　　　　　第31期全球金融中心排名

城市	排名	得分	城市	排名	得分
纽约	1	759	芝加哥	13	704
伦敦	2	726	波士顿	14	703
香港	3	715	华盛顿	15	702
上海	4	714	法兰克福	16	694
洛杉矶	5	713	迪拜	17	691
新加坡	6	712	马德里	18	690
旧金山	7	711	阿姆斯特丹	19	687
北京	8	710	苏黎世	20	686
东京	9	708	爱丁堡	21	684
深圳	10	707	多伦多	22	683
巴黎	11	706	悉尼	23	682
首尔	12	705	广州	24	681

资料来源：英国Z/Yen集团、中国（深圳）综合开发研究院编制：《第31期全球金融中心指数》，https：//www.longfinance.net/documents/2903/GFCI_31_Chinese_Edition.pdf。

深圳在绿色金融领域已经具备了良好的基础、积累了丰富的经验。深圳率先在全国实施绿色金融条例，拥有深圳证券交易所和深圳排放权交易所两大平台，以及丰富的绿色金融应用场景，具备一定的先发优势。根据中金公司预测，从国内需求来看，2060年前实现碳中和预计资金需求达到139万亿元。① 中国还是全球规模最大的碳市场，未来交易规模将超过万亿。深圳作为金融对外开放的前沿，是中国开展绿色金融国际合作、打造国际可持续金融中心的重要阵地。

因此，深圳应充分发挥对外开放的区位和政策优势，打造国际绿色金融资源配置中心，面向国内绿色金融需求，积极对接国际绿色金融标准，引进国外资本，拓展绿色金融业务，为全球金融科技中心提供应用场景，为全球创新资本形成中心提供产业载体，为全球可持续金融中心提供支点。

三 绿色金融是深圳推动产业高质量发展的重要基础

绿色金融是驱动产业高质量发展的重要动力。发展绿色金融既是深圳金融产业自身升级的内在需求，也是推动产业低碳转型、高质量发展的重要基础。

一是绿色金融是驱动金融产业发展的新动力。金融产业是深圳的支柱产业。2020年，深圳金融业实现增加值4189.6亿元，占GDP的比重达15.1%，占服务业的比重达24.4%；金融业实现税收（不含海关代征和证券交易印花税）1472.7亿元，占全市总税收的24.2%，居各行业首位。从贡献看，金融业创造了全市超1/7的GDP和近1/4的税收，已成为经济增长的"压舱石"。在"双碳"目标下，金融业的绿色转型势在必行。作为深圳的支柱产业，金融业应积极探索绿色转型，加快培育新动力。

二是产业绿色低碳发展催生新的金融服务需求。为推动产业绿色低碳转型和高质量发展，深圳针对传统产业开展企业技术改造扶持计划和工业强基工程扶持计划，并设立战略性新兴产业专项资金绿色低碳扶持

---

① 夏宾：《中金公司：中国实现"碳中和"目标预计总绿色投资需求约139万亿元》，https://www.chinanews.com.cn/cj/2021/03-25/9440128.shtml。

计划。同时，绿色低碳产业作为深圳重要的战略性新兴产业，具备良好的产业基础，在新能源汽车、废弃物处理等领域拥有一批领军企业，2020年产业增加值达1227亿元（见图5-2），占全年战略性新兴产业增加值和地区生产总值的12%和4.4%。无论是产业的绿色低碳转型，还是绿色低碳产业的发展，都需要大量的资金支持。虽然政府资助能够起到很好的撬动作用，但仅仅依靠政府投资是远远不够的，需要广泛开拓市场化投融资渠道。而传统的金融市场不能有效地配置绿色发展资源，难以满足需求。因此，积极发展绿色金融，通过政府贴息、优惠利率、上市绿色通道等政策便利，引导和激励更多社会资本进入绿色低碳领域，提升绿色项目、绿色技术的融资水平和持续发展能力，加快推动产业低碳转型。

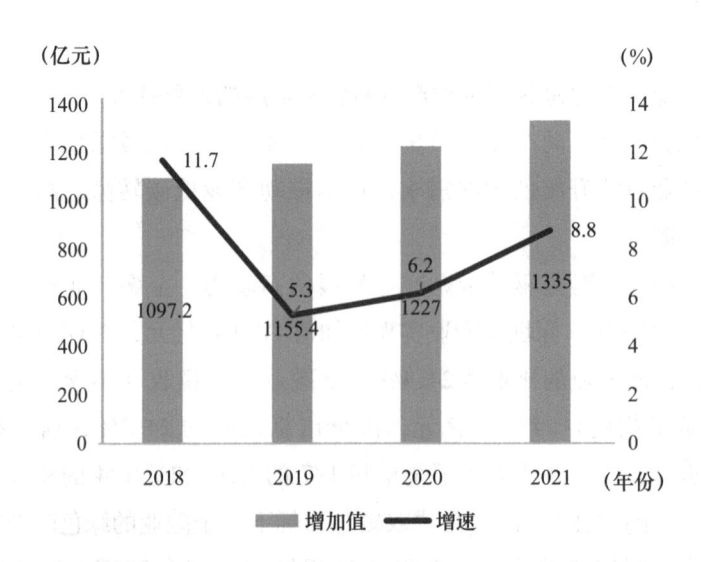

图5-2　2018—2021年深圳绿色低碳产业增加值和增速

资料来源：历年《深圳市国民经济和社会发展统计公报》。

发展绿色金融，不仅能够支持深圳产业绿色低碳转型，还能形成先行示范，向外复制推广相关模式，助力绿色低碳产业辐射外溢发展。

第三节 深圳绿色金融发展的现状、优势与不足

深圳绿色金融呈现良好的发展势头,在政策和制度、产业基础、科技创新、生态文明建设等方面具备显著优势,但是在协调机制、标准体系、发展规划、国际化水平、教育和人才资源等方面仍亟待提升。

一 发展现状

在国家相关政策指引下,深圳积极开展绿色金融实践,取得显著成效。绿色金融形成了较为完善的发展体系,产品和服务持续创新,金融科技与绿色金融深度融合,积极开展国际交流合作,呈现良好的发展势头。

(一)绿色金融发展体系初步形成

深圳在国家绿色金融顶层设计以及粤港澳大湾区协同发展的大背景下,持续完善自身绿色金融政策体系,以助推自身绿色转型发展、助力粤港澳大湾区生态文明建设。目前,深圳已经形成"1+1+1+N"的绿色金融发展体系,即"出台一部绿色金融法规,成立一个绿色金融发展工作领导小组,成立一个绿色金融协会,推出N项绿色金融创新举措",使政府、金融机构、行业协会等相关方协同推进完善地方绿色金融发展体系(见表5-3)。

表5-3　　　　　　　深圳绿色金融发展体系

名称	时间	主要内容
《深圳市金融业发展"十三五"规划》	2016年11月	在全国率先探索建立集绿色金融机构、绿色金融产品、绿色金融市场、绿色金融中介服务组织于一体的绿色金融服务体系
深圳绿色金融专业委员会	2017年6月	组织绿色金融银企对接会服务绿色实体经济发展
《深圳市人民政府关于构建绿色金融体系的实施意见》	2018年12月	鼓励金融机构加强绿色信贷、绿色债券、绿色保险等产品及服务创新,加大区域性环境权益交易市场建设,优化绿色金融发展基础环境

续表

名称	时间	主要内容
《深圳经济特区绿色金融条例》	2020年10月	中国首部绿色金融相关法律法规，不仅为深圳绿色金融建设提供法律支撑，也为中国绿色金融发展打开了新局面，产生示范效应
绿色金融发展工作领导小组	2021年6月	分管市领导任组长，统筹推进绿色金融发展
深圳市绿色金融协会	2021年8月	由深圳市地方金融监督管理局指导，创始会员达到103家，涵盖银行、证券、基金、保险等金融全业态，初步形成了共享融通的绿色金融生态圈

（二）绿色金融产品和服务持续创新

深圳积极推动、引导金融机构创新绿色金融产品和服务。国开行深圳分行参与发行中国首单"碳中和"专题"债券通"绿色金融债、民生银行深圳分行创新绿色产业链融资业务、平安财险深圳分公司国内首创绿色卫士装修污染责任险、平安信托发行国内首单"三绿"资产支持票据产品、南开大学中国公司治理研究院联合深圳市公司治理研究会和深交所发布了国内首只"绿色治理指数"、发行国内首只碳债券等，形成绿色金融产品创新示范效应，让更多的金融机构加入绿色金融产品创新的行列中，推动深圳市产业绿色转型。

（三）金融科技与绿色金融深度融合

深圳充分发挥金融科技优势，推动数字技术在绿色金融领域的应用。深圳银保监局与深圳市人居环境委员会合作搭建信息共享平台——环境污染强制责任保险信息平台，建立统一的绿色金融信息数据库，实现数据报送、统计、分析、查询等功能，有效解决企业及项目污染情况识别难题，降低绿色金融市场的信息不对称性，从制度上保障绿色金融的发展。平安财险利用大数据分析手段开发平安产险鹰眼系统环境风险地图（DRS），通过导入企业GPS坐标等信息，整合周边交通、水体、环境等数据，量化评估企业环境风险，解决环境污染责任险推广中的事前风险防范难题，为保险企业的环境风险筛选、保险费率厘定过程提供较为准确的量化依据，有效助力高风险传统产业的绿色转型。

（四）积极开展国际交流合作

深圳积极开展国际绿色金融交流合作，提升国际影响力。2017年12月，深圳加入全球金融中心城市绿色金融联盟（FC4S），成为全球第12座、内地第2座成员城市。2018年，深圳绿色金融专业委员会参与G20可持续金融研究小组会议、联合国环境规划署FC4S成员大会，主办绿色金融成果巡展等活动，显著提升了深圳绿色金融的国际影响力。

2019年10月9日，深圳与联合国环境规划署推动设立全球首个链接绿色金融与绿色实体经济的金融服务平台——绿色金融服务实体经济实验室。该实验室除了作为信息平台，还推动国内外绿色技术、绿色项目与资金对接。2020年9月，在中国金融学会绿色金融专业委员会指导下，深圳经济特区金融学会绿色金融专业委员会、广东金融学会绿色金融专业委员会、香港绿色金融协会和澳门银行公会共同发起成立粤港澳大湾区绿色金融联盟。这是全国首个区域性绿色金融联盟，联盟永久秘书处落户深圳。2020年以来，深圳与英国伦敦金融城联合举办多期"深伦双城论坛"，围绕绿色金融、ESG等主题进行深入交流。

（五）绿色金融保持良好发展势头

深圳绿色信贷、绿色债券、绿色保险、绿色信托规模保持稳步提升。截至2020年，深圳银行业金融机构绿色信贷余额达3488亿元，同比增长16.80%，较各项贷款增速高2.60%，绿色信贷规模与广州基本持平，占全省绿色信贷余额的比例高达47.71%。深圳环境污染强制责任保险在保企业672家，保额约12亿元，保费收入1727万元，保费规模占全省的36.2%。深圳市辖内小微绿色企业、绿色项目的再贴现绿色通道——"绿票通"累计办理401笔，金额约14亿元。深圳注册发行的绿色企业债、公司债、信贷ABS等共计50只，募集资金总额281亿元。

> **专栏：深交所发行专项服务海洋经济发展的绿色债券**
>
> 深交所推出募集资金主要用于支持海洋保护和海洋资源可持续利用相关项目的绿色债券，进一步拓展了绿色债券市场的深度和广度，助力推动海洋经济向质量效益型转变、海洋开发方式向循环利用型转变。
>
> 2022年3月，招商局通商融资租赁有限公司（以下简称"通商租赁"）和中广核风电有限公司（以下简称"中广核风电"）两只绿色债券在深交所市场发行，规模合计30亿元。其中，通商租赁的募集资金主要用于海上风电安装船项目建造，该项目建成后将用于大型海上风机安装施工作业，有效填补中国海上风机安装需求缺口；中广核风电的募集资金主要用于惠州港口和汕尾后湖海上风电项目建设，有助于推动可再生资源开发利用和海洋资源可持续利用。
>
> 深交所始终坚持绿色可持续发展理念，按照证监会统一部署，积极发挥交易所债券市场功能，积极为绿色产业发展提供直接融资支持。截至3月份，深交所共发行绿色债券及资产支持证券87只，募集金额近750亿元。

二 发展优势

深圳发展绿色金融具有良好的基础，在政策和制度、产业基础、科技创新、生态文明建设等方面具备很强的优势。

（一）显著的政策和制度优势

作为改革开放的试验田，党中央国务院一直给予深圳经济特区政策支持，鼓励先行先试、创新发展。2018年以来，围绕国家可持续发展议程创新示范区、中国特色社会主义先行示范区，以及粤港澳大湾区核心引擎城市建设，陆续出台了一系列政策文件，为深圳发展绿色金融提供了政策保障。

2018年3月，国务院批准深圳、太原、桂林开展国家可持续发展议程创新示范区建设。2019年2月，《粤港澳大湾区发展规划纲要》发布，提出湾区建设事关中国高质量发展进程，肩负着成为践行新发展理念时代先锋的重要使命，深圳要在美丽湾区建设中走在前列，为落实联合国2030年可持续发展议程提供中国经验。2020年10月18日，国家发展改革委发布《深圳建设中国特色社会主义先行示范区综合改革试点首批授权事项清单》，提出支持深圳积极探索多样化的科技金融服务模式；支持深圳积极发展绿色金融和金融科技，申建绿色金融改革创新试验区；探索完善绿色金融组织体系、标准体系、信息化管理体系，推动金融科技和绿色金融融合发展。2021年3月1日，中国首部绿色金融地方性法律——《深圳经济特区绿色金融条例》正式实施，为深圳发展绿色金融提供了法律保障。

(二) 良好的金融产业生态基础

深圳已经形成多层次的资本市场体系，集聚了大量的金融主体，为持续推动绿色金融发展提供了良好的产业生态基础。

深交所形成了主板、中小企业板、创业板三个板块相互补充、协调发展的资本市场体系。截至2021年3月25日，深交所上市企业数量为2614家，总市值为34.2万亿元。深圳拥有分行级以上持牌金融机构近500家。2020年1—9月，深圳23家证券公司的总资产、营业收入和净利润均位列全国第一。深圳有31家公募基金公司，管理规模约为8万亿元，位列全国第三。在私募基金层面，深圳的私募基金管理总额为1.91万亿元，位居全国第三。

2021年，深圳将气候投融资改革作为深圳实施综合改革试点首批授权事项清单的重点任务，绿色金融探索不断向纵深推进。截至2021年6月，深圳银行业金融机构绿色贷款余额3882.9亿元，占各项贷款余额的5.3%，同比增长26.0%，增速是各项贷款增速的2倍。2021年1—8月，深圳7家企业发行绿色债券9只，发行规模共106亿元。

(三) 强大的科技创新能力

深圳科技创新和金融科技创新均具有显著优势。科技创新为绿色金融提供了更加广泛的应用场景，金融科技为绿色金融赋能提升发展质量。

深圳历来重视创新投入，科技创新水平位居全国城市前列。2020年，深圳全社会研发投入经费超过1300亿元，占GDP的比重达到4.93%。截至2020年，深圳国家高新技术企业超过1.8万家，科技型中小企业超过5万家。2020年，深圳PCT国际专利申请量2.02万件，占全国的1/3，连续17年居全国各大城市首位。根据《深圳市科技创新"十四五"规划》，到2025年深圳全社会研发投入占地区生产总值的比重为5.5%—6%，全社会基础研究经费投入占研发经费的比重为5.5%—6%。这意味着2025年深圳研发经费投入将达到2020年全国的水平。在创新驱动的导向下，深圳在下一代通信网络、生命健康、新材料、新能源、数字化装备、高端芯片等领域，实现了一批产业核心技术和关键技术的重点突破，并加大了对极端天气气候领域科技应用、节能、非化石能源、二氧化碳捕集利用与封存技术等领域的研发扶持力度，设立对新能源汽车、节能环保产业项目的绿色低碳扶持计划，新建节能环保、新能源领域各级各类创新载体137家，为绿色金融的发展提供了市场需求和应用场景。

深圳的金融科技发展水平位居全球前列。根据《第31期全球金融中心指数》，深圳在全球金融科技中心排第6名（见表5-4）。金融科技作为提供金融服务效率的一种新兴科技手段，可以显著有效地提高绿色金融服务质量及效率，也可作为产业名片提升深圳国际影响力。

表5-4　　　　　　　　第31期全球金融科技中心排名

城市	排名	得分	城市	排名	得分
纽约	1	721	深圳	6	691
上海	2	705	洛杉矶	7	690
北京	3	701	香港	8	682
旧金山	4	693	芝加哥	9	680
伦敦	5	692	波士顿	10	679

资料来源：英国Z/Yen集团、中国（深圳）综合开发研究院编制：《第31期全球金融中心指数》，https://www.longfinance.net/documents/2903/GFCI_31_Chinese_Edition.pdf。

（四）绿色低碳的生态文明体系

基于可持续发展的需求，深圳通过多年探索逐步构建绿色低碳的发展体系，形成生态、生产和生活和谐共融的局面，以绿色低碳的生产生活方式破解发展与资源约束、环境承载力之间的矛盾，成为城市绿色低碳发展的典范。

深圳加大生态环境保护和治理力度，在经济高速增长的同时，打造蓝天、碧波、绿地的良好生态环境。坚持低碳发展模式，积极推动产业低碳发展，将以战略性新兴产业为核心的低碳产业打造成经济发展的绿色引擎，资源利用效率持续提升，低碳综合指数排名全国第一。① 加快推动能源消费结构低碳化发展、绿色交通体系跨越式发展、绿色节能建筑规模化发展、资源利用"无废化"发展，全面推广绿色低碳的生活方式。率先在全国开展GEP核算，完成以GEP核算实施方案为统领，以技术规范、统计报表制度和自动核算平台为支撑的"1+3"核算制度体系建设，给出了系统的深圳方案，为生态系统价值的金融化提供了基础。

三 存在的不足

深圳绿色金融取得了显著成绩，但在协作机制、标准体系、发展规划、配套体系、国际化水平、教育和人才资源等方面仍存在一些问题。

（一）绿色金融协作机制尚未形成

根据《深圳经济特区绿色金融条例》的要求，深圳成立一个绿色金融发展工作领导小组和绿色金融协会，统一协调绿色金融发展工作。但是，就深圳而言，绿色金融的发展涉及中国人民银行深圳市中心支行、市地方金融监督管理局、市发展改革委、市经信委、市交委、市环保局、商业金融机构等众多部门和主体。目前，相关机构之间尚未形成较好的协作机制，无法形成合力加快推进绿色金融的发展和壮大。

（二）绿色金融发展规划缺失

深圳分别于2018年和2020年出台了《深圳市人民政府关于构建绿色金融体系的实施意见》和《深圳经济特区绿色金融条例》，对深圳构建绿

---

① 谢伏瞻、刘雅鸣主编：《应对气候变化报告（2018）：聚首卡托维兹》，社会科学文献出版社2018年版，第25页。

色金融体系提出发展方向。但是，深圳还没有编制绿色金融发展规划，也没有针对碳金融、海洋金融等绿色金融的重点领域制定规划和实施方案。

（三）绿色金融配套体系不够完善

绿色金融基础设施、标准体系、激励制度等配套体系还不够完善。深圳绿色金融基础设施较为薄弱，尚未建立绿色金融综合服务平台、绿色金融监管信息系统，缺乏统一的绿色企业、绿色项目、绿色技术信息库，相关信息分散，获取难度大、成本高。绿色金融标准不够明晰，缺乏完备的碳信息核算机制，金融机构环境信息披露的难度较大，绿色信贷尚未建立前置性的评价认定标准。地方财税对绿色金融的支持政策力度有限，正向激励及引导力度不足，不能有效激发相关机构发展绿色金融的积极性。

（四）国际化水平不高

深圳积极在绿色金融领域开展国际合作交流。但是，与国际一流金融中心相比，深圳的国外机构和国际组织少，在市场规模、总部机构、资源聚集、开放程度等方面还有明显差距，国际化水平仍然有待提升。深圳金融业增加值只相当于北京、上海的约60%，外资法人银行数量约为上海的1/4、北京的1/2。2018年，中国放宽金融业外资持股限制以来，全国8家外资控股证券公司均落户上海、北京，全国31家外商独资私募证券投资基金管理人有28家落户上海。

（五）教育和人才资源不足

近年来，深圳人才引进全面提速。但是，绿色金融领域高端人才和国际人才供给仍较为紧缺，相关培养机制也相对不足，在一定程度上制约了绿色金融发展。深圳高等教育发展迅速，计划2025年前高校数量达到20所。但是，与北京（93所）、广州（82所）及上海（64所）尚存在非常大的差距。而绿色金融领域，北京有中央财经大学绿色金融国际研究院、清华大学国家金融研究院绿色金融发展研究中心以及首都经济贸易大学中国ESG研究院；上海有复旦大学绿色金融研究中心及上海交通大学上海高级金融学院；广州则有暨南大学资源环境与可持续发展研究所。深圳暂未成立专门的绿色金融研究和人才培养机构。与北京和上海等城市相比，深圳高端金融人才也存在较大差距。以 CFA 持证人才数量为例，深圳只有北京的 1/2、上海的 1/3。

第四节 深圳绿色金融创新的突破方向

深圳应该充分发挥区位优势、政策优势和金融科技优势，从国内和国际两个层面开展创新，打造国际绿色金融资源配置中心。

一 担当国内绿色金融创新先行示范

从国内层面来看，深圳积极开展绿色金融创新先行示范，重点推进 ESG 信息和碳信息披露和碳普惠体系建设，形成可复制可推广的经验。

（一）率先实施 ESG 和碳信息披露制度

依托深圳证券交易所，率先制定和实施上市公司 ESG 和碳排放信息披露制度，推动上市公司树立低碳发展意识，落实"双碳"行动。

一是建立 ESG 和碳排放信息披露机制。强制上市公司披露 ESG 信息和碳排放信息是国际大趋势。美国证券交易委员会拟出新规，要求企业披露气候相关信息。2022 年 3 月 21 日，美国证券交易委员会发布了《加强和规范服务投资者的气候相关披露》的拟议规则，拟要求上市公司按照最严格的标准披露碳排放情况，不仅包含上市公司自身的排放，还应包含供应商和合作伙伴的排放情况。中国披露 ESG 报告的上市公司占比仍然较低，据 Wind 统计，2021 年中国 A 股上市公司共披露 1159 份 ESG 报告，占上市公司总数（4684 家）的 24.74%。深圳应依托深圳证券交易所，配合证监会制定和完善上市公司 ESG 信息和碳排放信息披露制度，引导上市公司主动适应绿色低碳发展要求。完善线上平台建设，配合信息披露规范及时披露相关信息，使得 ESG 和碳排放逐渐反映到股票价格中。

二是提供相关的指导服务。加强上市公司 ESG 相关培训力度，开展"双碳"主题培训，加强"双碳"产业发展及配套政策宣讲，使其为上市公司、拟上市企业更好地了解自身 ESG 现状，提供 ESG 相关信息服务。

三是培育市场化第三方中介机构。为企业提供环境信用评估、气候和环境信息披露咨询、碳排放和碳足迹核查等服务，推动区域绿色金融风险防范机制的建设完善。

(二) 加快构建"双联通、四驱动"的碳普惠体系

依托深圳碳排放权交易所完善碳普惠体系，加快覆盖低碳场景，实现低碳行为的数据化，推动低碳行为数据平台与碳交易市场平台互联互通，以低碳行为变现激励居民碳减排。

一是构建全场景数据化的碳普惠体系。根据发达国家经验，完成工业化后居民生活消费产生的碳排放占比达到60%—80%，成为碳排放的主要增长点。深圳作为管理人口超过2000万人的超大城市，居民生活消费碳减排的潜力非常大。深圳应依托深圳碳排放权交易所加快构建碳普惠体系，在完善制度标准和评价规范体系的基础上，联合交通、电力、水务等管理部门和企业建立起广泛覆盖绿色出行、绿色消费、绿色生活、绿色公益、小微企业节能减排项目等在内的低碳场景体系。充分发挥数字经济优势，依托华为和腾讯等企业的技术支持，建立碳行为数据平台，优化数据采集功能，将碎片化的低碳行为数字化。

专栏：居民生活消费是重要的碳减排对象

2020年碳阻迹发布的《大型城市居民消费低碳潜力分析》从衣食住行用等方面估算了千万人口以上的大型城市在生活和消费上存在的碳减排潜力。结果显示，一个人口超过1000万人的一二线城市，居民若能在消费方面做出低碳选择，2030年平均每人的减排潜力至少可达1129.53千克（见表5-5），一年可通过居民的低碳行为减少约1100万吨碳排放。据此，深圳实际管理人口超过2000万人，每年居民潜在的减碳量将超过2000万吨。通过碳普惠体系鼓励全民参与减排，将对深圳实现"双碳"目标提供重要支撑。

表5-5　　　人口超千万城市2030年人均减排潜力

单位：kgCO$_2$/人·年

类别	低碳场景	减排潜力		2030年人均减排潜力
衣	减少购买服装	37.22	37.22	79.34*
	租衣服*	42.12		
	选择有减排目标/行为的品牌	—		
食	一周一天素食	128.71	160.63	925.31*
	改变食肉量过大*	764.68		
	光盘行动	31.92		
住	节约电力	37.26	456.71	
	选择可再生能源	335.38		
	选择节能家电	84.07		
行	私家车	144.59	440.26	
	长途出行火车代替飞机	295.67		
用	减少使用塑料&一次性筷子	15.44	34.71	
	包裹&可回收垃圾	19.27		
合计			1129.53	1936.33*

资料来源：碳阻迹《大型城市居民消费低碳潜力分析》，https：//www.efchina.org/Attachments/Report/report-lccp-20200413-2/%E5%A4%A7%E5%9E%8B%E5%9F%8E%E5%B8%82%E5%B1%85%E6%B0%91%E6%B6%88%E8%B4%B9%E4%BD%8E%E7%A2%B3%E6%BD%9C%E5%8A%9B%E5%88%86%E6%9E%90.pdf。

二是推动低碳行为数据平台与碳交易市场平台实现互联互通。2021年11月，深圳市生态环境局发布了《深圳碳普惠体系建设工作方案》，提出打造国内首个"双联通、四驱动"普惠体系，[1]搭建碳普惠统一平台，逐步实现碳积分、碳普惠减排量与碳交易市场的联通、兑换和交易。目前，深圳推出了"低碳星球"小程序，开通和运营个人碳账户。但是，

---

[1] "双联通"即低碳行为数据平台与碳交易市场平台互联互通，"四驱动"即商业奖励、政策鼓励、公益支持和交易赋值。

现在仅实现了低碳出行行为的碳积分功能。深圳应加快打通低碳行为数据平台与碳交易市场平台，将碳普惠核证减排量纳入深圳碳市场核证自愿减排量交易品种，使得碳普惠核证减排量可以用于碳市场履约抵消，实现碳积分的变现。通过市场机制激发公众参与碳减排的主动性和积极性，撬动2000多万实际管理人口的碳减排"长尾效应"。

二 打造链接国际绿色金融市场的纽带

从国际层面来看，深圳加强绿色金融国际合作，打造"一带一路"绿色融资平台和碳交易国际板，打造连接国际绿色金融市场的纽带。

（一）加强绿色金融国际合作交流

深圳是中国金融国际合作交流的桥头堡，应该进一步探索加大金融开放力度，建立国际互联互通平台，持续提升在绿色金融领域的国际影响力和话语权。

一是推动成立联合国亚太绿色金融科技创新示范中心（以下简称"示范中心"）。依托全球金融中心城市绿色金融联盟，加深与联合国环境规划署和联合国开发计划署的合作，在深圳湾科技金融核心区发起成立示范中心。以示范中心为平台和纽带，充分发挥深圳金融监管科技和金融科技优势，在更高层次上引进国际绿色金融资源，集聚一批绿色金融国际机构，培育一批金融科技龙头企业，打造一批金融科技创新项目，吸引一批金融科技高端人才，全面推动深圳绿色金融国际合作步伐，打造国际绿色金融科技前沿创新高地。

二是推动建立绿色金融实验室。借鉴深圳与全球金融中心城市绿色金融联盟合作成立绿色金融服务实体经济实验室的经验，与国内外金融中心城市合作，在香蜜湖新金融中心建设绿色金融实验室。依托绿色金融实验室，推动深圳绿色金融机构对接国际资本市场，积极推动国内外绿色技术、绿色项目与资金的匹配，加快绿色金融国际化发展。

三是依托发挥粤港澳大湾区绿色金融联盟开展国际合作。深圳作为粤港澳大湾区绿色金融联盟的秘书处所在地，充分发挥联盟的平台作用，深化深港澳绿色金融合作，探索建立大湾区统一的绿色金融标准，积极推动粤港澳绿色金融产品的互联互通，集聚广深港澳四地金融资源支持大湾区绿色产业发展，并辐射全国其他省市和"一带一路"共建国家。

四是举办国际绿色金融论坛。依托深圳绿色金融委员会和绿色金融协会，围绕绿色金融科技、绿色金融监管等主体策划具有深圳特色的论坛品牌，把"深伦双城论坛"打造成精品。通过论坛交流学习国外绿色金融的先进经验，把深圳在绿色金融领域取得的经验和创新成果传播到国际舞台，讲好中国绿色金融故事。

（二）打造"一带一路"绿色金融中心

在国家推进绿色"一带一路"建设的背景下，深圳依托"一带一路"环境技术交流与转移中心打造"一带一路"绿色金融中心，为"一带一路"绿色发展提供绿色金融、绿色投资、绿色技术支持，推动中国绿色低碳产业走出去。

一是进一步扩大"一带一路"环境技术交流与转移中心的影响力。"一带一路"环境技术交流与转移中心成立于2016年，是生态环境部和深圳市政府共建的重点项目，由环境保护部中国—东盟环境保护合作中心、龙岗区人民政府和深圳市人居环境委员会三方共同设立。该中心定位为环境技术交流和环保国际合作高端平台，为"一带一路"建设提供环境服务，打造环保技术创新硅谷和环保国际合作高地，致力于发挥深圳改革创新的先行示范作用，带动国内外环保产业优势资源集聚，创新环境技术交流转移模式，共建绿色"一带一路"。"一带一路"环境技术交流与转移中心的定位非常高，但是作用尚未充分发挥出来，需要整合更多资源，尤其是金融资源赋能，扩大影响力。

二是打造"一带一路"绿色金融中心。随着"一带一路"倡议的进一步深化和落实，绿色金融将成为中国对外战略的助推器，有利于改善国家形象，提升国家话语权。深圳应依托"一带一路"环境技术交流与转移中心，联合香港在前海深港国际金融城发起成立"一带一路"绿色金融中心。充分发挥香港完善的法律制度、成熟的资本市场以及稳健的基础设施，更好地利用国内国外两个市场、两种资源，将"一带一路"绿色基础设施建设项目与绿色金融对接，提供低成本的融资，进一步提升深圳绿色金融资源的全球配置能力，打造"一带一路"重要的绿色融资平台。

（三）创设碳交易国际板

依托中国万亿规模碳市场，以深圳碳排放权交易所为载体，推动创设碳交易国际板,打造具有全球示范性的绿碳和蓝碳交易中心,实现与国际碳市场的互联互通,推进碳交易的互认。

一是创设碳交易国际板。目前,中国统一碳市场启动,随着重点行业逐步纳入交易,该市场将成为全球最大的碳市场。但是,中国碳交易不活跃、交易价格偏低,中国碳市场还面临与国际碳市场互联互通和碳交易互认的问题。因此,有必要适当放宽准入,引入国际资本,不断提升碳市场吸引力、透明度、交易效率和定价机制。深圳是中国第一个启动碳交易的城市,自2013年开市以来树立了"开放、创新、引领"的良好形象,具备开展碳交易国际化试点的基础。深圳可以依托深圳碳排放权交易所创设碳交易国际板,发挥中国碳市场规模优势,利用香港金融市场引进国际投资者,在碳交易国际化方面先行先试,探索交易体系和监管体系,加快碳市场的对外开放,为中国与国际碳市场对接探索经验。

二是创设蓝碳国际交易中心。海洋在固碳方面发挥着重要作用,据估计,自18世纪以来,海洋吸收的CO_2占化石燃料排放量的41.3%左右和人为排放量的27.9%左右,地球上55%的生物碳或绿色碳捕获是由海洋生物完成的。[①] 促进海洋碳汇发展,开发海洋负排放潜力,是实现碳中和目标的重要路径。2020年,深圳率先编制完成全国首个《海洋碳汇核算指南》,明确核算边界、核算方法、活动水平数据收集及来源、排放因子确定方法等关键内容。深圳应发挥先发优势,瞄准海洋碳汇交易的蓝海,依托香港北部都会区"双城三圈"和国际海洋开发银行建设契机,成立蓝碳国际交易中心;积极开展蓝色碳汇统计、认定标准和交易体系研究,争取国际蓝碳标准制定权,抢占国际蓝碳交易制高点;承接全国海洋碳汇交易,并在此基础上向国际海洋碳汇交易延伸辐射。

第五节 深圳绿色金融发展的对策建议

基于深圳绿色金融发展基础,对标先进城市经验,建议深圳完善顶

---

① 澎湃新闻:《什么是"海洋碳汇"?如何进行海洋碳汇核算?》,https://www.thepaper.cn/newsDetail_forward_12932491。

层设计、积极开展标准研究、加大市场主体培育力度、加快数字化平台建设、推动产品服务创新和加强智力支持体系建设，推动绿色金融实现高质量发展。

一 完善绿色金融顶层设计

完善顶层设计，从工作机制、法律制度体系和发展规划等方面构建支持绿色金融发展的长效机制。

（一）建立绿色金融发展联席会议制度

由绿色金融发展工作领导小组牵头联合相关政府部门、金融监管机构和金融企业建立绿色金融发展联席会议制度。分管市领导定期主持召开绿色金融联席会议，加强信息互通共享，聚力解决重大发展问题，统筹推进绿色金融发展。

（二）加快完善法律制度体系

一是加强法律体系建设。用好特区立法权，以《深圳经济特区绿色金融条例》为基础，逐步完善绿色金融的法规体系，明确绿色金融范畴、基本原则、发展目标和要求、保障措施等。同时，在制定和修改其他金融领域相关法律、法规时，体现绿色金融原则。

二是完善绿色金融发展政策。梳理现有绿色金融政策，结合绿色金融发展重点问题适时进行修订补充，并在相关领域出台配套政策和实施细则。建立健全风险补偿、风险共担、创新奖励等机制，充分发挥政策的激励引导作用，鼓励各类金融机构创新绿色金融工具和服务，持续加强绿色金融对实体经济转型发展的支持作用。

三是建立绿色金融统计制度。将绿色金融统计纳入地方统计调查项目，为绿色金融发展提供数据支持。

（三）编制专项发展规划

组织编制《深圳绿色金融发展专项规划》。以规划编制为契机，对全市绿色金融进行全面摸底，掌握全市绿色金融发展状况及面临的问题。依据党和国家有关绿色金融发展战略，确定深圳绿色金融的发展战略，明确绿色金融在全国金融创新中的角色与任务。

> **专栏：国际金融中心城市绿色金融顶层设计实践**
>
> 专门管理机构、制度体系、发展战略和发展规划等顶层设计是引领绿色金融发展的重要指引。伦敦、新加坡、香港等国际金融中心城市均形成了较为完善的绿色金融政策框架体系。
>
> 新加坡金融管理局、香港绿色和可持续金融跨机构督导小组、上海陆家嘴金融城理事会绿色金融专业委员会等机构，在整合绿色金融发展资源，推动绿色金融创新、国际合作和人才培养等方面发挥了积极作用。
>
> 2019年7月，英国发布了《绿色金融战略》（*Green Finance Strategy*），对绿色金融发展做出了规划。
>
> 2019年11月，新加坡金融管理局（Monetary Authority of Singapore）发布《绿色金融行动计划》（*Green Finance Action Plan*），提出了绿色金融发展的四大支柱：增强抵御环境风险的韧性、开拓绿色金融市场、有效利用科技、增强绿色金融能力建设。
>
> 2019年5月，香港金融管理局分别公开分阶段建立绿色及可持续银行业的监管框架、外汇基金加强推动负责任投资以及在金管局基建融资促进办公室旗下成立绿色金融中心三项举措推进绿色金融发展。
>
> 2021年10月，上海市人民政府办公厅印发《上海加快打造国际绿色金融枢纽服务碳达峰碳中和目标的实施意见》，明确了加快打造国际绿色金融枢纽的措施。

二 积极开展绿色金融标准研究

积极参与制定绿色金融国际和国家标准，提升在绿色金融领域的话语权，增强绿色金融资源的集聚和配置能力。

（一）积极参与国际标准建设

积极参与绿色金融国际标准体系建设相关工作，代表国家在绿色金融国际标准制定领域发声。鼓励金融机构和头部企业参与细分领域的标准制定。坚持共同但有区别的原则，充分考虑多方诉求，接轨国际成熟的绿色金融规则,率先构建一批绿色金融项目技术和服务标准。

(二) 推动国家和区域绿色金融标准建设

积极推动国家绿色金融标准化工程,并争取参与标准化的制订工作。推广国家绿色金融标准,组织制定国家绿色金融标准配套制度。

充分发挥粤港澳大湾区绿色金融联盟秘书处平台作用,深化深港澳绿色金融合作,探索建立大湾区统一的绿色金融标准。

在与国家标准衔接的前提下,立足深圳实际,推进绿色金融的地方行业标准化建设,建立一套充分反映深圳绿色金融标准,推动绿色金融规范健康发展。

> **专栏:国际金融中心城市积极主导制定绿色金融标准**
>
> 国际金融中心城市都致力于抢占绿色金融标准领域的制高点。
>
> 伦敦一直引领绿色债券、ESG等领域的标准制定,奠定在国际绿色金融领域的地位。
>
> 新加坡结合国际绿色金融标准,制定国内绿色分类标准,并将其纳入"转型经济活动"。
>
> 香港积极对接国际绿色金融标准,香港金融管理局分阶段推动绿色及可持续银行发展,香港证券及期货事务监察委员会公布了《绿色金融策略框架》,通过提供符合国际标准的披露指引,确保香港发售绿色金融产品的信用。

三 加大市场主体培育力度

加强绿色金融市场主体培育支持力度,引导金融机构积极探索绿色转型,争取发起设立绿色银行等专业绿色金融机构,为绿色金融市场发展提供支撑。

(一) 推动金融机构绿色转型

进一步强化政策激励,逐步对金融机构开展绿色金融业绩评价,推动金融机构绿色转型。引导银行等金融机构设立绿色金融总部、绿色金融部、绿色支行等专营机构,推进绿色金融专业化经营。鼓励金融机构结合绿色低碳产业发展和碳减排需求创新绿色金融业务模式。

（二）发起设立专业绿色金融机构

筹建全国首家政策性绿色银行，吸引包括社保基金、保险公司、养老基金以及其他具有长期投资意愿的机构资金。开展绿色贷款、股权投资和担保等业务，专注于为大型的环保、节能、新能源和清洁交通等项目提供融资。

四　加快数字化平台建设

加强绿色金融基础设施建设，构建绿色金融公共服务平台、绿色企业（项目）数据库和"双碳大脑"等数字化平台。

（一）构建绿色金融公共服务平台

建立绿色金融公共服务平台，加强信息共享和披露，为绿色金融监管、绿色金融服务提供数据支持。

加强企业碳排放、污染排放、环境违规记录、环境信用评价等信息的公布。加强金融监管部门与环境保护、安全生产、经济与信息化等职能部门和金融协会等社会组织之间的信息共享。建立和完善信息披露的系统和机制，强化绿色信息共建共享，鼓励金融机构积极运用绿色信息开展绿色金融业务。

未来，进一步在国际范围内提高绿色金融数据的质量和数据可获得性，拓宽绿色金融数据分享渠道，以更准确、透明的基础数据，为绿色金融国际合作提供便利，降低绿色金融合作过程中的潜在风险。

（二）建立绿色企业（项目）数据库

建立绿色企业（项目）数据库，把拟申报绿色金融贷款、绿色金融财政补贴的企业和项目纳入数据库，并要求定期申报环保数据、水电煤气等消耗数据，以便政府、金融机构对企业进行评估。

（三）打造"双碳大脑"

充分发挥深圳智慧城市建设的优势，依托城市数字底座构建涵盖企业生产碳排放和居民生活碳排放的"双碳大脑"。实现碎片化数据的集成应用，为推进碳减排、实现"双碳"目标提供精准决策支持。

> **专栏：新加坡"绿色蓝图计划"**
>
> 2020年12月，新加坡金融管理局宣布实施"绿色蓝图计划"（Project Greenprint），通过与业界合作打造了可持续发展数据共享、认证信息登记、通用信息披露、绿色市场对接4个绿色金融国家数字平台，打通了监管部门、金融部门和实体经济间可信的ESG数据流，满足了金融部门对可持续发展相关数据的需求，帮助监管部门监控新加坡各金融机构可持续发展承诺完成情况及评估其环境投资绩效。

五 推动绿色金融产品服务创新

支持市场主体结合深圳实际创新绿色金融产品、工具和业务模式，增强绿色金融的商业可持续性。

（一）完善绿色信贷产品和服务

面向产业发展融资需求，推广新能源贷款、能效贷款、合同能源管理收益权质押贷款等能源信贷品种，创新绿色供应链、绿色园区、绿色生产、绿色建筑等绿色信贷品种。

发展个人绿色消费信贷。建立绿色住房抵押贷款、汽车消费贷款、绿色信用卡等方式，推动个人绿色消费，提高社会群体绿色意识，从而反过来促进企业加大绿色产品研发，鼓励企业绿色转型，形成良性循环。

（二）创新绿色债券产品和服务

有序推进绿色债券产品创新，拓宽绿色产业直接融资渠道。结合绿色农业、绿色建筑、可持续建筑、水资源节约和非常规水资源利用等新时代国家重点发展的绿色产业领域，以及CCUS等绿色项目的融资需求开发绿色债券产品。积极探索气候债券、蓝色债券等创新型绿色金融产品。

（三）拓展绿色保险产品和服务

开展环境污染强制责任保险、绿色建筑质量保险、绿色产业产品质量责任保险以及其他绿色保险业务。鼓励金融机构承销绿色公司债券、绿色企业债券、绿色债务融资工具、绿色资产支持证券、绿色担保支持证券等。

(四) 探索创新碳金融衍生产品

积极发展碳金融，创新基于碳排放权交易的各类衍生金融产品。支持深圳碳排放权交易所围绕碳市场开展包括排放权质押、碳期货、碳期权以及挂钩排放权的结构性产品等碳金融创新，促进碳市场价格发现、风险管理及融资等基础功能有效发挥，为进一步构建远期、期货、期权和掉期等碳金融衍生品市场体系探索经验。

> **专栏：国际金融中心城市绿色金融产品创新实践**
>
> 伦敦证券交易所（以下简称"伦交所"）作为全球四大证券交易所之一，积极开展绿色金融产品创新。2009年，世界银行发行的第一只绿色债券在伦交所挂牌。2015年，伦交所在全球率先为绿色债券设立了专门的交易板块。2019年，伦交所将绿色债券细分市场扩展为更为全面的可持续债券市场（SBM）。伦交所还开发了富时罗素绿色影响指数、富时罗素4Good指数、富时罗素环境科技指数、富时罗素环境机会指数、富时罗素非化石燃料指数五大绿色投资指数系列。
>
> 新加坡发布可持续债券资助计划，发行了近百亿美元的绿色债券支持可再生能源项目。2019年，设立总额20亿美元的绿色投资计划。出台绿色和可持续性挂钩贷款津贴计划（GSLS），为寻求绿色贷款的企业支付第三方绿色贷款认证费用。鼓励银行制定与绿色、可持续挂钩的贷款框架，使得中小企业更容易获得绿色融资。
>
> 北京鼓励金融机构开展绿色金融产品创新。中国工商银行北京分行积极参与新能源项目、绿色交通重大项目建设，积极支持京津冀区域环境治理和空气改善项目，推动区域基础设施绿色升级发展。建设银行逐步形成"绿色金融+"模式，推出"绿色金融+传统信贷"、直接融资、普惠金融、碳排放等金融产品，统筹推动绿色金融发展。

六 加强智力支持体系建设

加快构建绿色金融智库体系，引进和培养并举推进绿色金融人才队伍建设，为绿色金融发展提供智力支持。

（一）构建绿色金融智库体系

整合国内外资源，构建"高校＋智库（研究机构）＋金融机构"的绿色金融智库体系。持续跟踪国内外绿色金融发展动态，开展绿色金融理论、政策和实践研究，为持续推动绿色金融体制机制、产品创新提供智力支持。

（二）引进和培养绿色金融人才

通过加强人才引进和培养，推进绿色金融人才队伍建设。

在现有的人才政策基础上制定绿色金融专项人才引进方案，加大高层次和急需紧缺绿色金融人才支持力度，加快引进国外和香港专业人才。鼓励金融机构全球引智，通过兼职、顾问等方式加大柔性引才力度。创新人才服务机制，妥善解决绿色金融人才发展面临的住房、医疗、教育等现实问题，保证引进来，更要留下来。

持续增强绿色金融人才培养能力。支持金融机构与高等院校合作，参考国外人才培养经验，依托深圳大学、南方科技大学、哈尔滨工业大学（深圳）等高校，开设绿色金融专业或课程，大力培养绿色金融复合型人才。

专栏：国际金融中心城市绿色金融智力支持体系建设实践

国际金融中心城市依托丰富的高等教育资源，发起设立绿色金融研究平台，推出绿色金融专业或者相关课程，从研究和人才培养两个维度强化发展的智力支持。

英国《绿色金融战略》提出正式启动绿色金融教育章程，确保与金融服务相关的资格证书包含对从业者进行绿色金融方面的培训。支持高校推出绿色金融相关课程，加强人才培养。例如，帝国理工学院成立气候金融与投资中心（Centre for Climate Finance & Investment）推出可持续金融相关课程、伦敦大学亚非学院（SOAS）提供可持续金融和气候变化课程等。

2020年10月，新加坡金融管理局、新加坡管理大学和帝国理工学院商学院共同发起设立了新加坡绿色金融中心，致力于绿色金融研究和人才培养，通过多学科交叉的研究和培训，提高金融机构、企业及决策者环境风险管理能力。

香港绿色人才培养在亚太地区处于领先水平。香港成立了绿色及可持续金融中心，加强人才培训。2021年12月，香港科技大学推出亚洲首个科技/绿色金融工商管理硕士项目，培养具有绿色环保和可持续发展理念的商业人才。

北京聚集了北京绿色金融与可持续发展研究院、中央财经大学绿色金融国际研究院、清华大学国家金融研究院绿色金融发展研究中心及首都经济贸易大学中国ESG研究院等一批国内领先的绿色金融研究机构，为开展金融理论及本土实践研究，培养绿色金融人才奠定了良好的基础。

上海依托高校资源，为绿色金融发展提供科研和人才等智力支持。例如，复旦大学绿色金融研究中心和上海高级金融学院在绿色金融和责任投资等方面开展相关研究、上海高校联合开展特许全球金融科技师CGFT，为科技行业培养掌握金融知识体系并具备科技创新理论功底的复合型金融科技人才。

第六章

率先构建现代化"双碳"治理体系

第一节 碳治理体系的概念与内涵

"治理体系"这一概念在党的十八大之前很少出现在学术研究中。2013年11月,《中共中央关于全面深化改革若干重大问题的决定》首次提出了"国家治理体系和治理能力现代化"的概念,并在全文中24次提到"治理",但并未就"国家治理体系"这一概念进行进一步阐释。2013年11月12日,在党的十八届三中全会第二次全体会议上,习近平总书记发表了题为"切实把思想统一到党的十八届三中全会精神上来"的讲话,首次界定了"国家治理体系"基本内涵,指出"国家治理体系是在党领导下管理国家的制度体系,包括经济、政治、文化、社会、生态文明和党的建设等各领域体制机制、法律法规的安排,也就是一整套紧密相连、相互协调的国家制度"①。

目前,关于碳治理体系尚无明确定义,可借鉴的概念为环境治理体系。2020年3月,中共中央办公厅、国务院办公厅印发《关于构建现代环境治理体系的指导意见》,在发展目标中明确提出"到2025年,建立健全环境治理的领导责任体系、企业责任体系、全民行动体系、监管体系、市场体系、信用体系、法律法规政策体系,落实各类主体责任,提高市场主体和公众参与的积极性,形成导向清晰、决策科学、执行有力、激励有效、多元参与、良性互动的环境治理体系"②,将领导责任体系、

---

① 习近平:《论坚持全面深化改革》,中央文献出版社2018年版,第47—48页。
② 《中共中央办公厅 国务院办公厅印发〈关于构建环境治理体系的指导意见〉》,https://www.gov.cn/zhengce/2020-03/03/content_5486380.htm。

企业责任体系、全民行动体系等"七个体系"作为构建环境治理体系的重要抓手。据此分析，碳治理体系是指通过一定的体制机制、法律法规和规则程序设计安排，有效促进政府、企业、社会大众之间的分工协作，最终实现"双碳"目标的系统工程。概而言之，碳治理体系既包括围绕"双碳"目标制定的法律法规政策体系，也包括政府、企业和居民各方参与碳治理的行为本身。

第二节 构建具有引领性的"双碳"治理体系

发挥深圳综合优势，以改革为动力，以法治为保障，积极落实各类主体责任，加快构建导向清晰、决策科学、多元参与、执行有力的现代化"双碳"治理体系。

一 创新构建更加完善的市场化减排机制

构建以市场化为核心的减排机制，关键在于依托深圳碳市场建立"总量目标—配额分配—市场交易"三位一体、无缝衔接的制度体系，即通过碳排放总量的科学设定和配额指标的分配和交易机制督促覆盖行业企业低碳转型，最终实现碳减排目标。

（一）健全碳市场交易制度

一是争取深圳碳市场试点保留并逐步扩大碳市场覆盖范围，打造市场化减排核心枢纽。在电力行业统一纳入全国碳市场后，继续发挥深圳碳市场的试点示范作用，结合深圳城市和经济社会发展特点，积极探索将更多领域、更大范围排放主体纳入行业碳交易的可行性，合理有序扩大碳市场管控行业范围，将主体责任比较明确的大型购物中心、酒店、写字楼、公建设施、产业园区等纳入碳管控体系或碳交易市场，建立与碳排放总量控制和行业碳减排目标相衔接的碳配额总量设定和分配制度，更好发挥市场化的减排推动作用。探索开展自愿性减排交易，适时开展林业碳汇、蓝色碳汇等交易，促进碳汇能力提升。

二是建立更科学的总量目标分配制度。目前，由于全市碳排放总量控制目标并没有明确，行业的减排目标并没有在总量控制目标的总盘子下进行确定，这就容易出现过剩配额，导致碳市场的减排作用难以真正发挥。因此，建议优先确定深圳碳排放总量控制目标，在此基础上，根据深圳碳市场覆盖的行业范围和企业规模，合理确定深圳碳市场的配额总量，为企业参与减排和交易提供指标支撑，全球不同碳交易体系所覆盖的行业见表6-1。

表6-1　　　　　　　　全球不同碳交易体系覆盖行业

国家地区	覆盖部门	排放覆盖率（%）
新斯科舍省	电力、工业、建筑、交通	82
魁北克省	电力、工业、建筑、交通	78
加利福尼亚州	电力、工业、建筑、交通	75
韩国	电力、工业、建筑、国内航空、废弃物	74
新西兰	电力、工业、建筑、交通、国内航空、废弃物、林业	51
哈萨克斯坦	电力、工业	41
中国	电力	40
德国	建筑、交通	40
墨西哥	电力、工业	40
欧盟碳排放交易体系	电力、工业、国内航空	39
中国试点地区	工业、建筑、交通、国内航空	32
英国	电力、工业、国内航空	31
埼玉县	工业、建筑	20
东京市	工业、建筑	20
马萨诸塞州	电力	11
区域温室气体倡议	电力	10
瑞士	电力、工业、国内航空	10

注：中国地方自2013年起陆续启动的碳交易试点均覆盖了电力行业。随着国家碳市场的启动，重合的履约单位将纳入国家碳市场。

资料来源：International Carbon Action Partnership, Emissions Trading in Practice a Handbook on Design and Implementation, 2nd Edition, p. 57.

在实施过程中，需根据碳达峰前后的减排目标差异进行合理的制度安排。在碳排放峰值到来之前，碳市场总量配额设置应当基于深圳每年的碳排放增量进行转化，采用有限增长的"滚动"设定模式，即每年配额总量的绝对值有所增加，但总量的增长率逐年递减，并受到深圳碳排放增量目标的约束。在碳排放峰值到来之后，深圳排放交易机制的总量设置将正式进入排放总量下降模式，参考EU-ETS第三期之后的线性递减路径，递减率的设置将取决于碳中和目标的要求、深圳减排的决心以及深圳经济的承受能力。

需要注意的是，由于碳排放受到经济、能耗、技术等不同因素的年度波动影响，碳排放量也难免受到经济形势、重大突发事件的影响而出现波动，这就需要建立柔性化的目标管理机制，使得减排目标在完成过程中具有一定灵活性，可根据经济发展、低碳技术发展等因素进行微调，也可在部门之间进行抵消。并且，考虑到企业的倒闭、产能异地搬迁以及增资扩产等实际情况引起的配额需求变化，需要有适应性的制度安排。如欧盟在配额总量设置中首先划分一定比例的新入者储备（NER），专门用于产能增加的排放配额需求部分。针对经济危机等潜在的外部冲击，欧盟也设置了市场稳定储备机制（MSR），适时扣减或投放一定数量的存储配额进入市场，以起到"蓄水池"作用。而在针对企业倒闭和产能异地搬迁等问题造成的配额过剩问题，应建立相应的配额清零或减扣机制。

专栏：欧盟配额总量递减政策

欧盟通过减少整个市场的配额供给，保证了碳配额的稀缺性，有效提升市场价格。在第三阶段，欧盟实施配额总量年度递减政策，设定更为严格的减排目标，大大降低碳配额的总供给量，改善欧盟整体碳配额供给失衡的情况。

第三阶段：年度递减系数为1.74%，到2020年，该阶段的配额总量从2013年的2084$MtCO_2e$逐步降低为1816$MtCO_2e$。

第四阶段：年度递减系数为2.2%，到2030年，该阶段的配额总量在2021年1572$MtCO_2e$的基础上进一步逐年降低，见表6-2。

表6-2　　　　　　　　　　欧盟碳总量交易规则

阶段	第一阶段	第二阶段	第三阶段	第四阶段
时间	2005—2007年	2008—2012年	2013—2020年	2021—2030年
温室气体减排目标	试运行，为下阶段正式履行《京都议定书》奠定基础	《京都议定书》正式履约，到2012年，在1900年的基础上减少8%温室气体排放	到2020年，在1990年的基础上减少20%温室气体排放	到2030年，在1990年的基础上减少40%温室气体排放

续表

阶段	第一阶段	第二阶段	第三阶段	第四阶段
时间	2005—2007年	2008—2012年	2013—2020年	2021—2030年
受控气体	CO_2	CO_2	包括但不限于 CO_2、N_2O、PFCs	包括但不限于 CO_2、N_2O、PFCs
总量控制	20.58亿吨/年	18.59亿吨/年	2013年20.84亿吨，每年线性减少1.74%	每年线性减少2.2%
配额制定方式	成员国自下而上提出总量控制目标		由欧盟委员会自上而下统一制定配额分配方案	
配额供给方式	各成员国自行分配	免费发放（祖父法）	免费发放（基准线法）与拍卖并行。电力行业100%拍卖，其他行业2013年免费发放80%，免费配额占比逐年下降，直到2020年下降到30%	免费发放（基准线法）与拍卖并行。电力行业100%拍卖，其他行业43%免费发放，57%拍卖
覆盖行业	20MW以上电厂、炼油、钢铁、水泥、玻璃、石灰、制砖、制陶、造纸业	20MW以上电厂、炼油、炼焦、钢铁、水泥、玻璃、石灰、制砖、制陶、造纸、航空业（2023年12月前仅限往返于欧盟、挪威和冰岛的航线）	20MW以上电厂、炼油、炼焦、钢铁、水泥、玻璃、石灰、制砖、制陶、造纸、航空业（2023年12月前仅限往返于欧盟、挪威和冰岛的航线）制铝、石油化工、制氨、硝酸、乙二酸、乙醛酸生产、碳捕获、管线输送、CO_2 地下存储	20MW以上电厂、炼油、炼焦、钢铁、水泥、玻璃、石灰、制砖、制陶、造纸、航空业（2023年12月前仅限往返于欧盟、挪威和冰岛的航线）、制铝、石油化工、制氨、硝酸、乙二酸、乙醛酸生产、碳捕获、管线输送、CO_2 地下存储
惩罚	40欧元/t	100欧元/t，并且次年扣除超标相应数量		

资料来源：笔者自制。

（二）完善碳配额定价机制

碳市场是实现总量控制和减排成本最小化的政策工具，而定价机制是影响碳市场发展的核心要素。为发挥碳价信号的引导作用，深圳探索优化配额分配方法，可通过调整年度总量配额、市场储备配额等手段构建反映市场供求关系的碳市场定价机制。

一是引入配额拍卖机制。借鉴国际经验，在免费分配基础上，深圳可率先探索引入配额有偿分配（拍卖）机制，实施"免费分配+拍卖"双轨制，通过拍卖分配配额增强碳市场的流动性，并尽早形成满足供需平衡的合理碳价区间。出于过渡性的考虑，兼顾深圳新兴行业节能减排和企业发展双重需求，不同行业采取不同的分配方式。其中电力、碳捕捉与封存（CCS）设施全部改为拍卖方式，而存在碳泄漏（即企业通过在其他国家与地区建厂从而将碳排放转移）的企业仍然免费发放配额，其余行业逐步增加拍卖比例。后期，随着市场逐步发展，可分类有序降低碳排放配额免费比例，初始分配的形式可以逐渐转变为以拍卖为主，进一步强化市场机制在碳减排中的作用。

> **专栏：国际上碳配额普遍采取免费分配与竞拍相结合的配额分配方式**
>
> 各国家或地区碳排放体系中的配额分配方法见表6-3。
>
> 如欧盟碳排放配额分配发展经历了三个阶段，在第一阶段与第二阶段，各欧盟成员国将本国碳排放配额免费分配给企业，企业可以用分配得到的"欧盟排放许可"（European Union Allowance，EUA）和基于清洁发展机制（CDM）项目获得的核准减排额（CER）履行减排承诺；自第三阶段开始，欧盟逐步增加拍卖碳配额的比重，免费发放配额的比例逐步降低。韩国碳排放配额发展也经历了三个阶段：第一阶段配额全部为免费分配，第二阶段免费的比例为97%，拍卖的比例为3%，第三阶段免费分配的比例不超过90%而拍卖的比例不低于10%。

表6-3　　全球碳排放交易体系中的配额分配方法

碳排放交易体系	免费分配对比拍卖	免费分配接受方	免费分配类型
欧盟（第一、二阶段）	混合模式、以拍卖方式分配的配额比例极小	发电厂、制造业	混合模式、以"祖父法"方式分配的配额比例大，以基准法方式分配的配额比例日益增大

续表

碳排放交易体系	免费分配对比拍卖	免费分配接受方	免费分配类型
欧盟（第三阶段及后期）	混合模式、以拍卖方式分配的配额比例较大并不断增加	制造业和航空业	固定的行业基准
新西兰	混合模式、以拍卖方式分配的配额比例极小，尚未启动拍卖机制	排放密集且易受贸易冲击的行业（EITE）活动	基于产出；曾部分采用祖父法方式，现已取消
瑞士	混合模式	制造业	固定的行业基准
区域温室气体倡议	100%拍卖	无	不适用
东京	100%免费分配	全部	祖父法，基础是2002—2007年在任何连续两年中设定的针对特定实体的标准
埼玉县	100%免费分配	全部	祖父法，基础是2002—2007年在任何连续两年中设定的针对特定实体的标准
加州	混合模式、以拍卖方式分配的配额比例较大并不断增加	代表纳税人的电力配送公司与天然气供应商；排放密集且受碳排放交易冲击的工业活动	
魁北克省	混合模式、绝大多数配额以拍卖方式分配，并随时间推移不断增加	排放密集且易受贸易冲击的行业（EITE）活动	基于产出的基准法
哈萨克斯坦	100%免费分配	全部	祖父法
韩国	100%免费分配	全部	祖父法（应用于大多数行业），基准法（应用于水泥业、炼油业、国内航空业）

二是建立配额价格抑制储备机制。设定碳价上限和下限来提高市场的稳定性，并建立配额价格抑制储备。在拍卖中通过设定碳价的下限和灵活的上限来明确市场信号，避免由价格大幅度波动带来的对市场交易和经济的干扰。通过价格限定来缩小碳价波动的空间，既可以避免碳价过低导致市场低迷，也可以防止碳价过高干扰宏观经济发展。当碳价超过价格上限时，管理部门可放出预留的配额来平稳价格。

三是探索发展碳期货、碳期权等碳金融产品。在加强风险管理的前提下，适时发展碳期货、碳期权等碳金融产品，为市场参与者提供多样化的交易工具，活跃碳市场交易，提高市场流动性，推动重点排放单位开展碳资产管理。同时，发挥碳金融产品的价格发现功能，逐步实现公平合理的碳定价。

（三）强化履约激励约束机制

为推动深圳碳交易的顺利进行，深圳政府应引导相关企业提高在碳市场自发交易的意识，完善碳交易市场的激励约束机制，通过采用"宽严并济"的策略，以提升碳试点市场的交易活跃度。一方面，提高未履约企业的惩罚力度，如新西兰针对未按时完成履约的控排企业，按照配额缺口数量以3倍于当前市场价格为单价计算罚款金额，甚至建立企业失信记录机制，增加企业履约威慑力。另一方面，对积极参与碳市场的企业给予税收优惠及绿色信贷，激发企业在碳市场中寻求利润或碳减排机会的积极性。

二 着力提升政府碳治理能力

坚持党对全市"双碳"工作的集中统一领导，完整、准确、全面贯彻新发展理念，把碳减排纳入经济社会发展全局，着力提升政府治理效能，组织落实碳减排的目标任务和各项政策措施，稳妥有序、循序渐进推进碳达峰、碳中和行动，确保科学减碳、安全减碳。

（一）制定更具前瞻性的战略行动方案

将"双碳"目标纳入中国特色社会主义先行示范区建设总体战略和目标，明确将打造碳达峰、碳中和作为深圳城市发展的重要战略方向，做好新时代应对气候变化、全面绿色转型和零碳社会建设的顶层设计，坚决避免长期政策短期化、系统性战略碎片化。"十四五"时期，严格落实《深圳碳达峰实施方案》，实施重点行业领域减碳行动，打造一批近零碳排放试点工程，推动能耗双控向碳排放总量和强度双控转变，做好碳达峰和远期碳中和战略的衔接。配套制定能源、工业、交通、建筑、数据中心和5G新型基础设施等重点领域碳达峰碳中和行动方案，鼓励有条件的区域和重点行业、重点企业科学制定碳达峰碳中和行动方案。参考国际先进经验，在完成达峰或接近完成达峰目标时，启动编制《深圳零碳城市发展规划》，并将"零碳城市"的目标要求全面融入全市经济社会发展中长期规划，强化发展规划、国土空间规划及各类专项规划的支撑保障，形成"1＋N"的规划体系，为渐进强化零碳目标、行动和政策提供稳定、持续的制度保障与行动指引。发挥特区立法权优势，研究制定碳中和专项法律，积极推进节能标准更新，健全可再生能源标准体系，完善工业绿色低碳标准体系，建立重点企业碳排放核算、报告、核查等标准，持续完善有利于零碳城市建设的法律法规标准体系。谋划经济社会全面绿色低碳转型的路径，明确时间表、路线图和优先序，做好产业、能源、交通、用地（空间）结构转型的阶段性安排，实现技术、资金、消费、贸易和管理的全方位绿色转型。

（二）建立三级联动的监督管理机制

一是健全严明的领导责任体系。建立完善市—区—街道三级联动的碳达峰碳中和工作执行管理机制，统筹推进"双碳"工作，协调解决"双碳"工作中的重大问题。完善深圳市"双碳"领导小组工作制度，成立专门办公室，负责统筹落实"双碳"工作的各项任务，办公室设在市生态环境局。建立"双碳"联席会议机制，督促其他相关部门有序落实相关责任。加强政策宣传和舆论引导，为控制碳排放总量工作营造良好的社会环境。各区对应市级组织架构，成立相应领导小组，承担各区具体责任。街道按权限开展综合执法、碳排放专项执法，将碳排放纳入生态环境网格化进行统一管理。

二是建立目标考核机制。制定深圳碳排放总量控制目标责任评价考核办法，将二氧化碳排放控制目标完成情况纳入生态文明建设目标评价考核体系，加强对辖区及重点部门目标完成情况的跟踪、评估和考核，考核结果向社会公布。对未完成目标任务的地区，有关部门按规定进行问责。对超额完成目标任务的地区，予以通报表扬，有关部门在相关项目安排上优先予以考虑。

（三）提升"双碳"治理数智化水平

一是建立城市"双碳"大脑。结合智慧城市建设，研究建立城市"双碳"大脑，运用人工智能、互联网、物联网、大数据等新一代信息技术，打造数据多源、纵横贯通、高效协同、治理闭环的双碳数智平台，统一管理碳数据、碳指标以及能耗数据指标，从政府各部门、园区、企业不同角度，实现碳排放实时统计、精准跟踪和及时预警，推动"双碳"目标管理数字化、精细化、智能化，打造"双碳"治理的先行示范和深圳样板。开发一批好用管用实用的多跨场景应用，解决政府、企业和个人的实际需求。以数字化手段推进改革创新、制度重塑，实现数智控碳。

二是推动智慧城市低碳化。以深圳新型智慧城市建设为契机，以低碳化为导向，加大新型基础设施应用清洁能源和可再生能源的规模，出台针对新型基础设施的碳达峰碳中和路线图。完善新型基础设施产业使用可再生能源的考核体系和市场机制。大力推动绿色数据中心创建、运维和改造，引导新型数据中心走高效、清洁、集约、循环的绿色发展道路。充分利用智能技术、互联网技术、物联网技术和能源分布点，推动能源系统智慧化，形成更加高效的能源利用体系，更好地调度使用不同种类、不同时段的能源，形成一种更具经济效益和低碳高效的能源供给和消费结构。利用人工智能技术赋能传统产业，通过应用智能电网、智能建筑、智能园区、智能交通、智能物流等，推动生产、生活方式由高能耗、高污染、高排放向绿色低碳转型。

三　建立健全企业碳治理责任体系

加强企业碳治理责任制度建设，健全绿色低碳发展利益导向机制，推动企业加快培育自主减碳意识，深入研究碳减排路径，形成绿色低碳的生产方式。

（一）推广企业"双碳"示范行动

一是推进生产方式"绿色化"。积极推进能源、电子信息、新能源、新材料等重点产业、企业低碳化改造，开展碳排放对标活动，启动一批重点企业开展低碳化改造试点，严格实施强制性绿色低碳生产审核，推动企业生产工艺、自动控制升级改造，淘汰高耗能、高污染、高环境风险的工艺设备。建立健全企业低碳管理体系，完善低碳管理制度，支持企业设立碳排放员管理岗位，加强企业碳排放管理。完善绿色生产制度和政策导向，督促上市企业、国家高新技术企业带头落实，引导其他各类企业积极参与，推进源头减排。开展绿色企业项目认证，定期开展新能源、新材料、绿色建筑、节能环保等绿色企业和项目的遴选、认定和推荐工作，监督全行业企业开展绿色低碳生产审核，实施绿色低碳生产项目。健全绿色制造体系，支持企业推行绿色设计，推进产品全生命周期绿色管理，建设绿色工厂，进一步完善绿色供应链。

二是积极推进企业减污减碳协同。积极推动排污许可制度改革，将二氧化碳纳入企业污染物排放许可管理体系，建立完善"一证式"管理体系，推进与环境影响评价等制度融合，实现"一证一源、精细管理"。建立污染物与二氧化碳排放源融合清单，摸清污染物和二氧化碳排放底数，全面准确掌握分领域、分行业、分区域的具体排放情况，为制定全市或分区域的减排策略、减排方案、减排路径、减排重点以及减排的时间表、减排的路线图奠定基础。监督企业严格依法依规落实污染物排放浓度和排放总量"双控制"、自行监测等制度。完善企业环保信用评价制度，依据评价结果实施分级分类监管。建立排污企业黑名单制度，将环境违法企业依法依规纳入失信联合惩戒对象名单，将其违法信息记入信用记录。加大对未持证排污、不按证排污减碳等行为的执法监管力度。建立排污企业黑名单制度，将环境违法企业依法依规纳入失信联合惩戒对象名单，将其违法信息记入信用记录，并按照国家有关规定纳入全国信用信息共享平台，依法向社会公开。

（二）实行强制性的ESG信息披露制度

一是构建企业碳信息披露实践体系和最佳披露方式。依托良好金融市场，深圳可参考国际通行的权威碳信息披露框架，率先探索推动建立ESG信息披露机制，出台统一的碳信息披露框架（如图6-1所示），率先对企业碳信息披露的方式和内容做出具体的规定，规定企业碳信息披露的固定方式，通过社会责任报告、企业公告、绿色金融年度报告等形式，强制推动企业开展碳信息披露。探索实施深圳上市公司、国家高新技术企业和市、区各级国有企业强制性碳排放信息披露制度，并适时拓展碳信息披露主体的覆盖范围。

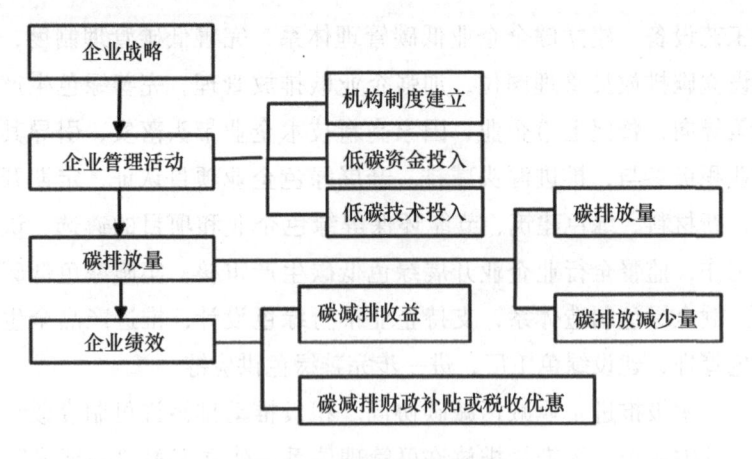

```
企业战略
   ↓
企业管理活动 ── 机构制度建立
             ── 低碳资金投入
             ── 低碳技术投入 ── 碳排放量
   ↓                          ── 碳排放减少量
碳排放量
   ↓
企业绩效 ── 碳减排收益
        ── 碳减排财政补贴或税收优惠
```

图6-1 碳信息披露框架

资料来源：笔者自制。

专栏：国际、国内企业碳信息披露现状

1. 国际企业碳信息披露框架现状

国际上已经出现了一些较为典型的碳信息披露框架，具体有以下几个方面：CDP调查问卷（碳披露项目发布）、《气候风险披露指南》[加拿大特许会计师协会（CICA）发布]、《关于气候风险披露的全球框架》[气候风险披露倡议组织（CRDI）发布]等。以上披露框架立足于多个视角总结了企业理应对外披露的碳信息内容。碳披露项目（CDP）正式建立于2000年，它采用发布问卷的形式，调查和收集企业碳减排核算管理等有关问题的情况，从而给企业的利益关联人出具一份比较完备的碳信息。CICA立足于投资者的视角，建议各企业较完整地披露与气候变化存在关联的风险。CRDI侧重于倡导企业积极与具有国际权威性的碳信息框架接轨、融合，充分进行碳信息的披露。总的来说，上述一些较为典型的披露框架都建议披露和气候变化存在关联的风险、企业具体应对举措等内容，可见在碳信息披露上，内容正朝着一致化的方向发展。可是，上述框架仅圈定了披露的内容，未涉及具体的披露方法以及承载主体。就算是最具权威及效力的CDP也没有较好地规定碳信息披露的众多细节，相关性、有用性还有待进一步完善。2019年CDP项目报告显示，当年全球共有8400余家企业通过该项目披露其碳表现,在中国仅有48家上市公司回复问卷并公开碳信息。①

2. 国内企业碳信息披露现状

经过近20年来的不断探索,中国对上市公司包括ESG信息在内的非财务信息的披露制度日渐完善。特别是近三年来,国内出台新政策,在非财务信息披露要求中逐渐加强了对企业在环境、社会和公司治理方面表现的重视,与国际上日渐盛行的ESG浪潮颇为契合。

但时至今日,国内尚未出台明确要求上市公司披露ESG信息的政策,企业在碳信息披露方面缺乏统一的披露标准,缺乏强有力的合法性约束,企业难以自愿披露相关的碳信息。《中国上市公司环境责任信息披露评价报告(2019年度)》指出,2019年中国沪深股市上市公司总计3939家,其中超过七成上市公司未发布环境信息披露相关报告,且多以定性信息披露为主,定量信息披露较少,且信息的完整性、真实性、准确性和及时性较差。② 对于证监会最新提到的"鼓励披露为减少其碳排放所采取的措施及效果"涉及的相关内容来看,仅有少数企业披露碳排放有关信息,且存在信息披露率低、信息内容不全面等问题。

二是健全碳信息披露监管和奖励制度。构建碳信息披露激励机制,加大对碳信息披露非法行为的惩戒力度。碳信息披露监督机制应包括企业的内部监督机制与外部监督机制,以此来解决企业碳信息披露内容的真实性和完整性等质量问题。内部监督机制主要包括管理层监管和企业内部监督部门的监管;外部监督机制主要包括政府监管、行业监督、独立的第三方鉴证机构监管以及公众监督机制。只有形成良性的内外互动的监督机制,才能提高企业碳信息披露的质量,保障利益相关者的权利得以实现。除了加强监管,深圳政府应该加大宣传力度鼓励企业自愿披露碳信息,并对其进行奖励,调动企业碳信息披露的积极性。例如,有

---

① CDP全球环境信息研究中心:《加强环境信息披露,共建可持续未来》(CDP中国报告2019),CDP报告,2020年4月,第4—5页。
② 孙秀艳:《报告显示:逾七成上市公司未披露环境责任信息》,https://baijiahao.baidu.com/s? id =1683743868990329745&wfr = spider&for = pc。

关部门可以将信息披露记录完整、披露质量高的主体列入"白名单",减少日常监督检查的频次等,其他的激励措施包括在办理行政审批、备案手续时享有优先权,在同等条件下优先安排环境保护财政专项基金、优先进行融资风险补偿,在政府采购时优先考虑,在进行贷款时设定较低的利率,在媒体上宣传报道以提升企业形象等。

(三)倡导部分行业实施碳标签制度

一是科学选择试点行业、试点产品。国际上成熟的碳标签制度经验表明,适用范围均未遍及所有产品,而是偏重某些行业产品。比如英国和日本以日常消费品为主,泰国以食品和建筑材料为主,韩国以电子产品为主。就深圳而言,试点产品的选择原则即测算标准易统一、减排效果大、技术易实现、消费者购买量多、国际竞争力强。除先行试点的电子、电器行业外,还可扩展到服装(碳标签在该行业内意识相对较高)、食品、饮料和药品等特定行业全力推进,待培育环保意识并积累经验后,不断拓展碳标签制度的应用领域,打造深圳碳标签品牌。鼓励企业尤其是出口企业开展碳标签认证工作,逐渐建立口岸对进出口商品进行碳标签核查的制度,且测算标准力求一致。

二是稳步提高碳标签标准。借鉴韩国、法国等发达国家的碳标签制度先进经验,采取碳减排标签和碳足迹标签两种形式,引导低碳消费。由于不同环保程度的企业,减排倾向不同。因此,应采取循序渐进的策略,即产品碳标签标准宜适当,且逐步提高。对尚未达到或适应高标准要求的企业,可先推行加贴碳减排标签,给予充足调整提高的时间和空间,且以色彩来为碳减排标签设置减排程度标识,而消费者则可根据颜色变化来大致判断产品的减排程度,以此激励企业持续加大减排力度。一旦减排富有积极成效,即意味着产品的碳足迹已显著降低,届时全力促进产品从碳减排标签转化成碳足迹标签,以赢得更大竞争力。

三是分两阶段实施碳标签制度。第一阶段,初期可选择性地披露产品的单个或多个阶段(制造、储运、废弃等)碳排放量信息即可。推行模式上,参照国际成熟经验,企业自愿参与,其间应对试点企业进行专业性培训。第二阶段,在自愿推行的基础上,采取目录管理式措施,执行有选择的、强制性推行模式,旨在更大程度上实现碳减排。技术层面上,以统一的标准规范为原则,对产品生命周期中的碳排放量进行全面披露，更要大力推广披露碳排放减少量信息的碳足迹标签，让企业的碳减排承诺接受广大公众的监督，而政府亦可给予适当针对性补贴和扶持。

> **专栏：国外碳标签发展现状**
>
> 碳标签是一种环境标识，是为了缓解气候变化、减少温室气体排放、推广低碳排放技术，把商品在生命周期（一般包括从原料、制造、储存、运输、废弃到回收全链条）中所排放的温室气体排放量（产品碳足迹），在产品标签上用量化的指数标示出来，以标签的形式告知消费者产品的碳信息。这一方法可引导消费者购买低碳环保产品，并且可以促进企业转型升级，采用低碳生产工艺，从而有效减少碳排放量并缓解全球气温不断升高。从 2007 年开始，国外关于碳标签的讨论不断涌现，相关标准开始制定。目前世界已有 12 个国家或地区立法，要求其企业实行碳标签制度，全球有 1000 多家知名企业将低碳作为其供应链的必需，如沃尔玛、IBM、宜家等均已要求其供应商提供碳标签。英国 2007 年 3 月推出全球第一批加贴碳标签的产品；2011 年 4 月，日本开始实施农产品碳标签制度，要求摆放在商店的农产品，通过碳标签向消费者显示其生产过程中排放的二氧化碳量；美国、瑞典、加拿大和韩国等国也相继推出碳标签计划；2021 年 4 月，法国国民议会通过了"在产品上添加'碳排放分数'标签"这一修正法案。主要国家或地区碳标签内容见表 6-4。

表 6-4　　　　　　　　主要国家（地区）碳标签内容

	年份	标签名称	产品类别	揭示内容	已查验产品	备注
英国	2007	碳足迹	B2B/B2C	CO_2e	果汁、灯泡、洗洁精等	最早推出
德国	2008	产品碳足迹	B2C 所有产品和服务	衡量/评价所有产品和服务	保温材料、清洁剂、草莓、洗发剂、鸡蛋等	
法国	2008	$BilanCO_2$	E Leclerc 公司自售/B2C	CO_2e	啤酒	
		Croupe Casino	B2C 所有 Casino 自售产品	CO_2e 分级	组合地板、罐装饮料、咖啡	

续表

	年份	标签名称	产品类别	揭示内容	已查验产品	备注
美国	2011	加利福尼亚碳标签	—	CO_2e	—	种类最多
		碳中和标签	B2C	宣告碳中和	行动电话、组合地板、罐装饮料、咖啡豆等	
		气候意识碳标签	B2C 所有产品和服务	CO_2e	—	
		碳标签	B2C	分级宣告达到标准	饮料	
泰国	2009	碳减排和碳足迹	B2B	衡量/评价	罐头/干燥食品、水泥、人造木、包装米、保险套、地板砖、瓦砖、食用油等	具有两种类型
中国台湾	2010	产品碳足迹	B2B	CO_2e	笔记本电脑、LCD 显示器、光盘片、茶饮及夹心酥、牛轧糖等	

注：CO_2e 表示所有温室气体排放量均转化为二氧化碳当量衡量。
资料来源：笔者自制。

（四）建立动态调整的碳税制度

一是明确碳税征收范围。碳税作为重要的价格型减排工具，已经成为世界主要发达国家和地区继碳交易制度之后最重要的碳减排制度。碳税是以二氧化碳排放量为征收对象的税种，是对碳排放市场的有效补充，深圳可率先探索开展碳税试点，与碳配额价格共同形成完善的碳价格机制。综合考虑深圳经济发展状况、纳税人承受情况等因素，以"可持续、成本效益和价格合理"的方式通过设置合理的课征主体、征收比例以及税收减免条件等，分阶段、分行业探索实施碳税制度，避免对经济社会发展造成较大冲击。在碳税推行初期宜采取税基广、税率低的策略，避免加重企业和居民家庭负担，降低碳税实施阻力。借鉴国际经验做法，可率先在煤炭、石油等传统能源消费领域以及以出口为导向的产成品领域试点开征碳税，以加快推进深圳能源结构转型和出口导向产品的绿色低碳发展。其后，在中长期发展过程中，可与碳市场中的碳价格相协调，进行动态调整，并结合行业实际的能源消费与碳排放情况，实施差异化行业碳税，高碳税税率适用于能耗和碳排放量相对大的行业，中低碳税税率适用于能耗和碳排放量相对较小的行业。

二是合理分配碳税使用。碳税的杠杆作用不仅体现在征收环节，更应该体现在使用环节。应明确碳税作为目的税的属性，规定其收入只用于碳减排、发展新能源、服务碳吸收等，具体可用于以下三个方面：第一，用于节能减排投资。主要指用于新氢能、储能、先进核能、CCUS，以及绿色低碳交通、节能建筑、工业行业零碳工艺、生态碳汇等新能源技术和减碳技术的创新研发和技术应用。通过返还政策弥补企业被征收碳税的损失，将碳税收益用于支持企业的减排技术创新，形成与征收碳税相配套的长效机制。如日本将部分碳税收入投资于新能源技术研发，丹麦将来自工业部门的碳税收入全部作为改善工业能效的投资资金。第二，开展"低碳社会行动计划"。旨在通过持续开展"低碳社会行动计划"，引导消费者消费行为、消费习惯和生活方式的改变，加快形成全社会绿色低碳生活的新局面，进一步减少碳排放。第三，用于抵扣其他税负，主要包括个人所得税、社会保障税等。如丹麦、加拿大通过转移支付来补偿受碳税影响较大的居民或企业。

> **专栏：全球实施碳税制度概况**
>
> 据世行统计，截至2020年6月，已有超过30个国家和地区实施碳税政策（见表6-5），范围横跨各大洲的发达国家和发展中国家，覆盖二氧化碳排放总量达300亿吨。此外，在已制定国家自主贡献的185个《巴黎协定》缔约方中，已有97个缔约方提出正在计划使用或考虑使用碳税、碳排放权交易履行国家自主贡献承诺。

表6-5　　　　　　　　　　实施碳税的国家或地区

年份	国家/地区
1990—2004	芬兰（1990）、波兰（1990）、挪威（1991）、瑞典（1991）、丹麦（1992）、斯洛文尼亚（1996）、爱沙尼亚（2000）、拉脱维亚（2004）

续表

年份	国家/地区
2005—2018	瑞士（2008）、列支敦士登（2008）、加拿大不列颠哥伦比亚省（2008）、冰岛（2010）、爱尔兰（2010）、乌克兰（2011）、日本（2012）、澳大利亚（2012—2014，已废除）、法国（2014）、墨西哥（2014）、西班牙（2014）、葡萄牙（2015）、加拿大艾伯塔省（2017）、智利（2017）、哥伦比亚（2017）、阿根廷（2018）
2019 至今	新加坡（2019）、加拿大纽芬兰和拉布拉多省（2019）、南非（2019）、加拿大新不伦瑞克省（2020）

资料来源：笔者自制。

四 构建全民参与减碳机制

开展全民减碳新时尚行动，构建全民参与碳普惠体系，增强全民减碳意识，倡导绿色低碳的生活方式，使绿色低碳理念深入人心，并转化为全体人民的自觉行动。

（一）开展全民减碳新时尚行动

大力推进区域、社区、园区、企业、项目等各类近零碳排放区试点建设，通过集成应用能源、产业、建筑、交通、废弃物处理、碳汇等多领域低碳技术成果，开展管理机制的创新实践，探索零碳排放区建设模式。大力倡导绿色低碳出行方式，鼓励步行、自行车和公共交通、拼车等低碳出行方式。鼓励居民购买使用高效照明产品、新能源汽车等节能低碳产品，倡导节水、节电、节气、垃圾分类回收等低碳生活方式。引导居民购买绿色建筑、装配式建筑和精装修商品住宅房等。配套建设生活垃圾分类设施，积极推进生活垃圾强制分类，创建垃圾分类示范小区，建立生活垃圾分类积分奖励制度，积极培育公众参与生活垃圾分类意识。推进餐厨垃圾减量化、无害化、资源化处理，推动生活垃圾源头减量。将绿色低碳理念有机融入文艺作品，制作文创产品和公益广告，持续开展低碳月、低碳周、低碳日等主题宣传活动，增强社会公众绿色低碳意识。

> **专栏：居民消费领域碳减排潜力**
>
> 居民消费领域产生的碳排放包括烹饪、照明、取暖、家电、出行等消耗电力和燃料等能源造成的直接碳排放，以及对其他产品和服务进行消费产生的间接碳排放。据已完成工业化的发达国家经验，居民消费产生的碳排放会成为国家碳排放的主要增长点，占比可以高达60%—80%。随着中国城市化进程的加快，居民收入水平不断提高，居民消费领域的碳排放量也在增加。据国际公益环保组织自然资源保护协会研究指出，2021年我国居民消费所产生的碳排放量约为2002年的2.27倍，达到约29.7亿吨。[①] 在居民消费领域碳排放不断增加的趋势下，加速推进居民消费领域低碳发展事关"双碳"目标的全面达成。

（二）构建全民参与碳普惠体系

一是建立居民碳积分管理制度。依托全市碳普惠统一平台，建立居民碳排放积分账户，持续完善碳积分场景和碳权益体系。推进居民消费碳积分体系与碳标签制度衔接，对购买碳标签商品的消费者实行积分奖励机制，推动消费行为和消费结构向绿色低碳转型。拓展碳积分价值应用，逐步实现碳积分、碳普惠减排量与碳交易市场的联通、兑换和交易，允许居民通过核定的减碳量参与碳市场交易并获取相应的收益，形成长期动力，促进绿色低碳消费行为的传播与普及。结合深圳绿色低碳发展具体要求，以市民（家庭）为参与对象，选择节约用电、节约用水、节约用气、小汽车停驶、公共交通出行、垃圾分类等低碳行为，加强与电力、燃气、住建、交通、城管等部门的数据联动，制定低碳行为减碳量核算体系和规则，出台碳积分奖励制度。在用电、用水、用气方面，对市民（家庭）户均用量进行大数据分析核算，参考已经实施的阶梯标准，制定水、电、气标准用量，对每月减量折合成碳积分计入市民（家庭）碳账户。在私家车出行方面，通过自愿停驶的天数折合成相应碳积分计入市民（家庭）碳账户。在公共交通出行方面，通过联

[①] 自然资源保护协会：《政府与企业促进个人低碳消费的案例研究》，NRDC北京代表处，2021年4月，第4页。

动交通管理部门数据，对使用公共交通出行的次数进行计量，每次折合成相应碳积分计入市民（家庭）碳账户。在有条件的居民小区（社区）设立垃圾分类回收系统，对符合分类要求投放的垃圾，按塑料瓶、纸板及餐厨垃圾等各类垃圾回收利用量折合成相应碳积分计入市民（家庭）碳账户。

二是开发区块链碳账户管理平台。充分发挥深圳区块链产业加快发展有利条件，依托互联网平台和大数据计算中心采集分析公众低碳行为信息，保障市民（家庭）消费行为产生的低碳数据隐私安全，开发建设全市市民（家庭）碳账户管理平台。从物质、精神、公益权益等层面制定出台"碳积分"激励政策，引导公共资源、商家、企业等加入碳积分平台，提供"碳积分"换取生活用品或服务的优惠，让居民得到实实在在的好处。鼓励开发碳普惠应用程序，动态采集行为数据，换算生成积分。建设积分兑换网上商城，实现低碳行为价值转换。搭建碳普惠统一平台，逐步实现碳积分、碳普惠减排量与碳交易市场的联通、兑换和交易。

三是创新丰富碳普惠产品体系。依托碳普惠统一平台和低碳场景，鼓励社会资本参与商业模式创新，围绕相关场景开发低碳产品和服务。充分发挥深圳金融创新优势，鼓励开发碳普惠金融产品，不仅为碳普惠提供金融支持，也丰富深圳金融生态体系。创新碳普惠交易品种，为大型活动、公共建筑、组织、个人碳中和提供渠道，推动全民绿色生产生活方式加快形成。2023年6月，深圳市生态环境局南山管理局牵头制定的三项标准正式发布：《绿色低碳企业评价技术要求》（T/SGIPA 027—2023）、《绿色低碳产品评价 光储充综合能源管理系统》（T/SGIPA 028—2023）、《绿色低碳产品评价抗菌剂》（T/SZTIA 011—2023），填补了企业和产品领域绿色低碳评价标准空白，让南山区绿色低碳企业、绿色低碳产品评价有标可依、有据可查，是全国首批绿色低碳评价标准。

> **专栏:成都"碳惠天府"首批低碳消费场景上线**
>
> 成都"碳惠天府"绿色公益平台通过低碳评价的消费场景名单,实现了酒店、餐饮、商超、景区四大类消费场景从低碳评价到低碳消费,再到碳积分获取兑换的全线联通。市民在以上低碳场景内消费,通过微信扫描"碳惠天府"线下标识打卡,就能获取碳积分奖励,用于"碳惠天府"小程序中兑换相应的普惠福利。目前,"碳惠天府"机制已初步形成顶层政策体系,阶段性完成绿色公益平台建设,吸引了超60万用户参与。

(三)积极发挥社会组织引导作用

发挥工会、共青团、妇联、社会团体、环保志愿者等组织作用,积极动员社会各界参与"双碳"治理。发挥行业协会、商会桥梁纽带作用,促进行业自律,推动绿色生产。广泛发展低碳志愿者队伍,带动公众参与低碳公益活动。引导具备资格的低碳环保组织依法开展低碳公益诉讼等活动。鼓励公益慈善基金会助推低碳公益发展。建设低碳社团、志愿者能力培训和交流平台,规范低碳社会组织参与"双碳"治理的途径和方式。引进和培育一批具有国际水准的绿色认证、环境咨询、绿色资产评估、碳排放核算、数据服务等绿色中介服务机构,在碳资产管理、碳足迹管理、碳信息披露、低碳技术认证等领域形成全国领先的中介服务体系。

五 完善法律法规标准体系

新修订的《深圳经济特区生态环境保护条例》新设了"应对气候变化"一章,对碳减排的重大任务和方向提出了原则性的规定,但其内容相对宏观、简要,缺乏对碳排放总量目标、"双碳"目标实现时间表和路线图以及目标分解机制等方面的详细系统安排,将导致其在控制碳排放方面的法律保障作用效果和力度大打折扣。为此,建议用好深圳经济特区立法权,积极推进应对气候变化单独立法,并同步推动其他相关法律法规标准的修订,全面清理现行法律法规标准中与碳达峰、碳中和目标不相适应的内容,加强相互间的衔接协调,尽快建立健全以应对气候变化法为统领的法律法规标准体系,为深圳"双碳"目标的实现提全方位保障。

(一)探索推动应对气候变化单独立法

深圳应利用应对气候变化单独立法,明确界定碳排放的核定范围、"双碳"目标实现时间表和路线图、主要原则、制度架构以及执行主体的责任权力等重大问题,为分解落实气候变化应对目标,开展目标责任评价考核提供法制依据,为全国城市落实"双碳"提供参考借鉴。特别需要指出的是,应将碳排放总量控制制度和总量目标在法律中明确,从而使碳排放总量控制目标可以作为统领能源和气候目标的综合约束性指标。同时,该法需明确碳排放制度与其他法律法规规定的环评、许可、执法、督查等制度的衔接思路,确立减污减碳协同管控技术体系,将碳排放管理要求纳入固定污染源环评—许可—执法全过程管理体系。此外,该法还需兼及清洁发展与绿色低碳转型等灵活执行机制,强化绿色金融在碳排放管控体系中的法律地位和作用。

(二)积极推进相关标准制定修订

以绿色低碳为指引,围绕重点优势领域积极构建先进的"深圳标准"体系,以先行示范标准推动碳达峰迈出坚实步伐。加快节能标准更新,修订一批能耗限额、产品设备能效强制性标准和工程建设标准,提高节能减碳要求。完善建设工程招投标制度和工程建设标准体系,深入实施"绿色建造"行动,推广装配式建筑和绿色建筑。围绕"无废城市"建设,积极探索在新能源汽车动力电池逆向回收、建筑废弃物规范化管理与资源化利用,以及推动医疗废物、化学品等危险废物处理全过程管控等领域率先建立完善低碳标准体系。深化气候变化领域基于自然的解决方案,完善城市关键基础设施设计、施工和建设标准。深化低碳试点示范创新,探索建立重点企业碳排放核算、报告、核查等标准和重点产品全生命周期碳足迹标准。积极推动可再生能源领域的标准制定修订,完善工业绿色低碳标准体系。支持节能服务体系发展,加快推进合同能源管理、能效标识管理和节能产品认证管理。积极参与国际能效、低碳等标准制定修订,加强国际标准协调。

第三节 着力推动"双碳"政策与制度创新

一 率先建立以碳排放总量控制为核心的制度体系

（一）加快构建适应新发展需求的碳排放统计核算制度

碳排放总量控制制度，总量控制前提是科学合理的总量目标的确定，而总量目标确定的基础则以精准的统计核算工作为支撑。深圳应尽快建立完善、统一的碳排放统计核算制度，促进碳排放数据公开化和精细化管理，以辅助制定准确和客观的总量目标，以及科学的配额指标的分配。

一是构建市、区、企业三级的碳排放统计核算工作体系。为全面准确掌握不同行业、不同区域的碳排放基础数据和变化动态，市级层面，要加快完善碳达峰碳中和工作领导小组下设的碳排放统计核算工作组的职能设置和运行机制，统筹协调相关部门、科研机构、行业协会共同推进全市碳排放统计核算工作。区级层面，各区政府须参照市级层面建立碳排放统计核算工作小组，协调推进本地区碳排放数据统计核算制度的完善。上下级政府间须采取常态化的全口径总量和行业总量的衔接传导机制，确保同级地区和行业碳排放总量之和与上一级核算的地区和行业碳排放总量保持基本一致，确保碳排放数据的准确性和有效性，为确定碳排放总量目标、实施目标分解和制定减排措施奠定基础。企业层面，加快提升碳排放统计核算基础能力建设，建立覆盖更全面、感知更实时的碳排放态势监测体系，不断提高碳排放总量控制的精准性。此外，须强化企业关于碳排放情况的定期公报制度。加强政策宣传和舆论引导，督促企业接受社会和公众监督，为控制碳排放总量工作营造良好的社会环境。

二是推动统计核算核查工作规范化、制度化。根据碳排放总量和行业碳排放控制的需求，梳理各部门需要统计的基础数据口径、统计频率等质量要求，包括能源、工业、交通运输、建筑运行、生活等领域的煤炭、油品、天然气、电力、热力等能源品种消费量、转化加工量、损失量，落实各部门对其职能范围内的数据统计核算和数据质量保障责任。建立能源低位发热量、含碳率、碳氧化率等因子参数数据库，科学选择适用于各行业的参数,保证全口径和各行业碳排放数据的真实性、准确性、可追溯性。在核查方面,探索实施可追溯的第三方监测核查制度,完善相关标准,规范核查流程,确保核查工作精减高效,不给企业增加过多负担,同时能起到很好的监督反馈作用。

> **专栏:欧盟实施第三方监测核查制度**
>
> 欧盟要求所有履约企业须按照欧盟制定的标准方法对其碳排放量进行监测,经第三方机构核证后向政府提交,并对监测报告核证机制进行改进,统一报告规则,提高监测和报告的质量。同时,设定新的关于排放量核证与核证人员认证及监督的条例,规定核证人员认证与撤销认证的条件,以及核证机构的相互承认和业务评估的条件。

三是加快提升碳排放统计分析信息化水平。建立完善多部门协调的碳排放统计核算制度,同时,配套建设逻辑清晰、简单易用的碳排放统计核算管理系统,完善指标信息并要求企业严格规范填报,确保相关数据实现自动归口,使各部门碳排放基础数据的汇集、审核、反馈、核算、分析、决策等工作环节更加便捷化,提升碳排放统计核算工作效率。管理系统应具备统计数据溯源、责任人追踪、数据异常情况智能排查、碳排放总量和强度分析、排放趋势预测预警等多种功能,满足保证数据质量、落实部门和人员责任、辅助决策等各类碳排放管理工作要求,便于上下各级全面、实时掌握碳排放情况。探索建立"园区/社区—企业/公共机构—建筑物—设备"多层次碳排放精细化监控网络,根据不同层次排放主体的特点,运用信息化集成、物联网、可视化、城市信息模型(CIM)等多种技术,通过碳排放数据自动采集和人工填报相结合的方式,实现覆盖更全面、感知更精细的碳排放实时监控。

(二)建立完善碳排放总量控制目标与分配机制

一是科学设定深圳碳排放总量控制目标和达峰时间。由于目前深圳碳排放尚未达峰,因此,碳排放总量控制实际包含两个阶段的目标。在达峰前,属于增量控制,即以碳中和要求下的排放量为目标值进行倒推,根据不同力度的减排情景模拟得出不同情景下的达峰峰值和时间,作为深圳碳达峰总量控制的目标区间；在达峰后，属于减量控制，即在碳达峰以后，需要根据不同的减排情景，合理进行减排目标分解，确保在目标期限内实现碳中和。需要注意的是，由于碳排放受到经济、能耗、技术等不同因素的年度波动影响，碳排放量也难免受到经济形势、重大突发事件的影响而出现波动，这就需要建立柔性化的目标管理机制，使得减排目标在完成过程中具有一定灵活性，可根据经济发展、低碳技术发展等因素进行微调，也可在部门之间进行抵消。

二是探索基于经济发展和区域特征的碳排放总量目标分解机制。根据深圳区域经济发展差异，宜分地区实施"碳排放增量总量控制"和"碳排放减量总量控制"制度。对于空间开发成熟、产业结构演化趋于稳定，且碳排放已经达峰或即将达峰的区域，可以优先考虑实施碳排放减量总量控制；对于处于后发区域，城市建设和经济发展仍有较大潜力，排放总量仍会继续增长，可采取碳排放增量总量控制，并提取一定比例的配额总量用于倾斜，确保经济发展对碳排放的刚性需求和高碳行业实现平稳转型。

三是建立灵活的总量指标跨区"交易"机制。即各行政区之间分配得到的碳排放允许总量并非固定不变，而是参考碳交易运行机制，同级各地区作为决策主体，可进行碳排放总量指标的互相"交易"，即在某时间段内需要更多排放空间的行政区可向已通过采取减排措施而实现排放量盈余的行政区"购买"碳排放指标，该项机制由上级政府主管碳排放指标考核的部门负责实施。和真正的碳市场不同之处在于，碳排放总量指标的"交易"实质上是通过横向的财政转移支付实现碳排放指标的区间优化配置，为各区实现碳减排目标提供更多的可选途径。

（三）探索实施碳预算制度

建立市、区两级碳预算管理机制，采取逐级上报的方式，在全市总量控制目标的指引下，对预定期限的碳排放总量做出预算。建立弹性可调配的碳预算执行机制，允许在总量平衡的情况下，根据经济社会发展和重大项目建设实际情况，对阶段性指标进行调整和对重大项目指标进行腾挪，增加其间年份指标完成的弹性，允许年间调配。对于最终列入预算的入库重点项目，必须加强事前监管，严格把关项目减碳方案和材料、设备、工艺的建设标准，对于不合格者，必须整改合格后方可运营，否则坚决关停，并调出预算。加强重大前沿科技产业项目专项管理，针对数字经济、智能经济项目发展的用碳指标需求，建立专项预算管理制度，结合重大科技基础设施、数字基础设施和"卡脖子"技术攻关项目等建设需求，统筹设立专项项目库，预留碳预算指标，为开展重大前沿科技领域攻关和发展新经济解除后顾之忧。支持重大科技项目或项目群创新实施带清洁能源解决方案或近零排放的发展模式，从根本上消除对碳指标的占用。

二 积极推动重点领域减碳政策先行先试

（一）探索电力市场化改革

碳市场会带来碳成本向电价的传导压力，电力市场建设滞后将制约碳市场建设运行，不能有效实现碳成本向电价的合理传导，导致碳市场自身的建设以及引导全社会低碳转型的作用受到限制，因此，建立有竞争性的电力市场，提升电价发现效率和电力资源配置效率，对实现"双碳"目标起着重要的杠杆作用。

一是积极争取核电直通电试点。积极争取将深圳划为核电直供区，探索将大亚湾核电站除去供港部分电力、岭澳核电站一期电力直供深圳，并推动核电企业积极参与电力市场交易。给予核电较高比例的政府授权合约，组织大电量园区、企业等用电主体与核电企业签订长期合作协议，落实核电优先上网、保障性消纳等政策，同时建立容量电费、场外补贴及低碳能源配额等方式的补偿机制。

二是积极争取全国电力现货市场建设试点。初步建立具备全电量分时分区电价特征的现货电能量市场，包括日前电能量市场、实时电能量市场等；建立与现货电能量市场相衔接的辅助服务市场，包括调频辅助服务市场、备用辅助服务市场等。推动各类优先发电主体、用户侧共同参与现货市场，加强现货交易与中长期交易的衔接，建立合理的费用疏导机制。

> **专栏：美国电力现货市场建设经验**
>
> 现货市场是电力市场体系的关键环节，以日为市场组织的时间周期，采用集中出清的交易形式，产生面向日内不同时段的分时价格信号，并形成满足安全约束、可实际下达执行的电力调度计划指令。美国电力市场的发展核心在于推动现货市场运行精细化，以提高系统运行可靠性、经济性，主要体现在以下几个方面。
>
> 一是提升出清的细粒度和预见度。出清细粒度和预见度的提升能增强系统运行的灵活性和经济性。在原先的美国 ISO（美国的市场由交易—调度一体化的独立系统运营商，Independent System Operator）市场中，日前市场以 1h 为最小细粒度、24h 为最大预见度进行出清。由于可再生能源波动较大，过于宽泛的日前市场细粒度可能会导致系统爬坡不足的问题，而以每日为预见度可能无法实现多日层面的火电开机和储能运行优化。因此，加州独立系统运营商（California Independent System Operator，CAISO）、MISO 等市场将最小细粒度降为 15min，以每日 96 个点进行日前市场出清。
>
> 二是推进电能量市场与备用辅助服务市场联合优化。美国大部分 ISO 采用能量—备用联合出清的市场机制。在日前，会同步出清日前能量市场和日前计划备用市场，运行日前机组组合程序，确定每小时的机组组合、满足计划备用的需求、次日每小时的节点边际电价（Locational Marginal Pricing，LMP）和计划备用的出清价格。运行日内，PJM（Pennsylvania – New Jersey – MarylandInterconnection）在半小时前组织调频市场和同步备用市场，与实时电能联合优化。
>
> 三是引入稀缺定价。美国纽约州、加州、PJM 和德州电力市场区域均引入了基于备用需求曲线的稀缺定价机制，用来反映电力市场运行中电能量和备用的稀缺信号，可以在系统备用裕度紧张时生成合适的价格。在稀缺情况下（电力系统的可用备用容量没有达到最小备用水平要求），电能量和（或）备用的价格将由提前制定的备用需求曲线和实际的稀缺程度决定。

三是开展绿色电力直接交易。建立适应高比例风电、光伏等新能源市场的电力交易机制,在全市范围内选取绿色电力消费意愿强、用电增长快的用电主体参与市场,组织电力用户或售电公司通过直接交易的方式向绿色电力企业购买绿电,鼓励新能源发电主体与电力用户或售电公司等签订长期购售电协议,以实现绿色能源供需的精准匹配。在无法满足绿色电力消费需求的情况下,引导电力用户向电网企业购买其保障收购的绿色电力产品。完善支持分布式发电市场化交易的价格政策及市场规则,引导微电网、分布式电源、储能和负荷聚合商等新兴市场主体参与电力交易。

> **专栏:避免通过抵消机制使可再生能源项目核证减排量参与碳市场**
>
> 在可再生能源市场体系建设过程中,要科学把握碳市场、电力市场与可再生能源发展机制(主要是"配额+"绿证机制)的关系。碳市场助力高碳电源减排,绿证机制助力可再生能源发电,二者均依托于电力市场。如果直接建立碳市场与"配额+"绿证市场间的联系,比如抵消机制,那么可能扭曲电价、碳价和绿证价格之间的关系,进而影响电力行业碳减排目标的顺利实现。实际上,在电力市场基础之上,碳市场着力于高碳排放电源的碳减排,而绿证市场则着力于引导可再生能源投资。面对可再生能源仍将加速大规模发展的现实,明确彼此的政策目标和政策边界非常重要,否则可再生能源发展可能会稀释碳市场的激励效果,进而影响电力减排目标的实现。因此,在深圳碳市场建设中,不宜建立绿证与碳排放权之间的关联,或者说,不宜通过抵消机制使可再生能源项目核证减排量参与碳市场。

(二)创新实施工业减碳政策

产业园区是实现碳达峰碳中和的关键载体,应围绕产业园区开展第三方精细化减碳治理,实施针对企业的低碳领域"领跑者制度"行动计划,同时以资本赋能,推进零碳新工业体系构建,多措并举推进工业领域碳达峰与碳中和。

一是实施低碳企业"领跑者"计划。以参与 ESG 信息披露为基本要求，以企业产品碳排放标准自我声明为基础，组织检验检测及标准化技术机构、行业协会、产业联盟、平台型企业等第三方评估机构开展企业/产品低碳水平评估，发布各个产业领域企业/产品低碳标准排行榜，确定行业低碳产品标准"领跑者"，并根据周期性评估结果进行动态调整，通过刺激市场竞争和创新，增强行业竞争，不断追求企业低碳发展的最高标准。研究制定相应激励政策，对获得企业低碳标准"领跑者"的企业单位以及承担有关评估工作机构给予一定资助，鼓励政府采购在同等条件下优先选择低碳标准"领跑者"相关低碳产品或服务，支持金融机构给予企业低碳标准"领跑者"信贷支持。

> **专栏："领跑者"计划**
>
> 在节能领域，"领跑者"计划是全球最为成功的制度之一。日本1998年修订的节能法，采用了"领跑者"计划（Top Runner Program），该计划致力于不断改进最新产品的能源转换和性能标准。"领跑者"计划采用的领跑标准是将目前市场上的最高能效水平设定为产品的能效目标值，当目标年到达时新的目标能效值又将被重新设定。制造商被赋予一定的灵活性，低于目标能效值的产品仍可在市场上销售。"领跑者计划"涉及的产品主要以珠宝、商业和运输方面持续增长的能源消耗为对象，着力于提高机器和设备的能效。"领跑者"标准是自愿性的，但如果制造商和进口商的产品与"领跑者"标准差距太大，日本经济产业省（METI）将会采取措施进行干涉，包括审查和提供改进建议。对METI的建议，制造商必须遵照执行，否则将受到警告、公告、命令，甚至罚款等处罚。
>
> 深圳可以在低碳领域开展"领跑者"计划，不断刺激市场竞争和创新，增强行业竞争，追求企业低碳发展的最高标准，促进应用现有低碳技术推广，推进全行业全领域低碳绿色低碳发展。

二是推行产业园区第三方精细化减碳治理。以园区、产业基地等工业集聚区为重点，从产业、能源、建筑、交通、社区等方面，围绕碳排放总量和强度两个核心指标，构建全市产业园区碳排放统计管理制度。在系统摸清园区碳排放家底的基础上，组织全市开展产业园区第三方精细化减碳治理，针对不同园区碳排放、分布式电源的运行特点等制定不同低碳化治理策略。加强在工业园区及产业集聚区推行集中供热，建设冷热电三联供能源系统，促进能源综合集成供应和梯级利用。积极推动重点产业链中有特殊环保、能耗要求的关键核心环节进入专业工业园区，推动污染集中治理与达标排放，打造绿色低碳示范园区。推动园区化石能源清洁高效利用，强化电力需求侧管理，降低电力消费间接碳排放。

三是设立碳达峰、碳中和专业投资基金。发起成立深圳碳达峰、碳中和领域母基金，发挥统筹协调和资金引导作用，吸引更多产业资金参与投资，针对不同的新兴产业形成若干专业化基金，吸引更多资本投向低碳投资基金或碳中和科技企业，深度挖掘优质碳中和产业项目，持续加速碳中和创新技术研发与落地，加快形成碳中和技术产业链，助力构建零碳新工业体系。

（三）探索交通领域减碳政策

以小汽车和货车作为道路交通领域重要减碳对象，探索以经济杠杆为主要手段的交通需求管理政策，加快高排放燃油车辆更新淘汰，油换电、氢能源等多样的新能源汽车类型规模化应用，促进交通运输领域全面绿色低碳转型。

一是在全国率先推出燃油车全面退出时间表。深圳传统燃油汽车保有量大是造成交通领域碳排放高的主要因素，应尽快启动燃油汽车管控及全面退出时间表研究，严格控制、逐步降低增量中的燃油汽车比例，在全市逐步禁止销售燃油汽车；探索在光明区、大鹏新区试点划定燃油汽车禁行区并适时向市中心区域扩大，在2027年碳达峰前后分领域、分阶段对进入深圳的燃油汽车实施管控，力争2030年前后基本实现燃油车全面退出。以征收燃油税为过渡手段，推进机动车购置税、消费税的低碳化调整。

二是有序推进新能源汽车"车电分离"。利用深圳天然的新能源汽车市场产业优势和社会生态基础，大力支持新能源汽车"车电分离"模式，鼓励充换电基础设施建设，加快充换电设施互联互通，率先在公交车、出租车、网约车、重卡等特定领域推广电动汽车换电模式应用。探索建设推广换电、充电、储能"三站合一"的能源服务站，实现土地集约化利用，并在满足新能源汽车能源补给需求的同时，参与电网辅助服务，调节峰谷。尽早开展"车电分离"深圳标准制定工作，争取在全国引领"车电分离"通用电池购租、运营、梯次利用、回收标准体系。

三是开展新能源汽车与电网能量互动（Vehicle to Grid，V2G）示范应用。开展V2G示范应用，将V2G项目纳入电力调峰辅助服务市场，研究完善新能源汽车消费和储放绿色电力的交易和调度机制，促进新能源汽车与电网能量高效互动。探索新能源汽车参与电力现货市场的实施路径，统筹全市新能源汽车充放电、电力调度需求，综合运用峰谷电价、新能源汽车充电优惠等政策，实现新能源汽车与电网能量高效互动，降低新能源汽车用电成本，提高电网调峰调频、安全应急等响应能力。

> **专栏：国内V2G发展阶段**
>
> V2G可以实现电动车和电网之间的互动，从而使电动车在电网负荷低时吸纳电能，在电网负荷高时释放电能，可以使新能源车主赚取差价收益。在V2G下，可以将每一部电动汽车看成一个小型的充电宝，当电网负荷低的时候，插上充电枪就可以自动储能；当电网负荷高时，可以把动力电池的电能释放到电网中。
>
> 目前国内V2G发展主要是开展小批量、多批次的V2G试验验证，主要任务是验证多辆电动汽车与电网互动技术，实现多辆电动汽车的有序充放电，参与互动的电动汽车数量基本在300辆以下。2025年年底前主要开展规模化电动汽车（数量一般不少于500辆）与电网互动的示范运行。2026年之后将逐步商业化推广。

（四）建立建筑全生命周期控碳制度

建筑领域尤其是建筑运营阶段的节能减碳是深圳实现碳达峰碳中和的重要途径，应聚焦建筑全生命周期管理过程，着重强化绿色建筑运行阶段低碳控制，推进全市建筑行业脱碳，绿色建筑全过程监管机制见图6-2。

一是建立建筑行业全过程的控碳政策。加强建筑行业规划设计—建造—使用—运维—拆除—重新利用全生命期的过程统筹，制定包含从规划、设计、建造扩展到运行管理、拆除的全生命周期碳减排率的绿色低碳建筑专项规划。完善绿色建筑运行管理制度，将绿色建筑日常运行要求纳入物业管理内容,建立绿色建筑用户评价和反馈机制。建立建筑废弃物源头减排和综合利用制度,实施建筑废弃物综合利用产品认定制度,加快推进以全周期低碳化为导向的建筑行业绿色转型。

二是全面推行绿色建筑标识管理与应用制度。由市住建局负责全市绿色建筑标识管理工作,负责建立完善深圳市绿色建筑标识管理信息系统,并指导各区开展绿色建筑标识认定工作。推行建筑能效测评标识,全市新建、出售或出租的建筑必须持有绿色建筑标识。加强绿色建筑标识认定工作权力运行制约监督机制建设,定期聘请第三方对获得绿色建筑标识的项目进行抽查检查。开展星级绿色建筑推广计划,制定支持绿色建筑发展的绿色金融、容积率奖励、优先评奖等政策。

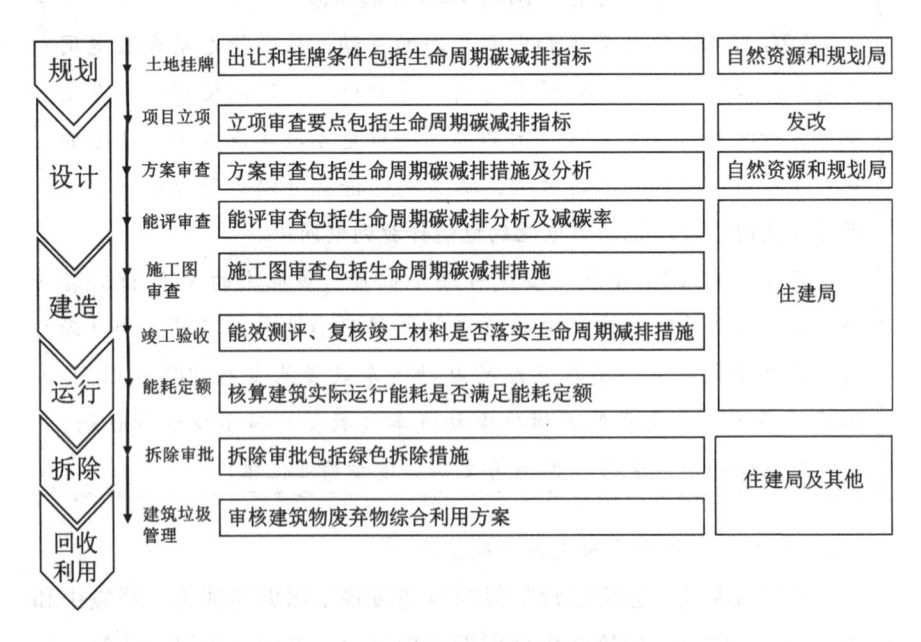

阶段	环节	内容	主管部门
规划	土地挂牌	出让和挂牌条件包括生命周期碳减排指标	自然资源和规划局
设计	项目立项	立项审查要点包括生命周期碳减排指标	发改
设计	方案审查	方案审查包括生命周期碳减排措施及分析	自然资源和规划局
设计	能评审查	能评审查包括生命周期碳减排分析及减碳率	住建局
建造	施工图审查	施工图审查包括生命周期碳减排措施	住建局
建造	竣工验收	能效测评、复核竣工材料是否落实生命周期减排措施	住建局
运行	能耗定额	核算建筑实际运行能耗是否满足能耗定额	住建局
拆除	拆除审批	拆除审批包括绿色拆除措施	住建局及其他
回收利用	建筑垃圾管理	审核建筑物废弃物综合利用方案	住建局及其他

图6-2 绿色建筑全过程监管机制

资料来源:王萌、郝一涵:《建筑全生命周期碳减排:中国的标准框架与领先实践》,https://rmi.org.cn/建筑全生命周期碳减排:中国的标准框架与领先实。

三是实行公共建筑能耗限额管理。在绿色建筑能效标识管理基础上,制定每个公共建筑用户年度能耗限额,制定公共建筑能耗限额管理、考核、监督、资金补助等工作细则,并引导购买核证自愿减排量。率先选取用电量或单体建筑面积达到一定规模的商场、写字楼等大型公共建筑纳入重点用能单位管理范围，实施能耗限额管理，待条件成熟后推广到全种类综合能耗限额管理。将公共建筑能耗限额通过考核（纳入考核和考核合格）作为申报绿色建筑的前提条件。对于能耗限额考核不合格的公共建筑，当年不得参加市、区级文明机关、文明单位、绿色商场、绿色建筑等荣誉称号的评选，并将其列入节能监察重点对象。

（五）完善"双碳"科技产业创新政策

瞄准技术前沿，立足应用导向，设立"双碳"专项科技计划，加强政策创新，支持低碳、零碳、负碳技术攻关，努力在化石能源、可再生能源、氢能、储能、智慧能源、工业流程再造、CCUS、生态碳汇等关键技术领域率先取得新突破，努力抢占新赛道、塑造新优势、培育新动能，打造深圳建设具有全球影响力的科技和产业创新高地的新引擎。碳达峰碳中和创新科技见表6-6。

表6-6　　　　　　　　碳达峰碳中和创新科技

低碳	零碳	负碳	数智技术
绿色建筑	核能/小堆/聚变	碳捕集利用封存	人工智能
交通电气化	新型储能	地球工程	云计算
循环经济	陆/海上风电	自然解决方案	工业互联网
工业流程再造	氢能	……	大数据技术
化石能源清洁利用	水电/抽蓄		物联网
……	特高压输电		……
	柔性直流		
	光伏光热		
	……		

资料来源：RMI、百度智能云：《数智碳中和——以数智技术助力关键相关方实现碳达峰碳中和》，https://m.3gcj.com/z-787688.html。

一是建立完善创新体制机制。制定实施基础研究十年行动计划，完善基础研究长期稳定持续投入机制，努力在重大前沿领域实现更多"从0到1"的突破，打造重要的原始创新策源地。支持国家级实验室、重点科研院所以及科技领军企业等战略科技力量主动加强"双碳"领域基础前沿布局，主动承接国家重大战略任务和重点研发计划项目，从基础前沿、重大关键共性技术到应用示范进行全链条创新设计、一体化组织实施。优化基础研究项目管理，建立以目标定任务、以任务配资源的科研管理机制，探索试点基础研究项目"负面清单管理"新模式，鼓励战略科技力量自由选题、自行组织、自主使用经费。完善协同创新机制，推动相关重大科技基础设施、重点实验室、技术创新中心、产业创新中心、制造业创新中心、工程研究中心、企业技术中心等协同攻关。

二是构建市场导向的"双碳"技术创新体系。发挥市场对技术研发方向、线路选择、要素价格、各类创新资源要素配置的导向作用，支持按市场化的方式组建若干科技领军企业牵头、高校院所支撑、各创新主体相互协同的创新联合体，联合攻关解决重大技术难题。支持科技领军企业牵头建设法人实体形式的产业创新中心、技术创新中心、制造创新中心，吸纳高等院校、科研院所、高科技企业等创新力量参与，开展"大兵团"式联合攻关，推进从基础研究、应用基础研究、技术发明到成果转化应用、科技企业投资孵化的全链式创新。采取"揭榜挂帅"和"赛马"方式，支持龙头企业成立新型研发机构，积极申报颠覆性技术和前沿技术的研发及成果转化项目，解决行业关键核心和"卡脖子"技术难题。

三是加快先进适用成果转化和推广应用。设立"双碳"科技成果转化计划专题，支持开展重大科技成果转化应用示范，对符合条件的项目给予资助。发挥重大工程牵引示范作用，积极运用政府采购政策支持创新产品和服务，推动"双碳"领域重大技术装备首台（套）、新材料首批次、软件首版次推广应用。针对企业创新技术和产品，实施一批前瞻性、验证性、试验性应用场景项目，努力打造最佳实践案例并向社会推广。支持深圳本土企业牵头组建绿色低碳技术创新联合体，对具有行业重要示范意义和带动作用的先进适用"双碳"技术实现产业化应用的项目，按照新增设备购置费补助。拓展优化首台（套）重大技术装备保险补偿和激励政策，鼓励保险公司加强产品创新，为重大技术创新产品的首制首购首用，提供产业链上下游配套保险服务。

三　强化区域协同减碳政策创新

把区域协同减碳作为深圳先行示范的重要战略方向，研究制定《更好发挥深圳先行示范作用，推动区域协调减碳的行动方案》和《支持深圳企业参与区域协同减碳的专项资金扶持政策》，鼓励和支持有条件的企业、企业群或企业联盟按照市场化的方式积极参与区域协同减碳行动。系统开展深圳都市圈、粤港澳大湾区和全国能耗"双高"地区的碳排放现状及潜力评价研究，深挖不同地区重点减碳领域的合作需求，积极推进"一对一"沟通，坚持"政府引导、市场主导、企业主体"原则，支持深圳企业有序参与合作区减碳行动。

（一）尽快制定推动区域协同减碳的行动方案和专项政策

把区域协同减碳作为深圳先行示范的重要战略方向，研究制定推动区域协调减碳的专项行动方案和支持深圳企业参与区域协同减碳的专项资金扶持政策，鼓励和支持有条件的企业、企业群或企业联盟按照市场化的方式积极参与区域协同减碳行动。系统开展深圳都市圈、粤港澳大湾区和全国能耗"双高"地区的碳排放现状及潜力评价研究，深挖不同地区重点减碳领域的合作需求，积极推进"一对一"沟通，坚持"政府引导、市场主导、企业主体"原则，支持深企有序参与合作区减碳行动。

（二）探索建立可复制推广的市场化合作模式

支持本地能源企业走出去，加强与中西部地区在能源领域合作，积极提供"能源设备供应＋能源开发＋全生命周期智慧能源管理"的一体化解决方案，努力在全国能源转型中抢占市场先机。鼓励龙头企业和社会资本在中西部共建零碳产业园，探索以"深圳总部＋园区制造""深圳研发＋园区制造""深圳服务＋园区制造"等方式合作发展低碳产业集群，助力中西部地区加快新旧动能转换。加快深圳标准输出，积极推动共建统一的绿色产品标准、认证、标识体系，有序推进绿色产品认证提质扩面，推动绿色产品认证与绿色制造采信互认。加强碳汇合作，探索利用"生态银行"[①] 发展模式，扩大农业碳汇、林业碳汇及蓝色碳汇合作

[①] "生态银行"通过建立自然资源运营管理平台，对零散的生态资源进行整合和提升，并引入社会资本和专业运营商，从而将资源转变成资产和资本，使生态产品有了价值实现的基础和渠道。

试点，积极推动先进生态技术、增汇技术研发与推广应用及碳汇核算标准体系的建立。争取国家政策支持，继续支持深圳排放权交易所先行先试，面向全国率先推动统一的碳普惠应用体系建设，建立涵盖绿色出行、绿色消费、绿色居住、绿色餐饮、全民义务植树等产品的碳普惠产品交易运行机制。

（三）探索建立区域协同减碳的责任分担机制

支持深圳与能源供给地建立碳减排责任共同体，探索跨地区输电造成的碳排放责任共担机制，让能源供给地的碳贡献可度量、可核算，以优化碳减排责任分配，促使深圳为能源供给地主动承担更多减排责任，为其碳减排提供更多经济、技术及金融支持。支持深圳企业优先参与能源供给地绿色能源和低碳产业投资，探索建立依托清洁能源就近发展低碳产业和围绕低碳产业配套布局清洁能源的联动发展机制，促进减碳与发展良性循环。试点将碳汇纳入生态保护补偿范畴，探索建立市场化的区域间碳汇交易和生态补偿机制，使能源供给地能够从固碳和增汇潜力中得到更多实惠。结合碳税的试点征收，合理按照能源供给地的碳贡献，给予一定程度的补偿。

第七章

创新推进六大"双碳"示范工程

第一节 能源低碳转型示范工程

一 加大能源关键核心技术攻关力度

充分发挥企业技术创新主体作用，推动中央企业和地方企业联动、国有企业和民营企业协同，聚焦能源重点领域，加快能源科技自主创新步伐，集中优势资源突破制约发展的关键核心技术。推进煤炭清洁高效转化技术、先进燃煤发电技术、可再生能源发电及综合利用技术发展。开展能源系统数字化智能化技术攻关，聚焦新一代信息技术和能源融合发展，开展能源大数据、人工智能、云计算、区块链、物联网等数字化、智能化共性关键技术研究，推动煤炭、油气、电厂、电网等传统行业与数字化、智能化技术深度融合，开展各种能源厂站和区域智慧能源系统集成试点示范，引领能源产业转型升级。

依托主力电源项目开展CCUS技术研发。按照超前布局、略有盈余的思路，积极推动大型骨干电源建设，合理布局支撑性电源。以妈湾电厂、华润海丰电厂为依托，推进CCUS技术、生物质燃料替代、煤炭热解燃烧多联产等技术研发和应用。妈湾电厂升级改造计划致力于开展二氧化碳咸水层封存等CCUS技术研究和项目推进，建设低能耗的年捕集十万吨级的二氧化碳捕捉装置及综合应用中心，将其打造成为深圳地区碳捕集应用技术研究基地和科普教育基地。

专栏：深圳主力电源项目

1. 争取于"十四五"时期开工建设的电源项目

（1）光明燃机电厂项目一期：建设3台总装机容量为2000MW的燃气蒸汽联合循环调峰发电机组，"十四五"时期投产。

（2）大唐国际宝昌燃气热电扩集项目：建设2×400MW级燃气蒸汽联合循环热电联供机组，配套建设热网工程，"十四五"时期投产。

（3）东部电厂二期项目：建设2×600MW级燃气蒸汽联合循环调峰发电机组，"十四五"时期投产。

（4）妈湾电厂升级改造煤电环保替代项目：将妈湾电厂现有6台300MW级燃煤机组升级改造为3台600MW级超超临界二次再热燃煤机组。

（5）妈湾升级改造气电项目一期：扩建1台600MW级燃气蒸汽联合循环调峰发电机组。

（6）中海油深圳燃气轮机创新发展示范项目：建设1×167MW级燃气轮机创新发展示范项目。

2. 储备规划电源项目

（1）妈湾升级改造气电项目二期：扩建1台600MW级燃气蒸汽联合循环调峰发电机组。

（2）光明燃机二期项目：规划建设2台H级燃气蒸汽联合循环调峰发电机组。

（3）东部电厂三期项目：规划建设3×600MW级燃气蒸汽联合循环调峰发电机组。

（4）华润海丰电厂二期项目：新建2台H级燃气蒸汽联合循环调峰发电机组。

（5）深圳大唐宝昌改扩建项目：新建1台H级天然气调峰发电机组替代原有9E机组。

（6）中海油深圳电厂升级项目：新建2×400MW级燃气蒸汽联合循环调峰发电机组，替代原有9E机组。

(7) 钰湖燃气热电扩建项目：建设 2×400MW 级燃气蒸汽联合循环热电联供机组，配套建设热网工程。

(8) 华电坪山二期项目：建设 2 台 F 级燃气蒸汽联合循环机组，配套建设热网工程。

(9) 前湾电厂二期项目：建设 2×600MW 级燃气蒸汽联合循环调峰发电机组。

(10) 岭澳核电三期项目：规划建设 2 台总装机容量为 2500MW 的核电机组。

资料来源：《深圳市能源发展"十四五"规划》。

加强煤电技术攻关示范。进一步加大对煤电节能减排重大关键技术和设备研发支持力度，提升技术装备自主化水平。建立发电企业、电网企业、设备制造企业、设计单位和研究机构多方参与的技术创新应用体系，推动产学研联合，鼓励各发电企业充分发挥主观能动性，积极提高节能减排水平，加强低碳发展意识和能力建设，积极推进煤电节能减排和绿色低碳转型先进技术集成应用示范项目建设和科研创新成果产业化。

加快燃气领域技术创新。依托应流燃气轮机部件创新中心（深圳）有限公司，瞄准国际领先重型燃气轮机核心热部件先进制造技术，加快先进燃气轮机高温合金核心热部件及关键材料的研究开发。瞄准国际燃机产业发展制高点，提前部署氢混燃机技术创新和示范应用，依托现有燃机改造升级，从燃机本体改造、电厂内混氢站建设到厂外供氢全流程方案并组织实施。开展燃气领域物联网终端感知系统、工控安全系统、生物天然气高效利用等关键技术研究。

搭建重型燃气轮机设计建造一体化平台。以应用端切入，以"科研工程化"为引领，搭建好重型燃气轮机设计建造一体化（AE 模式）协同平台，集研发、设计、安装、调试与运维等全生命周期与各环节于一体，实现研发设计的可制造性。发挥深圳智能制造优势，大力推进重型燃气轮机转型升级，积极将智能算法、增材制造技术等新兴产业技术融入重型燃气轮机设计制造一体化过程，逐步构建重型燃气轮机设计制造的自主创新体系。依托西门子能源深圳创新中心建设，继续加强国际合作。

推进核电技术安全高效发展。支持建设中国南方核科学与技术创新中心，合理确定核电站布局和开发时序，积极有序发展核电。开展四代核电技术攻关，围绕革新型小堆、乏燃料后处理、核级泵阀等先进核能关键技术开展技术攻关，培育高端核电装备制造产业集群，开展核能综合利用示范。开展放射性废物处理、核电站长期运行、延寿等关键技术研究，推进核能研发、设计、建设、管理、运营全产业链上下游可持续发展。实行最严格的安全标准和最严格的监管，持续提升核安全监管能力。

二　探索清洁低碳能源高效供应模式

完善能源消费强度和总量双控制度。提升"零碳"能源供给能力，稳妥削减"高碳"能源供应，严控煤炭消费增长，稳妥压减用油。鼓励规模、先进和集约的石油加工转换方式，提升燃油油品利用效率，减少石油加工转换和油品使用过程中的碳排放。探索气电掺氢，逐步提高天然气掺氢比例。

扩大非化石能源消费，提升可再生能源电力吸纳能力。支持核能、光伏发电、生物质能等非化石能源发展，统筹推进氢能利用，推动低碳能源替代高碳能源。按照"能建尽建"原则，充分利用屋顶资源基础，积极扩大"光伏+"多元化利用范围，推动分布式光伏应用规模大幅度提升，提高本地可再生能源比例。以工业园区、公共建筑等为重点，鼓励存量和新建建筑屋顶安装分布式光伏发电系统。鼓励有条件的分布式光伏发电项目配置储能设施，提升就地消纳能力。积极推广光伏建筑一体化，探索"光储直柔"。持续优化用电结构，合理减少煤电机组发电，提高净外受电和绿电比例。按照国家要求，落实可再生能源电力消纳责任，支持储能示范应用，推动构建以新能源为主体的新型电力系统。推进区外送深电力通道建设，发展和应用智能电网、储能等技术，提升市外清洁电力消纳能力。

加快新型储能示范推广应用。以数据中心、5G基站、充电设施、工业园区为应用场景，搭建用户储能系统。依托妈湾电厂储能调频、深南电南山热电厂"黑启动"改造、龙华区民兴苑V2G示范站项目等，开展新型储能示范项目，积极发展"新能源+储能"、源网荷储一体化和多能互补，支持分布式新能源合理配置储能系统。

三　构建绿色高效智慧能源体系

优化能源布局，积极扩大清洁能源供应，利用新一代信息技术提升能源系统综合调度水平，打造与现代产业体系相适应的智慧能源体系。统筹生态保护和高质量发展，综合考虑能源资源禀赋和城市发展规划，推动能源生产供应信息化、智能化、网络化发展。建设南头半岛（包括大铲岛）能源综合供应网络，加快发展气电，优化油气库布局，协调推进分布式供能系统建设，提升配电网自动化有效覆盖率和重要通道智能故障检测覆盖率。

第二节　新能源汽车示范工程

一　提升新能源汽车渗透率

制定并完善燃油汽车退出实施政策和细则。响应工信部号召，明确燃油汽车退出时间表，发挥深圳先行带动作用，于2030年全面禁售燃油车。建立具体推动传统燃油汽车退出的可执行实施的政策和细则。各个部门管理分工明确，协调一致。不断完善补贴及其财税扶持机制，严格并长期持续地实施油耗与新能源汽车双积分政策，评估油耗与新能源汽车积分间的交易是否合理有效；双积分机制逐步应用到商用车领域，分车辆类型逐步实施。

加强新能源汽车消费财政金融政策支持。加大新能源汽车产业创新发展和消费支持力度，提高优质产品供给质量，满足消费者对高品质产品的需求。根据新能源小汽车推广情况，适时动态调整燃油车指标总额。鼓励引导金融机构提供优质便捷的金融服务，加大对新能源汽车个人消费信贷支持力度。鼓励社会力量设立绿色交通基金，调动全社会支持、参与绿色交通积极性。开展V2G示范应用，综合运用峰谷电价、新能源汽车充电优惠等政策，实现新能源汽车与电网能量高效互动，降低新能源汽车用电成本。

健全新能源乘用车市场流通机制。提前研究新能源汽车售后服务和监督管理政策，加快建设完善新能源汽车金融保险和售后服务体系，重点发展服务型产业。做好新能源汽车销售企业备案管理工作，严格把控整车制造商、销售方的售后服务能力体系要求，在服务网络、服务技能、配件网络、服务培训等方面全面满足推广应用需求。大力支持在新能源汽车推广应用环节的商业模式和金融方式创新，在销售服务、贸易租赁等高附加值产业链环节，鼓励各类企业、金融机构开展相关试点示范。制定新能源汽车售后服务和新能源二手车鉴定评估技术规范。

推动新能源汽车"停""行"关键环节政策创新。研究制定新能源汽车专属通行和停车位等公共资源使用差异化管理政策。建立科学合理、系统完善、创新先行的区别化新能源汽车公共资源配置、交通管理政策，营造引导为主、激励为辅、约束托底的新能源汽车使用社会大生态。鼓励交通拥堵较为严重的地区，实施分时段、分区域限行政策，并给予新能源汽车和公交车非受限路权，在条件允许区域探索设立专用车道。研究出台机动车停车管理条例，包括城内区域及高速公路服务区等在内，实施新能源汽车专属停车位、新能源汽车停车费用优惠等政策，或加强停车位场地管理，通过安装智能地锁、新能源汽车识别装置，实施燃油汽车占用新能源汽车停车位差别收费政策等方式，规范车主停车行为，保障新能源汽车使用便利性。研究出台各领域新能源汽车特殊路权政策，放开新能源汽车特别是纯电动汽车路权，提升新能源汽车出行便利性。

二 推动新能源汽车产业园区示范

推动整车厂智能化、绿色化。依托比亚迪坪山"零碳园区"，建设智慧工厂，开展互联液压动力单元、自动化平台等新技术应用示范。通过智能算法预测机器能耗、避免峰值负荷、检测和纠正机器典型能耗模式中的偏差。对机器设备进行物联网改造，配置通信接口和传感器，从而使得操作人员可以远程获取机器的温度、压力和压缩空气耗量等数据，及时识别并解决问题。

建设智能网联汽车产业发展试验区。推动新能源汽车与电力电子、互联网IT、信息数据、运营租赁等产业链联动发展，探索建设智能网联汽车测试路段和创新示范基地。搭建关键共性技术创新平台，突破核心技术短板，加强交叉技术的协同攻关，支持关键技术的研发和产业化，支持高等院校和机构合作，形成政、产、学、研相结合的创新体系。探索智能网联汽车新市场与新业态，推进智能网联汽车与智慧交通、信息通信等产业的融合发展。

三 探索新能源汽车电池全周期、全价值链示范

推动动力电池全价值链发展。建立健全动力电池模块化标准体系，加快突破关键制造装备，提高工艺水平和生产效率。完善动力电池回收、梯级利用和再资源化的循环利用体系，鼓励共建共用回收渠道。建立健全动力电池运输仓储、维修保养、安全检验、退役退出、回收利用等环节管理制度，加强全生命周期监管。

> **专栏：建设动力电池高效循环利用体系**
>
> 立足新能源汽车可持续发展，落实生产者责任延伸制度，加强新能源汽车动力电池溯源管理平台建设，实现动力电池全生命周期可追溯。支持动力电池梯次产品在储能、备能、充换电等领域创新应用，加强余能检测、残值评估、重组利用、安全管理等技术研发。优化再生利用产业布局，推动报废动力电池有价元素高效提取，促进产业资源化、高值化、绿色化发展。
>
> 资料来源：《国务院办公厅关于印发新能源汽车产业发展规划（2021—2035年）的通知》（国发办〔2020〕39号）。

部署燃料电池汽车综合应用生态建设。依托燃料电池汽车示范应用广东城市群，面向氢能的全生命周期应用，引导建设商业化运营综合示范区，推动氢能产业发展。率先开展公共交通、租赁等领域的示范应用，落实商业化运营组织管理、政策保障等措施，探索互联网与新能源深度融合的氢燃料汽车创新商业模式。创建产业集聚与应用示范园区，提升产业链创新活力，吸引人才、资金和上下游企业进一步集聚，大力推进制氢、运氢、加氢等国内外优势资源整合与良性互动。紧紧抓住氢燃料汽车作为战略性新兴产业培育和发展的引导性机遇，强化在加氢设施建设、示范运营、测试开发、应用评价等细分领域的核心竞争力，助推规模化和商业化市场进程。支持燃料电池公交车维保技术规范、燃料电池公交车测试方法、燃料电池城际客车运营管理规范、燃料电池叉车测试

方法等标准的制定。

第三节　港口绿色化示范工程

一　提升船舶岸电覆盖率及使用率

推广船舶受电设施改造。对于未接受岸电受电设施改造的在运船舶，加大船舶受电设施改造的资金补贴力度，同时对船舶岸电使用收费给予补贴，待形成规模之后，以市场化模式推动岸电发展。

推进具有岸电受电设施的船舶常态化使用岸电。通过立法的形式推动使用岸电，制定岸电使用的规章制度，明确船舶靠港时优先使用岸电。船东方和港口方可以签订岸电使用协议，通过合作的形式，提高使用意愿。加大相关政策力度，出台支持政策，船舶在通航、靠泊，特别是极端天气出现压港的情况下，可以对使用岸电的船舶给予一定优先权。泊位配备低压岸电设施、"一拖二"式高压岸电设施实施岸电设施泊位全覆盖。将现有的岸边接电箱改造扩容成低压定频岸电箱，进行船岸互联，建设岸基船舶高压供电系统及低压岸电箱，提高高压岸电泊位覆盖率，同时尽快建立船舶使用岸电的接口设备通用标准。

> **专栏：粤港澳大湾区首个 5G 绿色低碳智慧港口**
> **——妈湾智慧港**
>
> 妈湾港区始建于 1987 年 12 月，为提升港口智能化、绿色化水平，于 2017 年 9 月开始进行升级改造。
>
> 妈湾智慧港是粤港澳大湾区建设的第一个 5G 绿色低碳智慧港口，是由传统散杂货码头升级改造并汇集自主知识产权和智能技术的智慧港。其中，1—4 号泊位改造由中交四航局承建，经过 3 年多的整体升级改造，目前，妈湾港原 4 个散杂货泊位已经变为 2 个 20 万吨级的集装箱专用泊位。妈湾智慧港采用了自主研发的"招商芯"操作系统，该系统的成功研发一举打破国外软件在码头生产管理系统上的垄断局面，并在国内外码头成功推广应用，实现了中国自主研发港口系统零的突破。

二 加强港口综合配套设施建设

港口机械全面完成电力化改造。推进锂电池动力和氢能燃料电池动力在港口燃油设备上的应用,码头变电所及箱变处配备动态无功补偿器,有效保障供电系统功率因数、电压波形畸变率等满足标准要求的装置。围绕"宜电则电、宜气则气",推进短倒拖车、正面吊、空箱堆高机、叉车等应用清洁能源,新增集装箱正面吊、空箱堆高机、叉车、集卡、非道路移动机械全部使用电能或 LNG 能源,并将 LNG 作为过渡性清洁能源逐步替代。

结合自然条件和港口能源需求,鼓励通过在厂房屋顶等位置安装分布式光伏项目,采用"自发自用、余电上网"的模式实现节能减排、降低运营成本,提升太阳能、生物能等可再生能源的应用比例,为港区生产提供清洁电力。推广 LED 照明远程智能控制应用,新建工程、新购设备全部采用 LED 照明,对堆场照明采取远程智能化控制、轨道吊改造投光灯节能控制、岸桥大梁投光灯分段控制。

推进智慧港口建设。利用 5G、人工智能等技术开展"新基建",打造绿色港航示范。借助"人工智能无人驾驶技术 + 空轨转运 + AGV"的技术优势,积极优化集疏港铁路与干线铁路和码头堆场的衔接,集疏港铁路向堆场、码头前沿延伸,加快港区铁路装卸场站及配套设施建设,打通 TOS 作业流程、码头作业场景要素、场桥管理系统、无人水平运输工具车队管理系统、无人水平运输工具单车智能决策系统等各个环节的数据流链条,实现全流程的数字孪生仿真系统。从而建立港口、集疏运微循环,以立体的思维构建未来港口物流的集疏运网络。

> **专栏:新加坡绿色智慧港口运营**
>
> 近年来,新加坡港以港口运营自动化、智能化为重要抓手,在港口安全可靠运营、高效物流组织与供应链协作、开放式业务创新、互联互通信息服务、便捷可靠客户体验等方面积极开展智慧港口探索与实践。

1. 持续推进码头运营智能化

新加坡港注重以科技带动生产力提高，超前规划、前瞻布局，持续推进码头自动化、智能化。在完善港口软硬基础设施的同时，充分利用现代科技手段和自动化、智能化机械设备，挖掘港口内部潜力，实现高效运作，弥补其资源空间紧缺的短板。

早在1997年，建成以堆场自动化装卸为核心的半自动化码头。通过中央控制中心统一调度，实现人机分离、远程监控、自动作业，提高码头运营效率，降低人工劳动强度。近年来，新加坡港持续推进港口基础设施的升级改造，结合大数据、物联网、智能控制、智能计算等技术手段，强化码头平面运输作业、堆场作业、道口进出等自动化、数字化控制。特别是规划建设大士新港，积极探索基于数据分析、数字孪生、AI等新兴技术的场景化应用。在布局港区5G通信网络、智能电网的同时，还依托下一代港口建模与仿真中心（C4NGP）分析港口作业数据，以期获得港口生产力提升最优方案。布局高科技、抢占制高点，提高运营效率，正是新加坡智慧港口之关键所在。

2. 强化港口物流供应链协同服务

新加坡港十分重视港口物流枢纽功能和物流网络节点作用的发挥，注重为港口物流上下游客户提供全方位价值链服务。一是延伸服务范围。加强与港口物流链上下游各方协同合作，打通物流链的海陆节点，实现物流链资源整合与集成，为货主、物流公司、航运企业及联盟提供更具价值的优质服务。二是打造"单一窗口"服务。通过有机整合商贸、港口、海事三个"Net"平台（Trade Net、Port Net、Marine Net），为政府部门、航运公司、物流企业、金融和法律服务机构等提供多方业务协作及运营基础平台，为港口物流供应链提供统一的信息服务，保障物流运作安全、高效、便捷、精准。三是强化多样增值服务。充分利用港口身处物流供应链中心的优势，面向客户提供物流、信息及供应链解决方案等多样增值服务。如提供集装箱管理、定制化运输、中转与多式联运相结合等服务，强化港口物流价值链服务，促进贸易便利化，以满足市场多元化、个性化需求。

3. 积极推进先进信息技术的融合应用

新加坡港致力于推进港口信息化进程，积极创新业务模式，借助先进信息技术提升港口运营效率与服务水平。20世纪80年代，首创了集装箱码头作业系统（CITOS），保障系统指令与码头设备控制有机衔接，实现港口资源高效、科学、合理调度分配。20世纪90年代，率先建立了互联互通的信息平台（Port Net），建立港口社区系统，打通港口物流链上下游环节的数据链，实现港口、航运公司、货主、政府、运输公司等相关利益方的信息交换共享。通过标准化的数据服务，确保各方信息获取的及时性与准确性。

4. 大力推进港口绿色可持续发展

新加坡港非常注重港口低碳节能与绿色环保，将环境可持续发展要求纳入港口规划建设中，推进港口更好地融入城市运行体系中。早在2011年，就实施了绿色港口计划，以减轻港口物流活动和港区船舶作业对环境造成的污染。如裕廊海港码头翻新工程，全部采用绿色建筑材料和绿色环保设施，并加强码头天然雨水的有效利用和港区空气质量监测。积极推进电动集装箱调度车辆、清洁型水力和陆地发动机、岸电技术等的应用。建立船舶污染排放控制区，大幅降低港区二氧化碳排放量。采取积极的规章、关税与奖励措施，以减少港口水资源、能源及其他方面的消耗。如鼓励餐饮公司采用可降解餐具，提供绿色餐饮服务。

同时，顺应绿色低碳发展趋势，大力推进LNG燃料应用，布局建设全球最大LNG船用燃料加气港。规划建设中的大士港将直接采用最高标准的、成熟的绿色技术，使其成为一个可持续发展的绿色智慧港口。

新加坡绿色海事倡议（MSGI）指导下一代港口绿色发展。MSGI是新加坡海事及港务管理局于2011年7月编制的一项倡议，计划5年内投资1亿新元，帮助减轻港口、船舶及相关活动对环境造成的污染。MSGI目前已经经过两次延长，内容随着政策和科技的发展不断演变，目前主要包括绿色船舶、绿色港口、绿色能源科技和绿色意识四个项目，从不同的角度指导港口的绿色发展。

表7-1　　　　新加坡绿色海事倡议（MSGI）部分内容

项目名称	项目对象	项目内容	项目规定
绿色港口项目	靠泊新加坡港的远洋船舶	鼓励减少CO_2排放	高于IMO的能源效率设计指标（EEDI）要求；使用LNG燃料（符合硫氧化合物排放限制的船只将在停靠期间享受港口税减免）
绿色船舶项目	新加坡籍船舶	鼓励减少CO_2排放	高于IMO的能源效率设计指标（EEDI）要求；采用液化天然气或替代燃料发动机
绿色能源科技项目	码头及港口营运相关企业	开展试点/发展CO_2减排技术	发展绿色/智能技术（如电动港作船）

资料来源：《新加坡绿色海事倡议》，https://www.mpa.gov.sg/regulations-advisory/maritime-singapore/sustainability。

第四节　绿色建筑示范工程

一　建筑全生命周期管理示范

建立"引领性"的绿色建筑和零碳建筑标准。对标国际先进水平，在现有绿建国标的基础上，制定更严格的引领性建筑节能"深圳标准"，通过超前标准引领建筑节能性能不断提升。在公共建筑率先强制推行高能效标准（例如净零碳建筑标准），形成可复制推广的示范经验。建立环保产品声明（EPD）体系，对主要建材产品碳排放数据进行披露，并把建筑隐含碳排放纳入建筑设计标准和绿色建筑评价体系，进行定量评价。制定建筑节能标准路线图，提前公布待实施的建筑标准和规范更新，推动市场转型。

> **专栏：国际建筑节能标准创新和趋势**
>
> 1. 提倡使用性能导向达标途径，同时新增基于实际运行能耗的达标途径
>   - 相比规定导向达标途径，性能导向达标途径更具灵活性
>   - 降低达标成本
>   - 促进建筑设计的创新
>   - 减少设计能耗和使用能耗之间的缺口
> 2. 在基本建筑节能标准的基础上，制定更严格的"引领性建筑节能标准"，为省份采纳节能标准提供选择
>   - 鼓励更多的城市采取更严格的建筑节能标准，引领建筑部门节能减排的进程
>   - 相比于国家或州层面，坐拥丰富人才科技资源的城市可以更快速地实现建筑部门的减排
> 3. 在公共建筑率先推行强制性高建筑节能标准
>   - 通过率先提高公共建筑的标准，向私营部门证明高能效建筑的可负担性和收益
>   - 促进建筑部门相关的材料、科技和人才市场发展，以推动建筑部门转型
> 4. 制定面对所有新建建筑的净零碳标准和规范
>   - 强制性规范优于自愿性规范
>   - 相比于既有建筑，在新建建筑实施净零碳标准更具成本效益
> 5. 制定建筑节能标准路线图，提前（数年）公布待实施的建筑标准和规范更新
>   - 创造并推动市场对建筑节能技术、材料和建筑方法的需求，以鼓励私营部门在这些领域的研发和投资
>   - 给予建筑开发商充分时间进行提前规划，鼓励提前达标

建立全过程评价和监管机制。加强绿色建筑建前监管，在土地供应、设计审查等环节对绿色建筑要求进行严格把关。全面推行绿色建筑专项验收，将绿色建筑的监管重点延伸到建设落实层面，强化绿色建筑的闭

环管理。在运营阶段,利用智慧技术建立监测调查系统,实现建筑能耗监测全覆盖,按年度公布全域建筑能效和碳排放报告,提升既有绿色建筑运营阶段的评估与监管效用。

提升建筑信息模型(BIM)技术应用水平。提升建筑信息化渗透率,鼓励建设单位建立基于BIM的运营管理平台,在新建、改建、扩建的建设工程的设计与施工阶段应用BIM技术,推进设计与施工一体化建设。以前海、超总等片区作为示范引领,开展BIM技术在建筑运营和城市管理的数字化、智能化和精细化管理应用,加强BIM技术与绿色建筑和装配式建筑的融合应用。

探索绿色建筑与金融服务的对接机制。完善绿色建筑的信息披露机制和失信惩戒机制,公布绿色建筑全生命周期的"绿色信息"。建立绿色建筑企业和项目的信息库及绿色信用评价体系,降低金融机构投资风险和相关企业的融资成本、融资障碍。鼓励新型绿色建筑金融产品研发,定制化设计绿色按揭贷、开发贷、建筑光伏资产等证券化产品及绿色建筑保险类产品。

二 绿色建筑技术研发应用示范

推广超低能耗建筑示范。全面推广超低能耗建筑,大力发展近零能耗建筑、零碳建筑,组织开展近零碳排放区试点项目建设,建立完善相关技术体系,将超低能耗建筑推广纳入各区建筑节能工作的考核评价体系。纳入超低能耗示范的建筑需在土地出让阶段明确应用要求,并引导与装配式建筑融合的保温外墙、高性能外窗等节能材料应用,推进相关技术创新,培育形成超低能耗建筑全产业链体系。

新型技术应用示范。支持建筑领域利用清洁能源供能,鼓励在大型商场、办公楼、酒店等建筑试点,应用光伏膜、太阳能制热、固体氧化物燃料电池(SOFC)、冰蓄冷空调等技术。按照"能建尽建"原则,新建、改扩建建筑在设计施工时同步安装光伏发电设施,积极开展光伏建筑一体化建设,鼓励新建项目采用"光储直柔"技术,推进整区分布式光伏开发试点工作。推行智能电网建设,提高建筑电气化应用水平。

> **专栏：新技术应用示范——前海集中供冷系统**
>
> 前海合作区通过市政设施提前统一规划，为建筑节能和绿色建筑提供有效保障。前海合作区规划建设10个区域供冷站，是目前国内设计规模最大的区域供冷系统，也是深圳第一个超大型区域供冷系统。该系统即将启动，有望带动珠三角区域供冷产业的形成。区域供冷系统与单体建筑分散采用空调冷源相比，每年可节约用电1.3亿度，减少使用标准煤约6万吨；减少约500吨二氧化硫、约16万吨二氧化碳排放量，后面这一数字相当于2.5万公顷森林的碳汇能力；减少约1600万吨的冷却塔飘水补水量，而冷却塔的集中设置，也减少了环境污染。

建筑能耗智慧化统筹示范。将5G、物联网等数字技术覆盖全市既有、新建建筑，实现建筑设施和设备的节能运行与智能化管理。在建筑节能运维管理、建筑智能化系统建设、绿色建筑性能感知等方面，研究探索5G、物联网等新兴技术的应用场景，形成示范性工程。利用大数据和云平台技术进一步拓展建筑能耗监测平台的监测范围和服务功能，实现建筑的可视化监测和信息化管理。研究和开展基于物联网和大数据的建筑用能系统运行监测评估技术及其应用示范。

三 存量建筑绿色化改造示范

构建既有建筑绿色化改造体系。总结既有建筑绿色更新改造示范工作经验，完善既有建筑绿色改造的技术标准体系，形成常态化的既有建筑绿色改造评价机制。推动政府投资的公共建筑带头进行绿色化改造。逐步引导和推动绿色低碳社区、绿色零碳社区的建设，践行低碳生活理念，提升社区环境友好程度以及居民生活质量满意度，探索城市与社区等不同尺度下的绿色更新机制。

推进既有城区绿色更新。结合深圳量大面广的既有城区改造工作，以旧区改造、工业用地转型、城中村改造为契机，探索不同类型既有城区的绿色生态更新模式、实施策略和管理机制，创建更新城区试点示范。建立健全既有建筑绿色化改造体制机制，合理编制改造计划，逐步提升既有建筑人居品质。结合产业转型、城市公共服务配套和住房保障需求，推动闲置商业办公建筑和工业厂房功能提升和绿色化改造。

高能耗建筑节能改造工程。推动高能耗、高排放公共建筑实施节能改造，连续两年建筑用能指标超过能耗标准约束值30%以上的，应当实施节能改造。分解既有建筑节能改造任务，推进各区开展公共建筑能效提升重点城市节能改造，并将超大型公共建筑、节约型医院、节约型校园、节约型机关、绿色数据中心纳入公共建筑能效提升工作重点予以推进，打造建筑节能改造示范项目。

第五节　近零碳智慧园区示范工程

一　逐步推进零碳智慧园区建设

通过规划、建设、运营一体化持续优化迭代，逐步发展为零碳智慧园区。利用物联网、大数据、人工智能等ICT技术，实现对园区能源状态与碳排放状态全面、实时、准确的感知，促进减排，提升园区的社会和经济价值。通过分布式能源、新能源实现能源供给多元化。构建综合智慧能源体系，对楼宇内包括电、水、气、冷、热量等在内的各类能耗数据进行采集和监测，同时结合设备状态和环境变量数据洞察企业的能源消耗趋势和成本比重，通过碳足迹跟踪、碳达峰评估、碳中和计算，实现多能互补和能源的综合协调优化，进一步降低园区的二氧化碳直接和间接排放量。通过碳捕集、碳吸收、碳交易等方式抵消剩余的二氧化碳排放量，从而实现园区零排放。

二　探索丰富多元的商业模式

立足传统园区能源服务EPC模式、BOT模式及PPP模式等开发模式，与互联网公司探索合同智慧能源管理（Smart Energy Performance Contracting，SEPC）机制，互联网公司、EMC公司与客户一起分担风险、共享节能成果，实现三赢。针对不同的用能企业分析其负荷需求，通过碳排放和能源大数据分析，形成定制化的方案，在此基础上也进一步提供能源物业、能效提升、合同能源管理、用能诊断、需求侧响应等增值服务。通过碳交易和能源交易数据分析，为园区及成员企业参与内部和外部碳交易和能源交易提供交易方案和策略建议，实现园区及企业效益最大化。积极引导各级金融机构为试点项目建设提供绿色信贷、绿色债券、绿色基金等金融支持，吸引各类金融资本和社会资本参与试点项目设计、改造和运营。

三　开发温室气体排放工具包

建议基于生命周期方法开发并编制工业园区温室气体核算框架与实施细则，开发在线核算工具包，推动工业园区碳达峰，首先需要解决核算方法的可行性、核算范围的一致性、核算结果的可比性，为此可将能源相关温室气体排放作为首要核算对象，形成直接排放和间接排放核算的标准性工具方法。

四　率先打造园区碳减排标准

制定绿色低碳智慧园区的认定标准，从绿色建筑、节能减排、绿色产业、智慧运营、绿色出行、低碳生活等多维度设计综合评价指标。在园区运营层面，建议增加关于智慧园区的评价指标，包括智能生产水平、能源智慧管理水平、安防消防智慧管理水平环境、设备设施及其他智慧管理水平等。

第六节　大湾区蓝色碳汇示范工程

一　推动气候变化应对协同增效

《气候变化中的海洋和冰冻圈特别报告》指出，红树林、海草和盐沼恢复的最大减缓效益不太可能达到当前二氧化碳总排放量的2%以上，但改善关键栖息地的保护和管理将带来多重效益，提供风暴保护、改善水质、造福生物多样性和渔业以及减少生态系统的碳排放。[①] 以空港新城、西湾、深圳湾、东涌、坝光等为重点，开展红树林湿地保护与修复，控制与监管外来红树种面积，保护底栖生物，维持健康生态系统结构。依托大鹏湾国家级海洋牧场实施海水养殖生态增汇，发挥渔业碳汇功能。

[①] "Intergovernmental Panel on Climate Change, Changing Ocean, Marine Ecosystems, and Dependent Communities", December 2020, https：//www.ipcc.ch/srocc/chapter/chapter-5/.

开展珊瑚群落常态调查监测，研究制定专项管理规定，科学开展养护修复，维护珊瑚群落及其栖息地的生态环境。开展滨海湿地退养还湿、河口栖息地恢复等固碳增汇行动，建设一批滨海湿地公园，提高湿地固碳能力。积极推动将蓝碳纳入生态保护补偿范围，发挥市场配置资源的决定性作用和经济手段的杠杆导向调节功能，从而更好地提高蓝碳利用效率，保护海洋生态系统，有效助力实现碳中和目标。

二 强化深港海洋碳汇合作

在粤港两地海洋资源护理专题小组和应对气候变化专题小组合作的基础上，强化推进海洋碳汇、海平面上升、湿地生态保育等方面的合作与交流。深港可共同保育和提升圈内湿地和红树林的自然景观及生态资源，增加环境容量。与香港合作订立保育协作计划，共同保育及提升深圳湾优质发展圈内湿地和红树林的自然景观及生态资源，并合作把位于深圳湾北岸的红树林及湿地纳入拉姆萨尔湿地，形成跨越深圳湾深港两地更为完整的湿地系统。与香港及其他大湾区城市相关部门合作，交流湿地生态保育的经验，合力建构大湾区湿地系统网络，提升整体生态环境容量及质量。依托北部都会区"双城三圈"和海洋国际开发银行建设契机，凭借香港国际的绿色金融认证服务和熟悉内地及国际标准的优势，成立海洋碳汇国际合作及交易平台，发布基于海洋碳汇的期货、信贷、基金等蓝色可持续金融国际产品，推动生态环境部辖下中国温室气体自愿减排计划中的国家核证愿减排量（CCER）及相关减排项目与国际标准的对接。

三 创新蓝碳项目组织参与模式

在自然保护区工作基础上，建立常态化社区参与机制。充分发挥社区公益组织在蓝碳项目中的积极作用，可采用授权或鼓励公益组织参与项目开发和管理蓝碳项目，协调社区参与、项目开展和利益分享，项目产生的资金部分返还用于社区发展。将蓝碳吸收和减少的温室气体量认证为蓝碳信用，并通过交易这些信用促进碳抵消。鼓励包括监测团队、记者、维护等人员成立志愿者招募和帮助培训联合工作组进行现场培训与宣传推广。

参考文献

习近平：《论坚持全面深化改革》，中央文献出版社2018年版。

王遥、刘倩、黎峥等：《中国地方绿色金融发展报告（2021）》，社会科学文献出版社2021年版。

谢伏瞻、刘雅鸣主编：《应对气候变化报告（2018）：聚首卡托维兹》，社会科学文献出版社2018年版。

蔡博峰、刘晓曼、陆军、王金南、刘红光：《2005年中国城市CO_2排放数据集》，《中国人口·资源与环境》2018年第4期。

常征、潘克西：《基于LEAP模型的上海长期能源消耗及碳排放分析》，《当代财经》2014年第1期。

陈迎：《碳中和概念再辨析》，《中国人口·资源与环境》2022年第4期。

丛建辉、朱婧、陈楠、刘学敏：《中国城市能源消费碳排放核算方法比较及案例分析——基于"排放因子"与"活动水平数据"选取的视角》，《城市问题》2014年第3期。

丁玉龙、秦尊文：《信息通信技术对绿色经济效率的影响——基于面板Tobit模型的实证研究》，《学习与实践》2021年第4期。

黄金碧、黄贤金：《江苏省城市碳排放核算及减排潜力分析》，《生态经济》2012年第1期。

黄晶：《中国2060年实现碳中和目标亟需强化科技支撑》，《可持续发展经济导刊》2020年第10期。

吕晨、张哲、陈徐梅、马冬、蔡博峰：《中国分省道路交通二氧化碳排放因子》，《中国环境科学》2021年第7期。

吕晨、刘浩、徐少东、杨楠、杜梦冰、蔡博峰：《基于飞行阶段的精细化航空二氧化碳排放因子研究》,《气候变化研究进展》2022 年第 2 期。

李海棠、周冯琦、尚勇敏:《碳达峰、碳中和视角下上海绿色金融发展存在的问题及对策建议》,《上海经济》2021 年第 6 期。

王波、张海霞:《广州市低碳交通发展策略研究》,《城市交通》2018 年第 4 期。

王丹、彭颖、柴慧、张靓、谷金:《上海实现碳达峰须关注的重大问题及对策建议》,《科学发展》2022 年第 6 期。

王兴民、吴静、王铮、贾晓婷、白冰:《中国城市 CO2 排放核算及其特征分析》,《城市与环境研究》2020 年第 1 期。

王勇、解延京、刘荣、张昊:《北上广深城市人口预测及其资源配置》,《地理学报》2021 年第 2 期。

吴唯、张庭婷、谢晓敏、黄震:《基于 LEAP 模型的区域低碳发展路径研究——以浙江省为例》,《生态经济》2019 年第 12 期。

徐成龙、任建兰、巩灿娟:《产业结构调整对山东省碳排放的影响》,《自然资源学报》2014 年第 2 期。

邢辉、段树林、黄连忠、韩志涛、刘勤安:《基于台架测试的我国船用柴油机废气排放因子》,《环境科学》2016 第 10 期。

于文轩、胡泽弘:《"双碳"目标下的法律政策协同与法制因应——基于法政策学的视角》,《中国人口·资源与环境》2022 年第 4 期。

张彩虹、臧良震、张兰、高德健:《能源政策模型在碳减排应用中的差异和 CIMS 模型的发展》,《世界林业研究》2014 年第 3 期。

张梅、黄贤金、揣小伟:《中国城市碳排放核算及影响因素研究》,《生态经济》2019 年第 9 期。

张希良、黄晓丹、张达、耿涌、田立新、范英、陈文颖:《碳中和目标下的能源经济转型路径与政策研究》,《管理世界》2022 年第 1 期。

张晓、张希栋:《CGE 模型在资源环境经济学中的应用》,《城市与环境研究》2015 年第 2 期。

窦延文:《深圳大力推进建筑领域碳达峰碳中和,绿色建筑面积超 1.4 亿平方米》,《深圳特区报》2021 年 5 月 18 日。

刘军伟、许峰、王若愚:《深圳市电力需求增长与弹性系数发展规律分析》,《中国能源报》2020 年 4 月 26 日。

杨阳腾：《这里的大楼会"呼吸"》，《经济日报》2021年10月13日。

周绍基：《全球绿债发行十年增逾160倍》，《香港文汇报》2023年6月2日。

刘宇：《广东温室气体排放核算、驱动力研究及情景分析》，博士学位论文，中国科学院广州地球化学研究所，2008年。

自然资源保护协会：《政府与企业促进个人低碳消费的案例研究》，NRDC北京代表处，2021年4月。

CDP全球环境信息研究中心：《加强环境信息披露，共建可持续未来》（CDP中国报告2019），CDP告，2020年4月。

https：//www.gov.cn/zhengce/2020-03/03/content_5486380.htm.

PRI：《负责任投资原则》，https：//www.unpri.org/download? ac=10968。

创绿研究院：《2020年全球气候行动大事件回顾》，https：//mp.weixin.qq.com/s/W0R6Ao-o2o_HybNr63Cs7A。

国际能源署："Global EV Outlook 2023"，https：//iea.blob.core.windows.net/assets/dacf14d2-eabc-498a-8263-9f97fd5dc327/GEVO2023.pdf。

国际能源署：《全球能源部门2050年净零排放路线图》，https：//iea.blob.core.windows.net/assets/f4d0ac07-ef03-4ef7-8ad3-795340b37679/NetZeroby2050-ARoadmapfortheGlobalEnergySector_Chinese_CORR.pdf。

国际清洁能源交通委员会：《中国电动汽车成本收益评估（2020-2035）》，https：//theicct.org/publication/%E4%B8%AD%E5%9B%BD%E7%94%B5%E5%8A%A8%E6%B1%BD%E8%BD%A6%E6%88%90%E6%9C%AC%E6%94%B6%E7%9B%8A%E8%AF%84%E4%BC%B0%EF%BC%882020-2035/。

哈尔滨工业大学（深圳）、深圳市城市发展研究中心、深圳市环境科学研究院、北京大学深圳研究生院、深圳市建筑科学研究院股份有限公司、深圳市都市交通规划设计研究院有限公司、劳伦斯伯克利国家实验室中国能源组编：《深圳市碳排放达峰、空气质量达标、经济高质量增长协同"三达"研究报告》，https：//www.docin.com/p-2306419321.html。

解振华：《实现〈巴黎协定〉目标 全球预计需投资90多万亿美元》，https：//www.chinanews.com.cn/cj/2020/11-13/9338165.shtml。

联合国环境规划署：《2020年〈全球建筑建造业现状报告〉执行摘要》，

https：//globalabc. org/sites/default/files/2021 – 01/Buildings – GSR – 2020_ES_CHINESE. pdf。

绿色低碳发展基金会、北京大学深圳研究生院：《深圳碳减排路径研究》，https：//www. efchina. org/Reports – zh/report – 20170710 – 2 – zh/。

深圳市建筑科学研究院股份有限公司：《建筑电气化及其驱动的城市能源转型路径报告摘要》，https：//www. efchina. org/Attachments/Report/report – lccp – 20210207 – 2/% E5% BB% BA% E7% AD% 91% E7% 94% B5% E6% B0% 94% E5% 8C% 96% E5% 8F% 8A% E5% 85% B6% E9% A9% B1% E5% 8A% A8% E7% 9A% 84% E5% 9F% 8E% E5% B8% 82% E8% 83% BD% E6% BA% 90% E8% BD% AC% E5% 9E% 8B% E8% B7% AF% E5% BE% 84. pdf。

瑞士 Top10 节能中心、机械工业节能与资源利用中心：《中国电机系统能效提升机制与政策研究项目政策报告》，https：//www. efchina. org/Attachments/Report/report – cip – 20170622/% E4% B8% AD% E5% 9B% BD% E7% 94% B5% E6% 9C% BA% E7% B3% BB% E7% BB% 9F% E8% 83% BD% E6% 95% 88% E6% 8F% 90% E5% 8D% 87% E6% 9C% BA% E5% 88% B6% E6% E4% B8% 8E% E6% 94% BF% E7% AD% 96% E7% A0% 94% E7% A9% B6% E9% A1% B9% E7% 9B% AE – % E6% 94% BF% E7% AD% 96% E6% 8A% A5% E5% 91% 8A – Final. pdf。

澎湃新闻：《什么是"海洋碳汇"？如何进行海洋碳汇核算？》，https：//www. thepaper. cn/newsDetail_forward_12932491。

山东省人民政府办公厅：《山东省氢能产业中长期发展规划（2020—2030年）》，http：//www. shandong. gov. cn/art/2021/12/6/art _ 307620 _ 10330565. html。

深圳供电局有限公司：《2021 年深圳电量增速为"十三五"以来最好水平》，https：//www. sz. csg. cn/xwzx/gsxw/202201/t20220111_1250. html。

深圳市住房和建设局、深圳市建设科技促进中心、深圳市建筑科学研究院股份有限公司：《深圳市大型公共建筑能耗监测情况报告（2020 年度）》，2021 年。

施耐德电气：《2019 年全球数字化转型收益报告》，https：//www. docin. com/p – 2227206953. html。

姚玉洁、桑彤：《努力将上海打造成联通国内国际双循环的绿色金融枢纽——专访上海市委常委、副市长吴清》，https：//www.thepaper.cn/newsDetail_forward_11815250。

GSMA："The Enablement Effect"，https：//www.gsma.com/betterfuture/wp-content/uploads/2019/12/GSMA_Enablement_Effect.pdf。

《易纲行长出席中国人民银行与国际货币基金组织联合召开的"绿色金融和气候政策"高级别研讨会并致辞》，http：//www.pbc.gov.cn/goutongjiaoliu/113456/113469/4232138/index.html。

中国保险行业协会：《2020中国保险业社会责任报告》，https：//www.iachina.cn/module/download/downfile.jsp?classid=0&filename=505ae7408510433eaaf50ebea805a657.pdf。

中国核能行业协会：《2020年1—12月全国核电运行情况》，https：//www.china-nea.cn/site/content/38577.html。

孙秀艳：《报告显示：逾十成上市公司未披露环境责任信息》，https：//baijiahao.baidu.com/s?id=1683743868990329745&wfr=spider&for=pc。

中国科学院先进技术研究院、深圳嘉德瑞碳资产投资咨询有限公司：《深圳碳排放现状及应对策略研究》，2012年。

落基山研究所、中国投资协会：《零碳中国·绿色投资》，https：//rmi.org.cn/wp-content/uploads/2022/07/202104270934095267.pdf。

夏宾：《中金公司：中国实现"碳中和"目标预计总绿色投资需求约139万亿元》，https：//www.chinanews.com.cn/cj/2021/03-25/9440128.shtml。

Intergovernmental Panel on Climate Change, "Changing Ocean, Marine Ecosystems, and Dependent Communities", https：//www.ipcc.ch/srocc/chapter/chapter-5/.

Cai et al., "Carbon Dioxide Emissions from Cities in China Based on High Resolution Emission Gridded Data", *Chinese Journal of Population Resources and Environment*, Vol.1, No.15, 2017.

Dwyer, S., and S. Teske, *Renewables 2018 Global Status Report*, June 2018.

Canalys, "Global Electric Vehicle Sales up 109% in 2021, with Half in Mainland China", https：//canalys.com/newsroom/global-electric-vehicle-market – 2021.

Ahanchian, M. and J. B. M. Biona, "Energy Demand, Emissions Forecasts and Mitigation strategies Modeled over a Medium – Range Horizon: The Case of the Land Transportation Sector in Metro Manila", *Energy Policy*, Vol. 66, 2014.

Phdungsilp, A, "Integrated Energy and Carbon Modeling with a Decision Support System: Policy Scenarios for Low – Carbon City Development in Bangkok", *Energy Policy*, Vol. 9, No. 38, 2010.

UK Government, "COP26 Finance Day Speech", https://www.gov.uk/government/speeches/cop26 – finance – day – speech.

IEA, *Energy Technology Perspectives 2020: Special Report on Carbon Capture, Utilization and Storage*, 2020.

后　　记

本书汇集了多位专家学者的研究成果,旨在深入探讨深圳在碳达峰与碳中和方面的先行示范经验,为应对气候变化、推动低碳发展提供理论支持和实践参考。在本书编撰过程中,我们充分借鉴了国内外先进城市的经验,邀请了具有丰富研究经验和实践经验的专家学者参与,经过多次讨论和反复修改,最终形成了本书的内容框架。在此过程中,各位专家学者的积极参与、精心撰写为本书的完成作出了重要贡献。本书分为七章,涵盖了深圳在碳达峰与碳中和方面的宏观背景、路径选择、示范工程等多个方面的研究内容,参与作者共 9 名。樊纲院长作为本书的技术顾问,统筹指导全书的框架设计与理论体系构建;胡振宇副院长通过系统梳理深圳碳排放历史数据与产业现状,研究了深圳"双碳"宏观背景与现实基础;毛迪运用 LEAP 模式评估了三种情景下深圳各终端部门及整体的碳达峰潜力;刘宇结合碳排放趋势及经济社会发展的现实需求,明确深圳碳达峰的战略选择与实施路径;蔡冰洁通过对国内外"双碳"领域的前沿案例进行深入剖析,提出了深圳"双碳"先行示范思路;李春梅通过汇集中外先进技术经验和最佳实践,在重点领域识别的基础上,提出碳中和愿景下深圳科技创新实践路径与关键技术方向;韦福雷围绕深圳绿色金融体系的核心问题开展研究,提出深圳建设具有国际影响力的绿色金融创新中心的突破方向及对策建议;丁骋伟持续追踪和研究我国"双碳"领域新政策、新制度、新措施的动态演变,构建了现代化"双碳"治理体系;汤婉月结合当下热点应用场景,详细策划了六大"双碳"示范工程。在此,对全书作者致以衷心的感谢。通过对深圳在低碳发展方面的理论与实践进行系统分析和深入探讨,本书力求为读者呈现一个全面、准确的研究成果,并为相关领域的学术研究和实践提供有益的参考。最后,我们衷心希望本书能够为广大读者提供新的思路和启示,为推动中国低碳发展、应对气候变化做出积极贡献。

综合开发研究院(中国·深圳)
2025 年 4 月